SCÈNES ET TYPES

DU

MONDE SAVANT

PAR

VICTOR MEUNIER

« Sortons de ces cavernes. Sincérité, Sincérité ! seul salut des générations nouvelles. »

EDGAR QUINET, préface de : *La République.*

PARIS
OCTAVE DOIN, ÉDITEUR
8, Place de l'Odéon, 8

1889

SCÈNES ET TYPES

DU

MONDE SAVANT

SCÈNES ET TYPES

DU

MONDE SAVANT

PAR

VICTOR MEUNIER

« Sortons de ces cavernes. Sincérité, Sincérité! seul salut des générations nouvelles. »

EDGAR QUINET, préface de : *La République.*

PARIS
OCTAVE DOIN, ÉDITEUR
8, *Place de l'Odéon*, 8

1889

DÉDIÉ

A MONSIEUR LE PROFESSEUR M. PETER

MEMBRE DE L'ACADÉMIE DE MÉDECINE

Discutant à sa clinique[1] une *Statistique générale des personnes traitées à l'Institut Pasteur*, statistique approuvée par l'Académie des sciences qui en avait ordonné l'impression et l'affichage :

« Il faut que vous sachiez, Messieurs — disait M. Peter — que l'Académie des sciences est absolument incompétente; elle se compose des plus savants hommes du monde, mais les plus ignorants en médecine : cinq géomètres, six mécaniciens, six astronomes, cinq navigateurs, cinq physiciens, six chimistes, sept minéralogistes (dont M. Pasteur), six botanistes, six agronomes, cinq anatomistes, et enfin six médecins ou chirurgiens. Par conséquent, sur soixante-trois membres, cinquante-sept incompétents! »

Sur quoi, nous, dans le *Rappel :*

« Est-ce vrai cela? Aussi vrai que deux et deux font

[1] Au mois de février

quatre. Et, ce n'est pas vrai que dans l'espèce. Quelle que soit la question spéciale traitée devant elle, cette grande autorité l'Académie, qui décide sur toutes, y est incompétente. L'état d'incompétence est son état normal et permanent. Ainsi le veut sa constitution. Sur la proposition duquel de ses membres a-t-elle ordonné l'affichage de la note de M. Vulpian ? Sur celle d'un géomètre, son secrétaire perpétuel pour les sciences mathématiques, M. J. Bertrand.

« Quant à l'homme qui, dans la situation de M. Peter : professeur à la Faculté, membre de l'Académie de médecine, parle avec cette indépendance de ce haut objet de la petite ambition commune à la tourbe des savants, il doit avoir dans les veines autre chose que du jus de candidat; c'est un homme. »

Et M. Peter :

« Oh ! non, cher monsieur — m'écrivit-il — je n'ai pas de jus de candidat dans les veines ! C'est ce qui fait ma force et leur faiblesse... »

Aussi, lorsqu'il s'est agi de savoir à quel contemporain digne de cet hommage j'aurais l'honneur de dédier ce livre de vérité, de liberté et de désintéressement, ce livre de patriote et d'ami des sciences, n'ai-je pas eu besoin d'allumer ma lanterne : l'homme était trouvé et d'une plume joyeuse, j'en ai écrit le nom en tête de ces lignes.

Victor MEUNIER.

AUX PATRIOTES ÉCLAIRÉS

La *Revue scientifique* a naguère traduit[1] du journal américain *Science* un article intitulé : *La science en Allemagne, en Angleterre et en France.*

L'opinion du « savant américain » — l'auteur de l'article n'est pas autrement désigné, — son opinion, en ce qui nous concerne, est celle-ci :

« Je ne crois pas, dit-il, que la science française ait jamais été à un niveau aussi bas que maintenant. »

C'est exactement le contraire de ce que les hommes qui ont la direction de la science française, ses généraux, ses maréchaux et ses princes, — l'Académie des sciences en un mot — ne perdent aucune occasion d'affirmer.

Du savant étranger ou des oracles indigènes, qui faut-il croire ?

La question ne laissera point indifférents ceux qui se sont rendu compte des causes de nos malheurs.

Après la guerre, dans un accès de douleur patriotique,

[1] En novembre 1883.

un des chefs de la science d'alors[1] fit entendre en pleine académie ce *mea culpa* collectif: « C'est par la science que nous avons été vaincus ! » J'étais à la séance, personne ne protesta; davantage : plusieurs appuyèrent. Mais l'intérêt de corps empêcha que cet acte de contrition eut aucune suite. Je ne suis même pas sûr qu'il ait laissé de traces aux *Comptes rendus*[2]. Le moment vint vite où la consigne fut de n'avouer aucune de nos infériorités. Je me souviens à propos de l'une d'elles, signagnée dans la lettre d'un officier supérieur[3] de cette exclamation d'un des secrétaires perpétuels qui en interrompit la lecture : « On ne doit pas dire ces choses-là en public ! » La lettre fut supprimée. Mais l'infériorité ?

Il faut, d'ailleurs, constater que jamais, dans le Sénat académique, la cause vraie de notre affaiblissement scientifique n'a été accusée par personne. Un seul de ses membres eût eu, à notre connaissance, assez de générosité de cœur pour oser lui dire en face : « Ce qui fait la faiblesse incurablement progressive, sauf réforme radicale, de la science française, c'est notre force à nous, les élus et les dispensateurs du privilège; c'est notre autorité de position, qui met cette science entre nos mains, et par nous dans celles de l'Etat; c'est sa dépendance. » Mais l'indépendance lui a manqué à lui-même pour se rendre compte et le courage pour agir. L'homme

[1] Henri Sainte-Claire Deville.
[2] Vérification faite il n'y en a laissé aucune.
[3] M. Laussedat. Voir plus loin, IIIe partie, I.

dont les bons désirs connus, auxquels nous rendîmes hommage, permettent de dire qu'il a laissé échapper la gloire de cette initiative et renoncé à la puissance qu'elle eût créée, est le savant, honorable et excellent M. Frémy.

Si, toute exagération à part, notre infériorité scientifique fut une des causes qui, de loin, préparèrent notre défaite, l'état vrai de notre situation scientifique actuelle est donc, pour les patriotes éclairés, un digne sujet d'attention.

Cette situation s'est-elle, depuis 1870, tellement modifiée et dans un sens tel que, le cas échéant, un de nos savants puisse s'écrier, non sans une pointe d'exagération nullement déplaisante, en sa bouche : « C'est par la science que nous avons vaincu? »

La question en vaut la peine, et, puisque le « savant américain » reproduit, par la *Revue scientifique*, la résoud implicitement, mais très formellement par la négative, ne convient-il pas de se demander si les assurances contraires qui se déduisent des choses flatteuses pour notre amour-propre national, que les maîtres de la science française ne perdent nulle occasion de dire de celle-ci, sont tout à fait dignes de foi?

L'erreur en cette matière peut être de telle conséquence, qu'en vérité, aucun bon citoyen, parmi ceux qui possèdent les éléments de la question, n'a le droit d'en détourner ses regards.

A entendre ceux de nos académiciens qui ont pris la

parole à ce sujet, la puissance scientifique de la France n'a jamais eu sur celle des peuples les plus favorisés d'autre infériorité qu'un budget moindre. Jamais, jamais, jamais, s'expliquant soit spontanément, soit interrogé, sur les réformes à introduire dans notre organisation scientifique, aucun d'eux n'a demandé autre chose qu'un accroissement d'arrosage sur ses champs de culture. Bien entendu que le vent qui amène cette pluie-là, c'est de l'outre des finances publiques qu'il sort.

La question de puissance scientifique n'est donc pour ces savants qu'une question d'argent. Oh ! que nous sommes encore mal débarbouillés de l'Empire !

Si ce n'était qu'une question d'argent, nous avons dû monter depuis la guerre. Avons-nous monté ? Cet Américain prétend que nous n'avons jamais été aussi bas. Le nombre des quémandeurs, depuis qu'on donne, a dû diminuer. A-t-il diminué ? Moins de mains se tendent-elles pour recevoir ? La dernière voix qui se soit élevée du palais Mazarin, que demandait-elle au nom de la science ? La charité de l'Etat ! L'Institut n'est toujours que l'invalide du pont des Arts.

Il faut faire attention que les compliments décernés à la science française par nos académiciens, ceux-ci se les décernent tout spécialement à eux-mêmes, ce qui rend les compliments suspects.

Convenir que, fortune à part, nous ne sommes pas les premiers, ce serait avouer que l'institution dont ils ont les faveurs n'est pas la meilleure possible, et que le pouvoir qu'ils exercent n'est pas d'une indiscutable légitimité. Il serait naïf de les y attendre.

Que sur parole autorisée on se soit cru prêt jusqu'au dernier bouton de guêtre ; la première fois, ce fut l'affaire d'honnêtes gens ; les fois suivantes, ce serait le fait d'imbéciles.

« Le savant américain » ne met d'ailleurs nullement le doigt sur la cause de l'infériorité qu'il nous attribue : « Les Français restent chez eux ; autrefois, ils voyageaient beaucoup ; souhaitons qu'ils reviennent à leurs anciens usages, qu'ils reprennent les relations intellectuelles qu'ils formaient autrefois avec les autres pays. La France a des savants estimés dans le monde entier. Puisse leur nombre augmenter rapidement ! » Ces conseils sont bons assurément, mais ils visent l'un des effets, non la cause du mal auquel il s'agit de remédier.

Le même auteur dit très bien de la science anglaise : « Science d'amateurs plutôt que de professeurs. » L'on voit dans quel sens honorable est pris ici le mot amateur, synonyme de volontaire. Science de volontaires plutôt que de savants officiels : c'est ce qu'entend le journaliste américain. La nôtre est exactement le contraire. C'est une science de fonctionnaires et des fonctionnaires d'une seule et même administration, où l'émulation, la noble rivalité, la libre concurrence sont comme l'indépendance aussi inconnues et impossibles qu'en cage les grands coups d'aile. Voilà le mal dont on pourrait mourir. Nous allons à une bureaucratie scientifique. L'aspiration à descendre est générale : à descendre à l'emploi lucratif des heures ravies à la recherche ; aspiration trop secondée, sinon suscitée par la pieuvre administrative. Tous employés ! c'est l'idéal. Jadis, on faisait d'un Ampère un inspecteur général des études ; le jour viendra où on ne fera plus d'Ampères. Dès que les Ampères possibles se seront révélés par de premiers travaux, on dérivera leur génie sur d'obscurs services de pionnerie. C'est la tendance irrésistible et ce serait un jour la décadence absolue, si la République, quand sera passée la période du tout à demain et rendu le dernier soupir de l'autoritarisme, si la République, dis-je, ne devait entrer en scène, sur la scène scientifique, et d'un coup de baguette (ou de loi), changer tout le décor.

SCÈNES ET TYPES DU MONDE SAVANT

PREMIÈRE PARTIE

L'AUTEUR DU MAL ET SON ŒUVRE

CHAPITRE PREMIER

NAPOLÉON, DE L'INSTITUT

Un buste du général Bonaparte donné par le prince Napoléon à l'Académie des sciences occupe, dans la salle des séances de cette compagnie, à la gauche du bureau, la place qu'avait remplie auparavant l'image du grand géomètre Lagrange. Le motif du cadeau c'est que la première classe (vieux style) de l'Institut de France a compté Napoléon parmi ses membres; souvenir qu'on eût mieux fait de ne pas raviver, car il n'est pas à l'honneur de l'Académie.

Bonaparte fut nommé le 28 décembre 1797, au retour de la première campagne d'Italie. Quoique, dans une allocution abjecte, Talleyrand, en le présentant au Directoire, l'ait montré comme dévoré de « l'amour des sciences abstraites » et presque entièrement absorbé par elles, les titres scientifiques du jeune conquérant ne brillaient que par la plus complète absence. C'est le général victorieux, le futur Cromwell déjà entrevu, que la noble compagnie appelait dans son sein. Mais cet acte de dévotion au soleil levant est trop conforme aux traditions académiques pour qu'on n'eût pas négligé de le rappeler ici, s'il ne se fût aggravé de ces circonstances extraordinaires que la proscription, non la mort, avait rendu disponible le fauteuil offert et donné à Bonaparte; que le proscrit était Carnot, en fuite depuis le 18 fructidor, et qu'enfin le général en chef de l'armée d'Italie, comme principal instigateur de cette journée, avait créé la vacance dont la lâcheté de l'Institut l'appelait à bénéficier.

Quelques mois auparavant, Bonaparte avait écrit à Carnot, son protecteur et son ami, pour lui recommander « ce qu'il avait de plus cher; » il lui jurait une reconnaissance inaltérable : « Je mériterai votre estime, je vous prie de me conserver votre amitié. »

Les moyens par lesquels il est arrivé à l'Académie soutiennent donc la comparaison avec ceux qui, deux ans plus tard, devaient le porter au pouvoir; et son buste, qui usurpe au palais Mazarin la place d'un autre, semble avoir pour but de rappeler de quelle façon indigne il avait acquis le titre de membre de l'Institut.

Bonaparte fut élu par 104 voix sur 104 votants, toutes les « classes » concouraient alors aux élections de chacune d'elles; pas un billet blanc pour protester contre l'exclusion de Carnot !

Mais aussi aisément qu'elle avait rayé de sa liste Carnot malheureux, l'Académie l'y réinscrivit, quand, après le 18 Brumaire, il fut rentré en grâce auprès du nouveau maître ; et tout aussi aisément elle l'en effaça de nouveau, lorsqu'à la Restauration il reprit le chemin de l'exil : la mort de Carnot survenue sept années trop tôt a empêché l'Académie de lui rouvrir ses bras après 1830

Avec de légères variantes et une faible atténuation, on pourrait appliquer à l'Institut ce qu'à Fontainebleau Napoléon, dont le Sénat venait de proclamer la déchéance, disait de ce grand corps : « Un signe était un ordre pour le Sénat, qui toujours faisait plus qu'on ne désirait de lui. »

Bonaparte fut enchanté de son élection; se para de son nouveau titre. Il le mettait en tête de ses lettres et de ses proclamations. « C'était, dit Marmont, un moyen d'agir sur l'opinion. » Le plus curieux est que ce moyen ait fait des dupes parmi ceux de qui Napoléon le tenait : « Comme vous tous, messieurs, disait Arago dans son *Eloge de Carnot* prononcé en 1837, je me suis souvent abandonné à un juste sentiment d'orgueil en voyant les admirables proclamations de l'armée d'Orient signées : LE MEMBRE DE L'INSTITUT, *général en chef.* » Cependant Bourrienne constate que précisément, dès son retour d'Egypte, Bonaparte commençait à être fatigué d'un titre « qui lui donnait trop de collègues ». « Ne trouvez-vous pas, disait-il un jour, qu'il y a quelque chose de trivial, d'ignoble dans ces mots : *J'ai l'honneur d'être, mon cher collègue*. Cela m'ennuie. » Devenu premier consul, il cessa de porter le titre de membre de l'Institut.

Ce qui peut le disculper de n'y avoir vu qu'un moyen d'éblouir, c'est qu'il savait n'y avoir aucun droit. Ecoutons là-dessus celui de ses familiers qu'on vient de citer : « Il reçut avec plaisir ce titre qui lui fut offert : c'était pour le public. Mais, en particulier, combien de fois n'avons-nous pas ri de bon cœur en pesant la valeur de ses titres scientifiques. Bonaparte savait un peu de mathématiques, beaucoup d'histoire, et je n'ai pas besoin de dire qu'il possédait un immense talent militaire, mais, avec tout cela, il n'était bon à rien à l'Institut, à moins qu'il n'y eût eu à faire un cours de stratégie ancienne et moderne. »

Un autre compagnon du général Bonaparte s'accorde avec Bourrienne sur la compétence scientifique du vainqueur d'Arcole et de Rivoli. Racontant le genre de vie que ce dernier menait à Passeriano, pendant les négociations qui aboutirent au traité de Campo-Formio, et parlant de son goût pour la conversation : « Il choisissait ses sujets et ses pensées, écrit Marmont, plutôt dans les questions morales et politiques que dans les sciences, où, quoi qu'on en ait dit, ses connaissances, n'étaient pas très profondes. » (*Mémoires*, t. I, p. 298.)

Libri confirme ces appréciations : « Dans la science que Napoléon affectait le plus, en mathématiques, le point le plus élevé qu'il atteignit est la cycloïde[1]. »

Nous voici bien loin des préjugés qu'a fait naître la courtisanerie des contemporains du nouveau César, et qu'a soigneusement entretenue le servilisme des contemporains du nouvel Augustule. Un académicien, en quête d'une subvention de plus, ne craignit pas de présenter les auteurs des principales découvertes faites pendant les quinze années qui suivirent le 2 décembre comme de simples exécuteurs des pensées de Napo-

[1] La cycloïde est la courbe que décrit un point quelconque d'un cercle roulant sur un plan.

léon III; qu'on juge après cela du degré de platitude où purent descendre, sous le premier empereur, les savants dont ce despote antique égaré dans l'histoire moderne eut la fortune entre les mains ! Et comme le panégyrique de l'oncle était sous le règne du neveu un moyen de faire sa cour au grand dispensateur des sinécures et des hochets, il est tout simple que les graves farceurs qui faisaient de Louis Bonaparte un physicien [1] — j'entends un Faraday, et non pas un escamoteur, on pourrait s'y tromper — aient fait du fondateur de sa défunte dynastie un génie scientifique dont la pensée, planant au-dessus des plus grands inventeurs de son temps, les inspirait, les encourageait et les jugeait.

A entendre cette savante valetaille, Napoléon aurait presque manqué sa vocation en suivant la carrière des armes. C'est de la haute fantaisie. Lorsque, destitué par Aubry, il s'était vu réduit à un état de gêne voisin de l'indigence, la pensée lui était venue de changer de profession; il avait eu alors quelque velléité de se faire négociant, s'était livré avec Bourrienne à diverses spéculations, avait projeté de se rendre à Constantinople; mais l'idée de se consacrer à la culture des sciences ne lui était pas venue; elle ne devait se présenter à son esprit que bien plus tard, on verra comment et dans quelles circonstances.

En attendant qu'elle lui vienne, le voici membre de l'Institut, collègue des Monge, des Berthollet et des Laplace, qualité qui donne un intérêt particulier au catalogue de la bibliothèque de campagne, qu'au moment d'aller conquérir l'Egypte il ordonna de former pour son usage personnel. Bonaparte avait lui-même rédigé

[1] J.-B. Dumas en tête de la troupe.

ce catalogue, comprenant 304 volumes, savoir : 121 d'histoire, 39 de géographie et de voyages, 73 de romans, 57 de poésie et.., SCIENCES ET ARTS : 14.

Il est curieux d'examiner les articles de ce dernier groupe. Les voici : *La pluralité des mondes*, par Fontenelle, 1 volume ; *Lettres à une princesse d'Allemagne*. par Euler, 2 volumes ; *Leçons de l'Ecole normale*, 6 volumes ; *Aide-mémoire pour l'artillerie*, 1 volume ; *Traité des fortifications*, 3 volumes ; *Traité des feux d'artifice*, 1 volume.

Avouons qu'on serait excusable de ne pas deviner à un tel choix de livres un homme passionné pour les sciences abstraites et un membre de l'Académie des sciences.

L'*Orient* emporte vers Alexandrie le futur vainqueur des Pyramides. Des membres de la commission d'exploration formée par Monge et Berthollet sont à bord du vaisseau amiral.

Les heures s'écoulent au milieu de savants entretiens. Il a été convenu que le général en chef indiquerait chaque matin les questions qui devront être examinées dans l'après-midi. « J'ai remarqué, dit Arago dans sa biographie de *Gaspard Monge*, qu'on agita ainsi plusieurs des plus grands problèmes de la cosmogonie et de l'astronomie ; ceux-ci, par exemple : Les planètes sont-elles habitées ? Quel est l'âge du monde ? Est-il probable que le globe éprouvera quelque nouvelle catastrophe par l'eau ou par le feu ? »

Grands problèmes sans doute, mais qui étaient plutôt du domaine de l'imagination que de celui de la science ; problèmes selon le goût des moindres amateurs, et dont le choix déposerait au besoin contre cette compétence et cette aptitude spéciales, dont on n'a si généreusement gratifié Napoléon que parce que la bassesse humaine ne refuse rien à celui dont elle peut tout attendre.

Moins de deux mois après le débarquement de l'escadre, l'Institut égyptien des sciences et des arts était fondé au Caire. Le général en chef fit partie de la section des sciences mathématiques. Lorsque, dans la première séance tenue le 23 août 1798, l'Institut forma son bureau, Monge et Bonaparte furent élus, le premier président, le second vice-président, pour trois mois; Fourier fut nommé secrétaire perpétuel.

Bonaparte eut l'ambition de faire son mémoire. Les flatteurs l'y encouragèrent. Monge, dont le dévouement paraît avoir été sincère, l'en détourna: « *Vous n'avez pas le temps*, lui dit-il, de faire un bon mémoire; or, songez qu'à aucun prix vous ne devez rien produire de médiocre. Le monde entier a les yeux fixés sur vous. » Bonaparte abandonna son armée avant d'avoir fait son mémoire.

La scène suivante nous le montre dans l'exercice de son rôle académique, peu de temps après son retour en France.

Biot faisait sous les auspices de Laplace sa première communication à l'Académie, communication relative à une partie des mathématiques où l'on était à peine entré jusqu'alors, et dans laquelle il venait de faire un pas nouveau et imprévu. Laissons-le parler :

« Je me rendis de bonne heure à l'Académie, où, avec la permission du président, je me mis à tracer sur le grand tableau noir les figures et les formules que je voulais exposer... Quand la parole me fut accordée, tous les géomètres, c'était alors l'usage, vinrent s'asseoir autour du tableau. Le général Bonaparte, récemment revenu d'Egypte, assistait ce jour-là à la séance comme membre de la section de mécanique. Il vint avec les autres, soit de lui-même, à titre de mathématicien dont il se faisait fort, ou parce que Monge l'amena pour lui faire les honneurs d'un travail issu de sa chère Ecole polytechnique ; à quoi le général répondit : « Je reconnais bien cela aux figures. »

« Je pensai qu'il était bien habile de les reconnaître, puisque, hormis M. Laplace, personne encore ne les avait vues. »

A douze ou treize mois de là, nous retrouvons le général Bonaparte à l'Académie des sciences, mais cette fois il n'est plus aussi facile de l'y contempler. Le physicien Robertson, sur les pas de qui nous allons entrer, voit la voiture qui l'amène en compagnie de Biot arrêtée sous la porte du Louvre, où l'Institut siégeait alors : « Les avenues du palais étaient gardées par un grand nombre de militaires ; il fallut l'ordre d'un officier supérieur pour nous laisser monter. Je ne savais trop à quoi attribuer cet appareil de forces ; aussi en entrant dans la salle des séances, lançai-je un regard rapide sur toute l'assemblée. Les membres de l'Institut debout et découverts étaient rangés autour d'une grande table ronde, et M. de Volta expliquait sa théorie : on apportait à l'écouter une vive attention. »

Comme on le pense bien, l'inventeur de la pile n'était personnellement pour rien dans ce déploiement de forces. Dans l'intervalle de la précédente séance à celle-ci, un grand crime dont la France porte encore la peine, le 18 brumaire, avait eu lieu ; ces honneurs étaient pour le criminel en attendant Waterloo, Sainte-Hélène et les *Châtiments*.

Le premier consul assistait à la séance. C'était la seconde de celles que le physicien italien consacra les 16, 18 et 20 brumaire de l'an IX (7, 9 et 11 novembre 1800) à l'exposition de ses grandes découvertes.

« La détonation du pistolet de Volta, — je reprends le récit de Robertson, qui avait été appelé pour répéter cette expérience, — sembla réveiller un membre placé à l'autre extrémité de la salle... Il parut sortir subitement d'une profonde préoccupation et me fixa particulièrement, sans doute à cause du bruit que l'arme électrique venait de produire par mes mains ; puis, se tournant vers un membre placé auprès de lui :

« — Fourcroy, lui dit-il, voici des phénomènes qui appartiennent plus à la chimie qu'à la physique, et dont vous devez vous emparer. »

La décomposition électro-chimique de l'eau le frappa d'admiration. Qui eût-elle laissé indifférent ? Sur sa proposition, une médaille d'or fut décernée à l'inventeur, à qui il fit remettre une somme de 6,000 francs pour ses frais de route. Plus tard, il le combla d'honneurs. Volta fut sa grande admiration scientifique qu'on ne lui reprochera pas d'avoir mal placée.

L'enthousiasme dont l'avait rempli le merveilleux spectacle des effets de la pile fut durable : il suffit de rappeler le prix de 60,000 francs, offert peu de temps après Marengo (le 26 prairial an X, 15 juin 1801) « à celui qui, par ses expériences et ses découvertes, fera faire à l'électricité et au galvanisme un pas comparable à celui qu'ont fait faire à ces sciences Franklin et Volta ». Son rôle fut ici d'un digne appréciateur d'une des plus grandes découvertes modernes et celui qui, selon les idées communes, convient en d'aussi mémorables circonstances au depositaire suprême des pouvoirs publics.

On n'en peut dire autant de la conduite qu'il tint envers un autre génie et dans une occasion tout aussi grande, je veux parler de Fulton et de l'invention des bateaux à vapeur.

Napoléon, qui a tant falsifié sa propre histoire, a été servi à souhait par un faussaire qui, sous le second empire, inventa la lettre suivante attribuée au premier consul lequel, du camp de Boulogne, l'aurait adressée au ministre de l'intérieur :

« Je viens de lire la proposition du citoyen Fulton, que vous m'avez adressée beaucoup trop tard, en ce qu'elle peut changer la face du monde. Quoi qu'il en soit, je désire que vous en confiez immédiatement l'examen à une commission composée de membres choisis par vous dans les différentes classes de l'Institut. C'est là que l'Europe savante doit chercher des juges pour résoudre la question dont il s'agit. Aussitôt le rapport fait, il vous sera transmis et vous me l'enverrez. Tâchez que tout cela ne soit pas l'affaire de plus de huit jours. Et, sur ce, etc... »

Cette lettre est fausse. L'idée qu'elle peut l'être ne s'est pas même présentée à l'auteur du livre d'où je viens de la transcrire ; mais c'est un livre où Napoléon III est considéré comme un moderne Archimède ? Quoique, d'après cet auteur[1], une conception aussi vaste que celle de la navigation au moyen de machines n'ait pu échapper au génie de Napoléon Ier, il est certain qu'elle lui a totalement échappé. La vérité incontestable, c'est que Fulton qui, en 1803, avait fait marcher sur la Seine un bateau mû par une pompe à feu, ne demandait que ce que, d'après la lettre ci-dessus, le premier consul lui aurait spontanément accordé : des juges. Bonaparte repoussa opiniâtrement cette requête, malgré les représen-

[1] M. Wirth, ingénieur civil.

tations de Louis Costaz, un ancien Egyptien, alors président du tribunal, malgré celles de son aide de camp Marmont, et de son secrétaire Bourrienne.

« Bah ! disait-il à ce dernier que je cite de préférence, parce que je ne l'ai vu citer nulle part à cette occasion ; bah ! tous ses inventeurs, tous ces faiseurs de projets sont ou des intrigants ou de visionnaires; ne m'en parlez pas ! »

« Je lui fis observer, ajoute Bourrienne, que celui qu'il appelait un intrigant ne faisait que renouveler une invention déjà connue ; que Franklin avait écrit en 1788 à un docteur de ses amis : « qu'il n'y avait rien de nou-« veau pour le moment, en fait de sciences physiques, « excepté un bateau mis en mouvement par une machine « à vapeur, et qui remonte seule une rivière ; on pense « que sa construction pourrait être simplifiée et perfec-« tionnée, de manière à devenir généralement utile » ; que la découverte de cette force datait de temps bien antérieurs, et qu'il ne fallait pas repousser sans examen une ancienne découverte qui n'avait pas encore reçu d'exécution. Il ne voulut rien entendre. » (T. IV, p. 260.)

Marmont en ses *Mémoires* donne de cet aveuglement du premier consul une explication assez curieuse, en ce qu'elle est tirée des habitudes professionnelles de l'ancien officier d'artillerie :

« Bonaparte que ses préjugés rendaient opposé aux innovations, rejeta la proposition de Fulton. Cette répugnance pour les choses nouvelles, il la devait à son éducation de l'artillerie. Dans un corps semblable, un esprit conservateur doit garantir des changements non motivés ; sans cela, tant de faiseurs de projets extravagants feraient bientôt tomber dans la confusion. Mais une sage réserve n'est pas le dédain des améliorations et des perfectionnements. Toutefois j'ai vu Fulton solliciter des expériences, demander de prouver les effets de ce qu'il appelait son invention. Le premier consul traita Fulton de charlatan et ne voulut entendre à rien. J'intervins deux fois sans pouvoir faire pénétrer le doute dans l'esprit de Bonaparte. Il est impossible de calculer ce qui serait arrivé s'il eût consenti à se laisser éclairer, et si avec les moyens immenses à sa disposition, une flottille à vapeur eût fait partie des éléments de la descente projetée. C'était le bon génie de la France qui nous envoyait Fulton. Le premier consul sourd à sa voix, manqua ainsi à sa fortune.» (T. II, p. 211).

On a menti si impudemment sur ce sujet pendant le dernier empire, rejetant calomnieusement sur l'Académie des sciences — on ne prête qu'aux riches — la responsabilité de la faute commise par l'homme de Brumaire et de Waterloo — ce fut une manière de faire la cour à l'homme de Décembre et de Sedan — qu'il ne peut manquer de rester quelque chose de ce mensonge dans beaucoup d'esprits; l'occasion se présentant de montrer les faits dans leur vraie lumière, on ne doit donc pas la négliger.

A chacun la responsabilité de ses œuvres : l'Académie des sciences n'est pour rien dans l'erreur qui contraignit Fulton à porter son invention aux États-Unis; elle est pour tout dans l'insuccès et la ruine du marquis de Jouffroy, lequel, vingt ans avant les essais de Fulton, avait fait marcher un bateau à vapeur sur la Saône et par qui la France eût eu la gloire de doter le monde de la navigation à vapeur, si, dès ce temps, l'intrigue n'eût dicté les décisions de notre premier corps savant. A Napoléon, Fulton; à l'Académie, Jouffroy, et c'est assez pour une académie seule.

Léon Dufour raconte en son *Mémorial* avoir vu deux fois aux séances de l'Institut, le général Bonaparte, alors premier consul. A cette époque, l'uniforme d'académicien était l'habit de tous les jours... académiques. « Son habit noir avec broderies vertes, semblait rapetisser singulièrement l'illustre guerrier. » C'est la fonction même d'académicien qui lui donnait trop d'égaux que Bonaparte finit par trouver rapetissante, comme on l'a appris ci-dessus de Bourrienne. Un jour, Léon Dufour présent, il souleva et soutint une discussion sur l'emploi des draps imperméables dans l'habillement des troupes. Bonaparte était pour, ce qui n'était pas fort. Portal, Hallé, Lassus, Fourcroy, Berthollet, Laplace, étaient naturellement contre ; ils objectaient le grave et décisif inconvénient d'empêcher ou de répercuter la transpiration insensible.

« Napoléon, avec une parole facile, mais peu animée — je cite l'auteur du *Mémorial* — objecta l'usage des athlètes de l'antiquité qui, pour se préparer au combat, pratiquaient sur tout leur corps des onctions huileuses : celles-ci, en bouchant les pores de la peau, devaient nuire à la transpiration, et cependant elles étaient suivies d'un grand développement de forces. » La réponse bien facile fut que ces luttes avaient peu de durée, et que des lotions parfumées faites bientôt après rétablissaient les fonctions de la peau. « Bonaparte se rendit à ces raisons, sans le moindre signe d'humeur, et la discussion fut fermée. »

Comme ce « sans le moindre signe d'humeur » est flatteur pour le souverain pouvoir !

En devenant empereur le premier consul désapprit le chemin de l'Académie. Il ne voyait plus ses *confrères* qu'aux Tuileries. Ceux qui devaient lui être présentés ou qui avaient de leurs productions à lui offrir, se rendaient dans un salon où, au sortir de la messe, il les passait en revue. Arago, dans l'*Histoire de ma jeunesse*, a tracé un curieux récit de sa présentation :

« Vous êtes bien jeune, me dit Napoléon en s'approchant de moi. Comment vous appelez-vous? » Et mon voisin de droite, ne me laissant pas le temps de répondre, s'empressa de dire : « Il s'appelle Arago. »

« Quelle est la science que vous cultivez? » Mon voisin de gauche répliqua aussitôt : « Il cultive l'astronomie. »

« Qu'est-ce que vous avez fait? »

Mon voisin de droite se hâta de prendre la parole, et dit : « Il vient de mesurer la méridienne d'Espagne. »

L'Empereur passe alors à un autre membre de l'Institut. C'est l'homme illustre qui, à l'âge de quarante et quelques années, ayant déjà écrit la *Flore française*, reçut de la Convention nationale l'ordre de s'improviser zoologiste, et, en exécution de cet ordre, écrivit le *Système des animaux sans vertèbres*, et la *Philosophie zoologique*, c'est le grand Lamarck ; il présente un livre à Napoléon.

« Qu'est-ce que cela? dit celui-ci. C'est votre absurde *météorologie*, c'est cet ouvrage dans lequel vous faites concurrence à Mathieu Lænsberg, cet annuaire qui déshonore vos vieux jours; faites de l'histoire naturelle, et je recevrai vos productions avec plaisir. Ce volume, je ne le prends que par considération pour vos cheveux blancs. — Tenez! » et il passa le livre à un aide de camp.

« Le pauvre M. Lamarck, qui, à la fin de chacune des paroles brusques et offensantes de l'empereur, essayait inutilement de dire : « C'est un ouvrage d'his-

« toire naturelle que je vous présente, » eut la faiblesse de fondre en larmes. »

Voilà le maître dans ses relations avec les savants en habits à palmes vertes ! Sans y penser, Arago, dans une page perdue de ses *Notices scientifiques*, montre quel savant l'Empereur eût logé dans la friperie académique qu'il ne portait plus :

« Il n'y a pas de capacité universelle. Je me rappelle à ce sujet qu'ayant un jour montré à l'Empereur une tache sur le soleil, j'eus de la peine à lui faire comprendre que cette tache n'était pas dans la lunette. » (*Sur la grande bibliothèque de Paris*, t. VI, p. 614, des *Œuvres complètes*.)

« En géographie, — c'est Michelet qui parle — il resta dans une ignorance étonnante, croyant à trente ans que l'Egypte était tout près des Indes. » (*Hist. du* XIXe *siècle*, t. I, p. 368.)

J'ai dit que l'idée de s'occuper de sciences qu'on a faussement rattachée à sa jeunesse, finit par lui venir. Elle lui vint deux fois. La première en 1814, après l'abdication de Fontainebleau, sur la route de l'île d'Elbe.

Il avait laissé derrière lui Orgon, où on le pendait en effigie au moment de son passage ; Aix, où on voulait le lapider. Arrêté dans une auberge, et plein d'accablement, il disait : « Je renonce maintenant pour toujours au monde politique... Non, on m'offrirait aujourd'hui la couronne d'Europe que je n'en voudrais pas ; je m'occuperai de science. »

On sait comment il tint parole.

La seconde fois, c'était en 1815, après Waterloo, à l'Elysée : « Je ne vois que les sciences qui puissent s'emparer fortement de mon âme et de mon esprit, disait-il à Monge. Je veux dans cette nouvelle carrière, laisser des travaux, des découvertes dignes de moi. Il me faut un compagnon qui me mette d'abord et rapidement au courant de l'état actuel des sciences. Ensuite nous parcourrons ensemble le Nouveau-Continent, depuis le Canada jusqu'au cap Horn, et, dans cet immense voyage, nous étudierons tous les grands phénomènes de la physique du globe sur lesquels le monde savant ne s'est pas encore prononcé. »

Les sciences n'étaient donc pour lui qu'un pis-aller. Mais qu'on le mette d'abord et rapidement au courant, et aussitôt le Dieu rendra ses oracles ! Les choses résisteraient-elles à celui à qui personne n'a résisté ? L'homme qui tenait cet ambitieux langage n'était déjà plus propre au travail scientifique.

Quoi qu'il en soit, la Fortune, comme il disait en abordant en Égypte, quand tout lui réussissait, la Fortune ne permit pas que ces beaux projets fussent exécutés, et les loisirs de Sainte-Hélène le contraignirent de se consacrer au seul travail scientifique où il ait excellé, qui a consisté à falsifier l'histoire.

CHAPITRE II

LES SAVANTS OFFICIELS

Le prétendu génie scientifique de l'homme de Brumaire et de Waterloo n'est donc qu'une invention de pauvres diables de *Princes de la science* que la dépendance où les tient le besoin de places, de sinécures, de distinctions et d'influence, condamne à toutes les platitudes possibles envers la tête couronnée quelconque dont ils ont l'honneur d'être les très humbles, très obéissants, et très fidèles serviteurs et sujets.

Pour compléter au même point de vue l'étude du remplaçant de Carnot à l'Académie des sciences, il faudrait raconter ce que ce grand maître dans l'art d'avilir les hommes, qui est une des branches principales de l'art du gouvernement monarchique, a fait pour tenir les savants français dans la servitude du pouvoir.

Si l'impulsion donnée à la science par la Révolution, qui d'un bond nous avait portés à la tête des nations savantes, s'est épuisée peu après 1830, et si, en dépit de mensonges intéressés, notre prépondérance scientifique était perdue depuis longtemps quand la dernière guerre démontra que cette supériorité n'était pas la seule que nous eussions à reconquérir, la faute en est à Napoléon.

Si pour l'amour, l'intelligence et la pratique du progrès, l'Académie des sciences fait la paire avec ce légendaire Comité d'artillerie dont l'esprit de corps pendant le siège de Paris, servit si mal le patriotisme ; si le haut état-major scientifique abonde en personnages moralement comparables aux chefs militaires dont les défaillances furent, après l'incapacité du gouvernement impérial, la cause efficiente de notre abaissement momentané ; si dans la science aussi c'est trop souvent par les petits que l'exemple des vertus professionnelles est donné, et par les grands, de qui il devrait venir, que cet exemple est rendu inefficace, la faute en est encore à Napoléon.

Si, à voir l'insignifiance de ce que les divers ministres de l'instruction publique ont tenté pour nous faire remonter la pente le long de laquelle nous glissons, il semble que nous soyons destinés à la descendre jusqu'au bout, et que la science française, qui en est aujourd'hui où la politique française en était au moment de Sadowa, ne doive se tenir pour avertie que lorsque, elle aussi, aura trouvé son Sedan ; si les savants haut placés, pour qui ce devrait être un devoir de conscience — la patrie les ayant comblés de ses faveurs — de réclamer le remède, nient le mal, confessant par là qu'ils en sont responsables et qu'ils en bénéficient, et s'ils immolent à leur égoïsme parricide les intérêts les plus évidents de leurs auteurs : la Science et la Patrie, la faute en est toujours à Napoléon.

Tous nos savants dans la main du pouvoir central, et les petits tenus en outre dans la dure dépendance des grands : voilà en deux mots la situation qu'il a faite à la science française, qui en mourrait infailliblement, si une bonne application des principes de 89 ne devait la remettre sur pieds : car la science en est chez nous où en était le pays quand la livrée de la monarchie, c'est-à-dire la noblesse, faisait peser sur le peuple des travailleurs le poids de sa domination servile. Tout autre remède ne peut guère profiter qu'aux médicastres, pour qui c'est occasion de fonds et d'hommes à manier.

On a vu le gouvernement de Napoléon III casser solennellement (ni plus ni moins que l'Inquisition instrumentant contre Galilée), une pauvre petite thèse de médecine[1] entachée selon lui d'hérésie philosophique, et forcer le jeune auteur à se rasseoir sur les bancs de la Faculté ; car, à l'inverse du préteur romain, il n'est point de détail de police où cette humaine providence ne daignât descendre. Mais on a vu dans le même temps un membre de l'Institut (Charles Robin), véhémentement soupçonné à son tour de matérialisme (style de Saint-Office), on l'a vu, pour sauver sa caisse, sa chaire voulais-je dire, se blottir sous l'égide cléricale du baron Ch. Dupin, et, grâce à cette protection, essuyer sans aucun dommage matériel la leçon comminatoire du ministre, traçant de main de maître les limites d'un enseignement médical. Si, comme je le pense, la gravité d'un outrage croît avec la hauteur du but visé, ce n'est pas le jeune aspirant au doctorat qui fut le plus maltraité.

On raconte que Cuvier, sollicité de prendre partie pour la génération spontanée, répondit : « L'Empereur ne le veut pas. » Trait bien trouvé, s'il n'est vrai à la lettre. Cuvier voyait trop de gens se courber, non devant son génie, mais devant sa puissance, pour savoir se tenir tout à fait droit devant celui de qui cette puissance

[1] *Des symptômes intellectuels de la folie*, par Eugène Semerie, Paris 1867.

émanait. Le savant dont la Restauration, fit un membre de sa commission de censure, n'avait pas le nécessaire pour résister à cet Empereur et Roi, si grand, qu'il pouvait à son gré et avec une égale impunité, faire d'un Fourcroy, vulgaire ambitieux, un homme noble, et d'un Lamarck, âme héroïque, un objet de pitié.

L'Institut, qui passe pour tout savoir, est, quant aux droits, sur le même rang que la dernière commune rurale; il est mineur. L'Institut se recrute lui-même, mais ses nominations sont soumises à l'approbation du pouvoir. Il reçoit de toutes mains, mais ne peut rien accepter qu'avec la permission du pouvoir. Il satisfait, au moyen de virements de fonds, à des convoitises non prévues par les donataires, mais n'en peut opérer aucun sans l'autorisation du pouvoir.

C'est entre ces mains sujettes que sont placées les rênes de la science française. Et telles sont les habitudes de soumission contractées par ceux qui exercent le commandement, que l'un des plus illustres et le plus vénérable par l'âge, à propos d'actes de favoritisme commis dans l'établissement alors dirigé par lui, revendiquait pour ses collègues et pour lui-même, — parlant à l'auteur de ces lignes — le bénéfice d'une sorte d'irresponsabilité d'enfant, disant que : « Le plus coupable de tous était toujours le ministre, puisque, pour empêcher leurs fautes, il n'avait qu'à refuser de les ratifier, et puisque, pour leur voir prendre la bonne route, il n'avait qu'à la leur montrer. »

Cynéas comparait le sénat romain à une assemblée de rois; un savant anglais, M. Tyndall, de passage à Paris, a donné en ces termes la caractéristique de notre sénat scientifique : « Académie de fonctionnaires. » Elle ne fait plus guère de Rapports; mais si vous avez la faiblesse d'en vouloir un, faites en sorte que votre demande lui arrive par l'entremise d'un ministre : l'Académie n'a rien à refuser à la puissance. Nos pères l'avaient vue expulser Carnot pour plaire à l'oncle, nous l'avons vue admettre le maréchal Vaillant pour plaire au neveu.

Lorsqu'un ministre imagina de réduire la maison de Buffon, de Lamack, de Cuvier et de Geoffroy Saint-Hilaire aux proportions, d'une école d'agronomie, les professeurs du Muséum assimilés au Maître Jacques de l'*Avare*, exécutèrent sans observation le nouveau genre d'exercice qui leur était commandé. Il est heureux qu'ils n'aient pas eu affaire à quelque ministre facétieux en disposition de voir jusqu'où pourrait bien aller la déférence de savants officiels pour les fantaisies d'une autorité humoriste. Cela est heureux pour leur dignité.

On se rappelle, quand M. Duruy inventa les conférences, l'ardeur avec laquelle tant de membres de l'Académie s'adonnèrent à ce genre d'enseignement... si délaissé par eux dès que le ministre ne fut plus là pour leur en inspirer la vocation. Où nous avions voulu voir une rivalité d'apôtres, il n'y avait que steeple-chase de courtisans.

On se souviendra éternellement de ce membre de l'Institut qui, pour se faire payer un laboratoire modèle, imagina de faire du coupe-jarret du 2 décembre une muse. Le procédé lui réussit à souhait, et la statuaire pourra le montrer présentant son petit compliment d'une main, et recevant ses étrennes de l'autre. On se souvient aussi de deux forts volumes galamment jetés par le même, dans un but analogue, à la tête de l'Impératrice.

On n'aura pas oublié non plus celui qui, voyant ce

couple auguste : N-E ainsi accaparé, fit sa proie du Prince Impérial, à qui peu de semaines avant Sedan et peu d'années après la publication de la préface du *Jules César* qu'on sait, il pronostiquait « un avenir de grand empereur et de grand historien. »

Un jour qu'à l'Académie, dans le cours d'une discussion météorologique, M. Charles Sainte-Claire-Deville pleurait misère, chose ordinaire, le maréchal Vaillant, qui cumulait avec sa dignité militaire l'emploi de serviteur de confiance de l'Empereur, intervint à ce dernier titre pour déclarer à son confrère qu'il voyait parfaitement venir, que « la cassette impériale » — nous assistions à la séance — resterait insensible à ses déclarations. « Je le regrette », soupira piteusement le galant éconduit.

« Une griffe de fer me déchire le cœur ! » s'écriait Fourcroy, apprenant que le poste de grand maître de l'Université qu'il avait ambitionné était donné à Fontanes. Tels sont, en un exemple typique, les sentiments que l'auteur de notre institution scientifique a voulu susciter parmi les savants qui approchent le pouvoir. Il y a parfaitement réussi. Le gouvernement, quel qu'il soit, les tient par l'avarice et la vanité. Il les tient par ces deux ambitions corrélatives l'une de l'autre : le besoin de s'abaisser et le besoin d'opprimer. Il les tient, surtout par sa tolérance pour leurs actes qui réclament tant d'indulgence et quelque chose de plus.

A leur gré, ce n'était pas encore assez de dépendance. Mérimée, qui se qualifiait lui-même de *fou de l'Impératrice*, avait conçu un plan de gouvernement des lettres, des arts et des sciences, qui dans sa pensée, devait réduire savants, artistes et littérateurs, à n'être plus que des pantins, dont les ficelles eussent été dans la droite de l'Empereur. Cette utopie monarchique, écrite de sa propre main, a été ramassée aux Tuileries, et figure parmi les *Papiers trouvés* dans ces lieux.

Sans prendre l'affaire d'aussi haut, un professeur de géologie, M. Hébert, en avait dans sa sphère, poussé l'exécution bien plus loin. Sous prétexte de je ne sais quelle excursion où il lui plaisait de mener des étudiants qui n'en pouvaient supporter la dépense, il avait pris sur lui de tendre pour eux la main à l'Empereur. Ainsi chacun de ces jeunes gens devint individuellement, nominativement, l'obligé direct, le débiteur du prédestiné de Sedan. Entrés à un cours de la Sorbonne comme en un sanctuaire où leur âme devait s'élever au contact de la science, ils s'en revinrent la main tachée par une aumône [1].

Vers le même temps, ceci se passait au laboratoire de physique de la Sorbonne; j'en tins le récit, sur le moment même, de la bouche d'un des témoins. Parti pour

[1] Extrait du *Bulletin administratif du ministère de l'Instruction publique*, avril 1869 :

« M. le ministre de l'instruction publique a reçu de M. Conti, chef du cabinet de l'Empereur, la lettre suivante :

« Monsieur le ministre,

« L'empereur a lu avec intérêt le rapport que vous a adressé M. le professeur Hébert sur l'enseignement de la géologie à l'Ecole des hautes études. Il a remarqué que plusieurs élèves ne pourraient, faute de ressources suffisantes, faire dans les Ardennes et les Alpes les excursions géologiques qui leur sont indispensables comme complément de leurs études théoriques. Sa Majesté vous envoie sous ce pli, en billets de banque, la somme jugée nécessaire, et vous prie de la remettre de sa part à M. le professeur Hébert, qui en fera la répartition.

« Agréez, etc.

« *Le sénateur, chef du cabinet de l'Empereur,*

« CONTI. »

assister en Bretagne au mariage d'une de ses parentes, le professeur était rentré si vite à Paris qu'il n'avait pu prendre que le temps d'aller et de revenir. M. Jamin explique aux jeunes savants, ses élèves, la précipitation de ce retour. C'est une invitation à Compiègne qui courant derrière lui, lui a fait planter là sa famille. Et tout gonflé de satisfaction : « Je n'aurai pas été à la noce de ma cousine, mais je serrerai la main de l'Empereur ! » Voilà les enseignements moraux que la jeunesse savante recevait de ses maîtres.

Tels sont les fonctionnaires à qui les encouragements honorifiques et autres, — autres surtout —, dont ils disposent, les places auxquelles ils présentent, et la faveur des ministres qui ne communiquent guère que par eux avec le peuple des chercheurs, donnent en fait la direction de la science française. Comment se servent-ils de leur pouvoir ? Pour faire leurs affaires personnelles, celles de leurs enfants et de leurs créatures; pour exploiter et opprimer les travailleurs qu'une situation dépendante met à leur merci ; pour barrer le chemin à toute idée qu'ils désapprouvent et à tout homme qui leur déplaît.

Voilà ce que par la double servitude d'une situation à la fois privilégiée et dépendante deviennent des gens qui à ne voir que l'objet de leurs études, devraient être les plus nobles des hommes.

CHAPITRE III

LES RÉSULTATS

Résultats constatés au lendemain de l'Empire :

Est-il en France aucun homme à la fois mathématicien profond, physicien et physiologiste hors ligne que nous puissions mettre en parallèle avec cet Helmoltz qu'Heidelberg avait enlevé à Bonn, qui l'avait enlevé à Kœnigsberg, et que je ne sais plus quelle ville a soufflé à Heidelberg ; genre de concurrence inconnu et impossible chez nous ?

Hélas ! Hélas ! Avons-nous aucun nom à opposer à celui de cet Agassiz dont l'Amérique du Nord est si justement fière[1] ?

Avons-nous aucun nom à opposer à celui de ce Darwin qui est en train de transférer à l'Angleterre le gouvernement des sciences naturelles que la France a excercé avec tant de gloire ?

Avons-nous aucun nom à opposer à celui de ce Tyndall en qui on ne sait ce qu'on doit le plus admirer de l'expérimentateur ingénieux, hardi et fécond, du philosophe aux vues élevées et profondes, ou de l'incomparable propagateur des vérités scientifiques ?

Où donc l'orateur de l'Académie, parlant sur la tombe

[1] Depuis que ces lignes sont écrites Agassiz a terminé son illustre carrière.

encore ouverte d'un confrère, puiserait-il aujourd'hui les éléments d'un exorde comparable à ce début du discours prononcé par Arago aux obsèques de Cuvier :

« Depuis quelques années la mort comme la foudre s'attaque aux sommités.... Montgolfier, Fourcroy, Malus, Lagrange, Monge, Haüy, Delambre, Berthollet, Carnot, Lamarck, Laplace, Fresnel, Fourier, Vauquelin. »

Le dix-huitième siècle, c'est-à-dire la Révolution, nous les avait donnés; l'Empire a empêché qu'ils eussent des successeurs à leur taille.

« Puisse, Messieurs, disait Arago en terminant, puisse cette brillante jeunesse. qui hier encore au Collège de France écoutait avec tant de recueillement les éloquentes paroles de M. Cuvier ; qui aujourd'hui pressée en foule autour de son cercueil fait éclater de si honorables sentiments de douleur et de reconnaissance, puisse-t-elle bientôt voir surgir de son sein un digne successeur de celui qu'on avait à si juste titre nommé l'Aristote du XIXe siècle ! »

Ce vœu ne s'est pas réalisé.

« Il avait vaincu les préjugés nationaux de Dublin à Calcutta, s'écriait Arago... Cuvier était au milieu de nous l'image vivante, incontestable, incontestée, de la prééminence scientifique de la France ; sa mort nous rapetisse tous[1]. »

Qui oserait prétendre que nous ayons repris notre taille ?

Trois faits, d'une portée sans égale, se sont produits dans les sciences depuis une trentaine d'années,

Le premier en date a eu la physique pour théâtre. Il consiste dans la découverte d'un principe dont la géné-

[1] Arago. *Œuvres complètes*, t. III des *Notices*, p. 572.

ralité embrasse l'action de toutes les forces de la nature. Ce principe est celui de la conservation de la force. L'auteur?

Un Allemand : Jules-Robert Mayer, de Heilbronn.

Le second s'est produit en chimie, et c'est la plus merveilleuse conquête que la chimie ait faite; j'ai nommé l'analyse spectrale. Qui l'a découverte?

Un Allemand : Kirchhoff, de Heidelberg.

Au niveau de ces découvertes inappréciables, Helmoltz place sans hésitation la théorie renouvelée de Buffon, de Lamarck et de Geoffroy, qui explique la diversité des espèces organisées par la mutabilité de leurs formes. Ah! du moins, cette théorie n'est pas allemande. Non... Elle est anglaise, notre science officielle l'ayant contrainte à sortir de France où elle était née, pour chercher ailleurs les conditions de développement qui lui étaient refusées ici.

Immédiatement après ces trois grands faits généraux, au-dessous d'eux, mais en tête des faits particuliers, il faut placer la démonstration de l'homme fossile, qui serait française si grâce à cette même science officielle, il n'avait pas fallu que des étrangers, des Anglais vinssent nous en accoucher en 1859. C'était la découverte la plus importante dont pût s'enrichir une science née de nos jours et appelée à fournir une carrière éclatante; l'anthropologie constituée par... un Américain Samuel-G. Morton, de Philadelphie.

Où l'Allemagne n'occupe pas le premier rang, c'est l'Angleterre, c'est l'Amérique, c'est presque toujours un autre que nous qui le tient.

Les naturalistes ont récemment découvert un nouveau monde plus vaste à lui seul que tous les autres ensemble, le monde sous-marin. Dans les abîmes dont notre ignorance faisait une province de la mort, la vie maintient son empire. Des organismes variés pullulent à des profondeurs où l'on croyait toute existence impossible. Leur recensement qui est à peine commencé, a donné d'admirables résultats. Ainsi, plusieurs espèces d'animaux marins, réputées éteintes depuis longtemps, sont encore du nombre des vivants. Les *conquistadores* de ce nouveau monde sont des Scandinaves, des Suisses, des Américains, des Anglais. L'Angleterre et l'Amérique se sont passionnées pour ce genre de recherches, qui jusqu'ici a laissé la France officielle parfaitement froide. Comparant ce nouveau but d'activité offert aux nations savantes à une grande souscription ouverte par toute la terre pour l'utilité commune du genre humain, on peut dire que l'Angleterre et l'Amérique y ont porté des billets de mille, et la France des pièces de deux sous [1].

Au sein d'un autre Océan, d'autres sondages s'opèrent en sens inverse des précédents pour les progrès de la météorologie et de la physique du globe. Il s'agit de l'exploration de l'air au moyen d'aérostats. On a vu, non pas chez nous, un savant de grand renom [2] s'adonner

[1] La première exploration française des grands fonds océaniques, celle du *Travailleur*, sous la direction de M. Alphonse Milne-Edwards est de 1880 ; la seconde (celle du *Talisman*, même direction), est de 1883. Les Américains et les Anglais étaient entrés dès 1867 et 1869 dans la carrière : 1867, expéd. améric. du *Corwin* ; 1868, expéd. angl. du *Lightning*; 1868-69, expéd. améric. du *Bibb*; 1869, expéd. angl. du *Porcupine*; 1870, expéd. angl. du même; 1872, expéd. angl. du *Challenger*; même année, expéd. améric. du *Hassler*; 1877 à 1879, expéd. améric. du *Blake*. « Ainsi — dit M. Ed. Perrier — toutes les nations qui sont à la tête du monde civilisé avait déjà participé à ces travaux d'exploration des fonds des mers, la France seule était restée en arrière. » (*Les Expl. sous-marines*, Paris, 1886, p. 41.)

[2] M. Glaisher.

à ce genre de recherches. Parmi ceux que la France paye pour faire avancer la physique, il ne s'en est pas trouvé un seul, depuis Biot et Gay-Lussac, qui se risquât à suivre dans les airs la trace de ces illustres prédécesseurs. Cet excès de prudence a même été publiquement reproché à nos physiciens. Dans la patrie des Mongolfier et des Charles, le ballon, ce merveilleux appareil de physique est officiellement abandonné aux amuseurs publics. Si l'honneur du nom français n'a pas éprouvé en cette matière une éclipse complète on le doit à de généreux jeunes gens qui n'avaient « rien à perdre ». Voilà ce que la science officielle a fait de ses favoris.

Depuis Gay-Lussac, nos savants ne montent plus en ballon, et depuis bien longtemps ils ne voyagent guère. Trois compagnies viennent de se partager l'exploration de la Terre-Sainte : l'une se charge des régions à l'ouest du Jourdain, elle est anglaise ; la seconde fait sa part du pays à l'est du fleuve, elle est américaine ; la troisième s'est alloué une contrée déserte qu'aucun Européen n'a encore visitée et qui s'étend entre Damas et Petra à l'est de Moab, et cette dernière est turque. Est-il besoin de dire que les compatriotes de Gustave Lambert ne sont pour rien dans les tentatives faites en vue de résoudre le problème géographique du pôle nord ? Nos grands savants ne voyagent que dans les salons ministériels, et si jamais les petits reprenaient goût aux voyages lointains ce ne serait pas la faute de l'Académie des sciences ni de celui de ses secrétaires perpétuels[1] qui, dans une séance solennelle de l'Institut, montrait obligeamment à la jeunesse combien

[1] M. Flourens.

l'auteur de la *Philosophie anatomique* avait mal compris son intérêt personnel quand, dans l'intérêt de la science, « il s'était laissé enrôler » dans l'expédition d'Egypte : « Quatre années passées en Egypte n'étaient propres, disait l'orateur, ni à le calmer ni à avancer sa carrière. Pendant qu'il courait le monde, Cuvier était nommé secrétaire de l'Académie ! » Telles sont les généreuses leçons que ceux qui ont âge d'homme aujourd'hui reçurent en leur temps, des maîtres préposés par l'Etat à la direction du mouvement scientifique.

Un grand voyage d'exploration, au moment où j'écris, s'accomplit autour de l'Amérique du Sud. L'inventaire des êtres qui peuplent les profondeurs des deux océans jusqu'à une distance donnée des côtes, est, conformément à ce qu'on a dit plus haut, l'objet de cette expédition, qui dispose d'un bateau à vapeur parfaitement aménagé, à bord duquel est une drague pouvant fonctionner à 3,000 brasses et plus. Un vieillard couvert de gloire est le chef de cette entreprise. Inutile de dire que ce n'est pas un Français; c'est même un homme qui a refusé de le devenir; c'est un naturaliste à qui l'ancien gouvernement a offert une chaire au Muséum, la direction de cet établissement et un siège au sénat, et qui a préféré se faire citoyen américain : c'est Agassiz.

Plus récemment un autre naturaliste de premier ordre a repoussé des offres analogues; c'est M. Schimper qu'ont rendu célèbre ses grands travaux sur les flores des anciennes époques du globe. Il professait à la Faculté des sciences de Strasbourg à l'époque où cette noble ville n'était pas comme aujourd'hui momentanément absente de la famille française. La chaire de paléontologie du Muséum, devenue disponible par le décès de M. Lartet, lui fut offerte. Il la refusa. La perspective d'appartenir à un établissement jadis illustre, dont le public studieux, de plus en plus clairsemé chez nous, a depuis si longtemps désappris le chemin ne l'a pas tenté et il est resté à Strasbourg.

Quel savant étranger faudra-t-il supplier de monter dans la chaire qui a appartenu à M. Auguste Duméril, et qui reste vacante depuis seize à dix-sept mois? Si le défunt eût laissé un fils, ce fils lui eût succédé, comme M. A. Duméril avait lui-même succédé à son père Constant Duméril. Mais il n'a pas laissé d'héritier. Il faudrait donc un savant, un erpétologiste. Or notre enseignement supérieur a porté de tels fruits que tous ensemble les départements qui nous restent ne sont pas capables de fournir un seul erpétologiste.

« Nous sommes stationnaires en histoire naturelle depuis trente ans — écrivait M. Charles Martins en 1869. — Le résultat fatal, inévitable d'un pareil état de choses, c'est la décadence. Il y a quarante ans, la France était aux yeux de toute l'Europe à la tête des sciences naturelles... Il ne faut pas se faire illusion, la science française est en péril tandis que la science étrangère grandit tous les jours. »

Géologie : « Les jeunes géologues deviennent si rares, disait M. Hébert à la même époque, qu'on peut à peine en trouver pour nos chaires de facultés de province et qu'une partie du sol français est menacée de rester longtemps un pays inexploré. »

Botanique : « Je connais un projet de dictionnaire botanique obligé de chercher à l'étranger un appoint de collaboration. » (Docteur Dechambre.)

Physiologie : « Ce n'est pas dans notre pays que le développement de la science physiologique est aujourd'hui le plus actif; d'autres pays l'ont de beaucoup dépassé. » (Claude Bernard. *Rapport sur la physiologie générale.*)

Histologie : L'histologie cultivée partout, l'est en Allemagne plus que partout ailleurs.

Démographie : « Sous le rapport des études démographiques et de la statistique générale, la France est inférieure à la plupart des États. » (Docteur Dechambre.)

Astronomie : Chacun sait que nous avons en tout trois observatoires astronomiques, ceux de Paris, de Marseille et de Toulouse. Encore le dernier, suivant la déclaration de M. Faye « a besoin d'instruments et d'observateurs, et n'a pas de budget ». Or, le plus arriéré des Etats de l'Europe, l'Etat de l'Eglise, a autant d'observatoires que nous, et le plus petit, la Suisse, en a le même nombre. La Russie en a 10. L'Allemagne (Autriche et Prusse) en a 22. Les Etats-Unis en ont 25 et l'Angleterre en a 37.

La *Physique* est devenue une de nos parties les plus faibles. Lorsqu'il s'est agi de remplacer M. Pouillet à l'Académie, il n'y a eu de choix possible qu'entre deux candidats.

La *Chimie* est une des branches où nous gardons le mieux notre rang; preuve : 805 auteurs répartis sur tout le globe ont en 1866 produit 1,273 mémoires de chimie; or, de ces auteurs, plus de la moitié, 445, sont des Allemands qui ont écrit à eux tous beaucoup plus de la moitié (777) de ces mémoires, et le contingent de la France a été : auteurs 170, mémoires 245.

Combien compte-t-on chez nous de centres de culture scientifique de premier ordre? Un seul, Paris. Et combien en compte-t-on en Allemagne? A peu près autant que d'Universités, et elles sont au nombre de vingt-six.

« Nous faisons partie au ministère de l'instruction publique, — écrit M. le docteur Dechambre déjà cité, — du comité des travaux historiques et des sociétés savantes des départements. Eh bien! il est là de notoriété qu'il ne sort rien de sérieux de la grande majorité de ces sociétés, dont beaucoup pourtant siègent dans de grandes villes et dans des chefs-lieux d'académie; et la chose difficile aux époques de récompenses annuelles n'est pas de décerner à la macédonienne une couronne au plus digne, mais de trouver une tête à qui elle puisse convenir. »

En 1867 M. Carl Vogt, célèbre naturaliste, fit simultanément en cinq villes différentes (Cologne, Essen, Eberfeld, Aix-la-Chapelle et Crefeld), le même cours en six leçons (une par semaine) sur l'histoire primitive de l'homme. « Trouvez-moi en France, écrivait-il à cette occasion, trouvez-moi dans un rayon de vingt-cinq lieues, cinq villes comme cela et encore cinq autres qui me demandaient aussi le même cycle, Bonn, Coblentz, Dusseldorff, Dortmund et Bochum, chacune fournissant au moins trois cents auditeurs à 3 thalers (11 fr. 25) par abonnement! Que dites-vous de la vie scientifique et intellectuelle en Allemagne? » demandait-il.

« La science est délaissée en France..... L'abandon de la science dans notre pays ne peut être contesté par personne... La science est menacée en France d'une décadence véritable. » Qui parle ainsi? Un membre de l'Institut, M. Frémy, lequel cherche le moyen « de ramener aux carrières scientifiques ceux qui s'en éloignent ». Voilà pour la France.

« Le peuple allemand est fier de Wirchow et de son école, comme à une autre époque l'Italie s'est sentie grande en Raphaël. » Qui dit cela? Un professeur agrégé à la Faculté de médecine de Paris, M. P. Lorrain. Voilà pour l'Allemagne.

En 1869, notre ministre de l'instruction publique tirait vanité de la présence d'un docteur anglais et d'un ingénieur russe dans les laboratoires de Paris. Les laboratoires de Berlin, de Giessen, d'Iéna, de Heidelberg, de Bonn, de Gœttingue, de Wurtzbourg, etc., etc., sont les rendez-vous ordinaires d'étrangers qui y vont étudier de toutes les parties de l'Europe. Le chimiste Bunsen voit se presser autour de lui des Américains, des Russes, des Polonais, des Suisses, des Italiens, des Français. L'anatomiste Wirchow voit des internes de Paris et de Lyon accourir à ses leçons.

On a vu au Muséum d'histoire naturelle M. Auguste Duméril, faire son cours en présence de... TROIS AUDITEURS! qui étaient trois personnes de la maison, savoir : l'aide-naturaliste de paléontologie, le conservateur des collections, et... la qualité du bénéficiaire de la troisième entrée de faveur m'échappe. Dans la chaire, le professeur, l'aide et les préparateurs élevaient de ce côté l'effectif à quatre hommes. C'est-à-dire qu'il y avait plus de monde sur la scène que dans la salle. Et les spectateurs faisaient partie de la troupe. Voilà ce qui, en langage ministériel, s'appelle une institution florissante! Nous en voyons la farce pour 7,500 francs par an donnés au professeur. Cela met les auditeurs à 2,500 fr. la pièce. C'est pour rien.

Le pire, est que ce cours, fait avec une conscience imperturbable, n'est pas une exception. Autour de la plupart des chaires du Muséum, la solitude est tout aussi grande. Quelques cours, à regarder de loin leurs deux ou trois dizaines d'assistants (gros chiffres en ces parages), semblent moins mal partagés ; mais, au lieu de compter les assistants, évaluez-les : éliminez les désœuvrés, les vieillards des deux sexes, les pensionnaires des maisons bourgeoises du quartier, tout ce qui vient là pour tuer le temps ; cherchez les vrais étudiants, ceux avec qui les sacrifices que le pauvre peuple de France s'impose pour entretenir cet enseignement ne seront pas absolument perdus ; comptez ceux qui prennent des notes : vous serez navrés, vous vous sentirez pleins d'indignation contre ce régime qui, malgré les dénonciations patriotiques et tant de fois réitérées de la presse, a toléré, que dis-je ! protégé, favorisé, couvé cette décrépitude.

Ce qui est plus triste encore, c'est un cours qui, destiné à n'être jamais fait, n'a d'autre but que de fournir à son titulaire le prétexte de passer le 30 de chaque mois à la caisse du peuple français.

Et qu'y a-t-il de plus fort qu'un tel cours ? Ce sont deux cours pareils. On les a vus au Muséum, et mieux encore au budget des dépenses publiques.

L'un de ces cours était celui de M. Lartet, l'autre celui de M. Deshayes, savants d'un incontestable mérite, mais qui, hélas ! chargés de 75 à 80 printemps (chacun), lorsqu'ils furent nommés, étaient arrivés à ce grand âge sans avoir jamais professé. Ces vieillards étaient des débutants.

Avait-on cru pourvoir à des places vacantes à Sainte-Périne ? Le Muséum a de tels airs d'hospice !

J'entrai un jeudi au cours de chimie de la Sorbonne, professeur suppléant : M. Troost ; — le titulaire était M. Pasteur, également titulaire de la chaire de chimie de l'École des beaux-arts, où il se faisait également suppléer — j'y comptai 99 personnes.

J'entrai le lendemain au cours de botanique, professeur : M. Duchartre, il s'y trouvait 36 auditeurs.

Ces cours venaient de commencer, il eût été curieux de voir ce qu'il leur resta de public deux mois après. M. Delafosse, qui a rouvert, au Muséum, la semaine dernière, avec 29 personnes est tombé à 14 à la seconde séance, et à 6 à la troisième ; peut-être a-t-il pris maintenant son niveau normal : 3 ou 4 auditeurs, dont deux ou trois employés qu'on envoie dans la salle afin de n'être pas exposé à la trouver tout à fait vide.

Pour grouper dans un tableau d'ensemble nos trois grands établissements d'enseignement supérieur, j'emprunterai les lignes suivantes au dernier numéro des *Mondes*, qui, ayant annoncé la vacance de la chaire de physique du Collège de France, ajoutent :

« Serait-il vrai, comme on nous l'affirme que le chargé actuel du cours a le regret de ne pouvoir réunir autour de sa chaire que 6 ou 7 auditeurs ? A quoi bon alors nommer un professeur ? Chaque élève coûterait à la France plus de 1,000 fr. » (F. Moigno.)

Il est possible que le chiffre de 99 personnes présentes au cours de chimie ne fasse pas beaucoup d'impression sur tous les lecteurs. Pour en saisir à première vue la navrante signification, il faut savoir de quelle popularité l'enseignement de la chimie en général, et particulièrement le cours de la Sorbonne si fameux pour le nombre et l'éclat de ses expériences, a joui parmi la jeunesse des Ecoles.

Il faut, par exemple, avoir suivi le cours de Thénard. Ah ! le beau spectacle que celui de cette grande salle, alors trop petite, remplie de vrais étudiants étroitement serrés les uns contre les autres, la plume à la main, leurs cahiers sur les genoux, l'œil et l'oreille ouverts et les traits éclairés par le feu intérieur ! Il faut avoir senti le courant de sympathie qui allait du maître aux élèves et des élèves au maître. — C'était comme le dernier éclat de cette grande lumière allumée par la Révolution française, que le premier empire avait empêché de s'alimenter et qui devait s'éteindre complètement sous le second.

Nous avions dans le même temps Gay-Lussac qui professait la chimie dans ce grand amphithéâtre du Muséum, où M. Edmond Becquerel, M. Chevreul, etc., prêchent dans le désert. En ces régions reculées, Gay-Lussac osait nous donner rendez-vous à sept heures du matin! Et nous y étions aussi exacts que lui-même. Qu'on ne pense pas que je me laisse aller au plaisir d'évoquer des souvenirs personnels. Par une comparaison précise entre le présent et un passé encore bien récent, je veux montrer combien a été rapide ce mouvement de décadence que personne ne voulait avouer avant 1870, et auquel depuis 1870, personne ne s'est encore occupé de porter le véritable remède.

En ce temps-là, vous auriez vu vers six heures et demie du matin, une traînée d'étudiants s'allonger par la rue Copeau [1] dans la direction du Jardin des Plantes. On faisait queue devant la porte de l'amphithéâtre; à 7 heures moins un quart, elle s'ouvrait; en un instant, toutes les places étaient occupées. Au septième coup de 7 heures, pas une seconde avant, pas une seconde après, Gay-Lussac entrait.

Pour qui se souvient de ces choses, quatre-vingt-dix-neuf élèves au cours de chimie de la Sorbonne est un chiffre qui dit tout. L'étiage de l'indifférence en matière

[1] Aujourd'hui Lacépède.

scientifique est atteint. C'est fini. A ce point-là, il n'importe point qu'on puisse descendre encore un peu : on ne compte déjà plus. Le moment est venu ou de faire un vigoureux effort pour remonter, ou de se coucher pour mourir.

Arrivé à Mégare et soupant en compagnie des principaux citoyens de la ville, le jeune Anacharsis eut avec eux la conversation suivante :

« Nous les interrogeâmes sur l'état de leur marine, ils nous répondirent : Au temps de la guerre des Perses, nous avions vingt galères à la bataille de Salamine. — Pourriez-vous mettre sur pied une bonne armée ? — Nous avions trois mille soldats à la bataille de Platée. — Votre population est-elle nombreuse ? — Elle l'était si fort autrefois, que nous fûmes obligés d'envoyer des colonies en Sicile, dans la Propontide, au Bosphore de Thrace et au Pont-Euxin. » (*Voyage du Jeune Anacharsis*, chapitre XXXVII.).

Le cas de Mégare est exactement celui de la France scientifique.

Qu'un autre Anacharsis de passage à Paris s'informe de nos divers genres de supériorité :

— Nous avons été les premiers en chimie, répondrons-nous... La zoologie a été une science française... Nos mains ont tenu le sceptre des sciences naturelles.

— Quelles grandes découvertes êtes-vous en train d'ajouter au trésor des connaissances humaines ?

— Nous avons au siècle dernier inventé la méthode naturelle et posé la chimie sur sa base ; nous avons à la fin du même siècle et au commencement de celui-ci créé la paléontologie et l'anatomie comparée, la philosophie zoologique et l'anatomie philosophique...

— Quels établissements de premier ordre possédez-vous?

— Notre École polytechnique a fait l'envie du monde entier, à tel point qu'en 1864 l'Allemagne, à elle seule, s'était donné déjà vingt écoles du même genre, dont aucune ne le cède à celle dont notre orgueil se contente. De l'aveu de toutes les nations, notre Muséum a été la métropole de la haute histoire naturelle. Les plus grands naturalistes y ont vécu, les plus grandes découvertes y sont nées, des sciences y naissaient comme ailleurs des faits nouveaux. De là partait l'impulsion à laquelle le monde entier obéissait. Les tributs du monde entier y aboutissaient. On y venait de partout, comme à un pèlerinage.

Le nouvel Anacharsis est un philosophe borusse. Rentré dans ses foyers, il exprimera son opinion sur les mérites relatifs de sa patrie et de la nôtre :

« La prépondérance de la science française s'est fait sentir pendant si longtemps et avec tant de force, qu'il faut, — dira-t-il, — considérer comme une émancipation véritable le succès de notre génération, qui, enfin, dans toutes les branches des connaissances, est parvenue à force de courage à élever la science allemande au niveau et bien au-dessus même de la science française. »

Ainsi s'exprime M. Wirchow, et nous n'avions pas attendu qu'il le proclamât ; du moins, ceux d'entre nous qui n'appartiennent pas à ce monde officiel qui dissimule notre faiblesse pour n'avoir pas à avouer ses fautes, et à vider les lieux.

Au retour d'un voyage en Allemagne, M. P. Lorrain disait en 1868 : « L'Allemagne a pris le pas sur la France dans les sciences naturelles ; c'est là une vérité incontestable. »

3.

Vers la même époque, un professeur au Collège de France, M. Gaston Boissiér, écrivait : « Ce n'est plus la France, c'est l'Allemagne qui est le centre du mouvement dans les sciences philosophiques et historiques. »

Mais être le premier en philologie, en histoire et dans les sciences naturelles, c'est jouir d'une supériorité scientifique presque universelle. Telle est la position que nous avons laissé prendre au peuple d'outre-Rhin. De là, cette puissance industrielle déployée par lui avec une si grande et si naturelle ostentation lors de l'exposition de 1867. De là aussi la guerre qu'il nous a faite, guerre nouvelle, son invention, à laquelle, sauf le courage qui n'en est pas à manquer en France, nous n'avons su rien opposer ; rien que l'antique routine et de puériles critiques.

A entendre notre état-major scientifique, cet abaissement, cette décadence n'a qu'une cause : l'insuffisance du budget de la science. La science vassale du pouvoir, le peuple de ses fidèles dans le servage d'une aristocratie de fonctionnaires : ces choses-là ne seraient pour rien dans la situation, il n'y aurait qu'une question d'argent : la science française est trop parcimonieusement dotée. Leur vue ne s'est jamais, jamais élevée plus haut! Jamais, jamais un mot sorti de leur bouche n'a donné à croire qu'à leurs yeux, la science pût avoir besoin de plus d'indépendance, et les savants de plus de liberté. La seule chose qui nous manque pour soutenir dignement la concurrence de l'étranger, c'est l'argent! Argent est le mot qui leur vient le plus souvent sur les lèvres et sous la plume. Voir en particulier l'« illustre » M..., le plus argentin de tous.

Le ministre, leur écho, clôturant à la Sorbonne, une

séance d'adieu de la Réunion des Sociétés Savantes n'avait pas d'autre explication à donner :

« M. Jamin — disait-il — a fait construire là derrière » — et l'orateur montrait le mur qu'il avait devant lui — « un laboratoire qui, pour le choix, le nombre et la disposition des appareils, est une merveille ; mais il est grand comme la moitié de cet amphithéâtre ! Voilà tout ce que Paris peut offrir à ceux qui veulent étudier sérieusement la physique ! »

Et ce qui est bien plus navrant que la petitesse de ce laboratoire, c'est qu'il est trop grand pour nous ; c'est que, ne pouvant contenir que trente à quarante élèves, il n'en a jamais réuni plus d'une dizaine, malgré les appels faits par la voie des journaux, et en comptant comme élèves de simples amateurs ; c'est qu'il n'en a aujourd'hui que trois ou quatre, et encore ! — Voilà ce que M. Jules Simon eût pu ajouter et ce qui eût impressionné l'auditoire bien plus fortement que ne l'a fait l'exiguïté supposée du laboratoire de physique, dont la superficie l'emporte certainement, quoi qu'il en dise, sur celle du grand amphithéâtre des lettres.

Passant au Muséum, le ministre insistait sur l'état de délabrement de certains locaux, mais il n'ajoutait pas qu'il y a là d'autres ruines que celles qui se voient, et de bien plus tristes. Voici un des plus savants conchyliologistes de notre temps, qui, titulaire pendant des années de la chaire qu'a occupée le grand Lamarck, n'y monte pas une seule fois, et, à part celui qui écrit ces lignes, personne, ni au Muséum, ni au ministère, ni dans le public, ne s'en soucie et n'a seulement l'air de s'en apercevoir. Voici le titulaire de la chaire qu'a occupée l'illustre Haüy, —

le meilleur des hommes, à qui je suis désolé de faire de la peine, mais la France à tirer l'abîme de doit passer avant tout, — qui remplace ses leçons dans un amphithéâtre vide par des promenades dans la galerie de minéralogie ; de cette manière au moins, si personne ne répond à l'appel, eh bien! on a l'air de quelqu'un qui se promène ; il n'y a pas de honte. Voici le professeur de physique, M. Edmond Becquerel, qui, dans cet amphithéâtre immense, historique, où Cuvier a professé, amphithéâtre trop petit du temps de Cuvier, s'est vu au début d'une de ses leçons en présence d'un seul auditeur, un ancien représentant du peuple à l'Assemblée constituante en 1848. « Je ne sais si je dois commencer ou attendre, » dit le professeur. — « Commencez toujours, cela fera peut-être venir quelqu'un, » répondit l'auditeur. Des membres de cet Institut dont M. Jules Simon prononçait le nom avec emphase acceptent cette situation humiliante! Le dégoût, la honte, le remords ne les prennent point! Tous leurs efforts depuis vingt années et plus ont eu pour objet de faire que rien ne fût changé à cet état de choses. Qu'est-ce que la misère matérielle du Muséum auprès de cela?

CHAPITRE IV

NATIONS COMPARÉES

Certes la puissance et la perfection du matériel scientifique de nos voisins pouvait être des sujets d'envie. Mais demandez cependant aux Allemands s'ils placent l'argent au premier rang des causes de la supériorité dont ils se targuent ; car la modestie n'est pas leur fort. Ecoutez MM. Helmoltz, De Bois-Raymond, Wirchow ; ils se sont maintes fois expliqués là-dessus.

C'est M. Helmoltz qui parle ; il vient d'énumérer les progrès que la physiologie et la médecine ont réalisés par l'emploi de la méthode des sciences naturelles :

« Stationnaires pendant des siècles, ces études ont pris tout à coup un brillant essor, et nous pouvons dire avec fierté que l'Allemagne a été le principal théâtre de ces progrès. Elle le doit à la hardiesse de ses savants, qui, moins que les autres, ont reculé devant les conséquences de la vérité une fois démontrée. Il y a aussi des savants distingués en Angleterre et en France, et qui ont en eux toute l'énergie nécessaire à l'étude des sciences naturelles, mais ils sont encore obligés de se courber devant les préjugés sociaux et cléricaux, et lorsqu'ils se prononcent ouvertement sur leurs recherches scientifiques, c'est toujours au détriment de leur influence sociale.

« L'Allemagne n'a pas craint de marcher en avant; elle a eu cette confiance, qui jamais ne s'est trouvée déçue, que la vérité pleine et entière porte en elle-même un remède aux inconvénients que peut produire ici ou là une demi-connaissance de la vérité. Elle doit encore sa supériorité sur ce point à l'enthousiasme désintéressé qui a toujours guidé et animé ses hommes de la science sans leur permettre de se préoccuper d'avantages extérieurs ou d'opinions sociales. »

Ecoutez maintenant ceci; c'est le recteur de l'Université de Berlin, M. De Bois-Raymond qui a la parole:

« Le trait caractéristique de l'Université allemande, c'est la liberté des doctrines. Le propre de l'esprit allemand est de ne poser aucune limite à ses investigations, de ne reculer devant aucune des conséquences auxquelles il arrive. Pareil à cette colombe de Kant qui, sentant son aile arrêtée par la résistance de l'air, s'imaginerait voler avec plus de liberté dans le vide, l'esprit allemand a jadis poussé jusqu'aux dernières limites l'audace de spéculations. Aujourd'hui, c'est en prenant pour guides le calcul, l'expérience et l'observation, qu'il veut marcher, toujours intrépide, dans l'inconnu qui s'ouvre à lui; et de même, c'est libre d'entraves, inaccessible à la crainte, parce que ses intentions sont droites et ses convictions réfléchies, que la parole du maître se fait entendre dans nos chaires.

« Aussi, bien qu'en des temps de troubles ou d'agitation religieuse, cette liberté se soit trouvée momentanément menacée, il n'est pas besoin d'être fort au courant de ce qui se passe à l'étranger pour s'apercevoir avec orgueil que nulle part l'indépendance des doctrines n'approche de celle dont nous jouissons; *et, en tout cas, au nombre de nos universités allemandes, soumises pour la plupart à des gouvernements différents, il s'est toujours trouvé un asile où la vérité, ailleurs proscrite, pouvait réclamer ses droits :* avantage incontestable de la division du territoire, mais dont il faut espérer que l'Allemagne unifiée n'aura jamais lieu de regretter la perte. »

J'appelle l'attention des Français sur ce point que l'indépendance absolue des centres intellectuels qui protège la pensée scientifique contre les entreprises des gouvernements, la protège non moins efficacement contre l'oppression tout aussi funeste que les chefs d'école exercent dans un pays centralisé.

Mais il n'a pas suffi à l'Allemagne que le professorat officiel soit affranchi des entraves qui, chez nous, pesèrent si lourdement sur lui; à côté du professorat officiel et sur son propre terrain, voyez quelle part a été faite à l'enseignement libre et à la science progressive.

C'est encore M. du Bois-Reymond que vous allez entendre. Il s'agit de l'Université de Berlin, de « ce procédé si ingénieux — je cite — par lequel elle comble les vides et renouvelle les forces du personnel enseignant; de cette institution des *Privat docent*, grâce à laquelle le tableau des cours dépasse toujours, et sur plusieurs points à la fois, le cadre sans cesse élargi des programmes.

« A mesure qu'une branche de connaissances pousse de nouveaux rameaux, ce qui arrive tous les jours dans la médecine et les sciences naturelles, il se rencontre de jeunes maîtres pour prendre possession du nouveau domaine; et tandis que le professeur *ordinaire* a pour mission de présenter le corps de doctrine sous la forme définitive que des progrès successifs ont consacrée, d'autres plus jeunes vont devant eux frayant leurs voies, et les leçons qu'ils annoncent au grand tableau de l'université sont comme des pousses vigoureuses entées sur l'arbre de la science, que l'avenir verra grandir à leur tour. »

Voyons maintenant le maître en face des élèves. M. Virchow va préciser leurs rapports :

« Les jeunes gens que nous éclairons de nos conseils ne sont pas simplement des *élèves*; ce sont des travailleurs indépendants que nous amenons vite à observer, alors ils deviennent maîtres à leur tour. Voilà le secret de notre force. »

Le maître dont le Pouvoir respecte la liberté n'a point d'efforts à faire pour respecter celles des jeunes gens qu'il introduit dans la carrière scientifique. C'est par M. Virchow, disons-le, puisque l'occasion s'en présente, que fut tracé le plan de cet Institut pathologique dont Berlin est si justement fier, Institut qui, construit aux frais de l'Etat, n'a pas cessé d'être encouragé par le gouvernement. C'est lui qui le dirige depuis l'origine. Or, personne n'ignore que M. Virchow, membre de la chambre des députés de Berlin, y était un des chefs de l'opposition de gauche. Qu'on se fût malaisément figuré le gouvernement impérial rempli de petits soins pour le savant français, qui, doublé d'un député indépendant, eut pris place à la Chambre auprès de Gambetta, et combien il en coûte moins à l'imagination de se représenter le cas du directeur de l'Observatoire[1], qui, n'étant pas de l'opposition, obtint pendant tant d'années, de la connivence des pouvoirs publics, l'inexécution du décret qui soumettait à un contrôle périodique l'autorité de ce directeur bien pensant.

[1] Le Verrier.

Voilà l'Allemagne! Est-ce s'en rendre compte que de s'arrêter à la supériorité de son outillage? N'est-ce que sous ce rapport que nous avions le dessous vis-à-vis d'elle? Le reste n'était-il pas digne qu'on s'en occupât? Qu'avions-nous à mettre en parallèle avec cette liberté scientifique, dont un des professeurs cités parlait en si grands termes?

Rappelez-vous la discussion sur la liberté de l'enseignement supérieur en 1868, les accusations portées contre les professeurs de la Faculté de médecine de Paris, l'attitude du pouvoir et celle des professeurs eux-mêmes; relisez ceci qui me dispensera de l'humiliation d'aucune autre citation. C'est le Ministre de l'instruction publique, qui va parler; l'homme le mieux intentionné et le plus libéral de la France officielle d'alors. La scène se passe au Sénat, dans la séance du 20 mai 1868 :

LE MINISTRE DE L'INSTRUCTION PUBLIQUE. — Le professeur, M. Charles Robin, ayant été invité à passer à mon cabinet pour donner des explications sur la phrase suivante qui lui était attribuée : « la matière est divisible; la matière est pondérable, la matière est pensante, » il lui fut dit ceci : « Examinons d'abord de savant à savant vos trois propositions. Vous dites que la matière est divisible, et vous avez raison, parce que vous pouvez la diviser. Vous dites que la matière est pondérable et vous avez encore raison parce que vous pouvez la mettre dans vos balances et prouver qu'elle pèse. Mais, au nom de la science et de votre méthode, au nom de ce qui vous consacre savant et de ce qui fait votre notoriété, je vous refuse absolument le droit de dire que la matière est pensante, car jamais vous n'avez vu au bout de votre scalpel ou sous le verre de votre microscope la matière penser.

« En l'affirmant, vous ne feriez plus de la science avec les procédés ordinaires et les méthodes expérimentales; vous feriez de la mauvaise métaphysique, et vous n'êtes pas pour cela à l'Ecole de médecine. *Aussi, j'ajoute maintenant comme ministre que, s'il était vrai qu'une semblable doctrine fût professée par vous dans une chaire de la Faculté, vous ne pourriez pas y rester.* »

Et ces impertinentes prétentions d'une tyrannie naïve au point de s'ignorer elle-même, ne provoquèrent point l'indignation de M. Robin? Nullement. Continuons de copier le *Moniteur universel* et de citer le ministre :

« Le professeur répondit par une dénégation formelle et me présenta le passage d'un livre écrit par un médecin d'une haute renommée, d'une piété profonde, que tout le monde respecte et vénère, M. le docteur Cruveilhier, en me disant : Voilà le texte de ma leçon et voilà avec quoi j'ouvre chaque année mon cours. Et ce passage, lu par une personne peu au courant du langage scientifique, autoriserait contre le docteur Cruveilhier des imputations de matérialisme. »

Il serait difficile, même au gouvernement le plus fort et le plus aveugle, de faire descendre la science plus bas. Comment ne pas rappeler ici ces paroles de M. Carl Vogt : « Jamais gouvernement digne de ce nom n'accordera au département de l'instruction le soin de fixer les programmes, les méthodes d'enseignement, les livres qui doivent être employés par les professeurs. » M. Vogt est lui-même une bien grande preuve du respect des gouvernements allemands pour la liberté de la science, puisque professant les idées scientifiques les plus avancées et les plus hasardées, allant en biologie jusqu'au transformisme et en philosophie jusqu'au matérialisme et à l'athéisme, il put par toute l'Allemagne, d'où par parenthèse il ait jadis été banni, se livrer à cette large propagande dont l'activité a été notée ci-dessus.

Voilà donc pour le respect que la science obtenait chez nous, et pour les franchises dont elle jouissait. Maintenant, à la multiplication des foyers intellectuels de l'Allemagne et à l'autonomie de ces grands ateliers de production scientifique placés sur un pied d'égalité parfaite et animés, de la plus active rivalité, qu'avons-nous à opposer ?

Notre centralisation, qui fait de tout le corps scientifique de France comme un régiment dont le colonel est à Paris ! La Réunion des sociétés savantes, formée (en principe) de délégués de la France entière, trouvait en arrivant à Paris, des cadres tout faits dans lesquels elle n'a plus qu'à se loger, et c'est sous la direction de membres de l'Institut, toujours les mêmes : MM. Le Verrier, Milne-Edwards, Blanchard, désignés par le ministre, que ces délégués échangeaient leurs communications. Il n'est pas moins instructif de voir le ministre régler de son cabinet les conférences qui se faisaient en province. Je citerai la lettre suivante que m'écrivit, à la fin de l'Empire, un honorable savant de Clermont-Ferrand [1] :

« J'avais adressé à M. le ministre de l'instruction publique une demande en autorisation de faire des conférences sur l'unité de la matière. Ma requête resta deux mois sans réponse, au bout desquels je reçus une lettre de notre recteur [2] m'invitant à passer à son cabinet, où

[1] M. H. Lamy.

[2] M. Alluard, professeur de physique.

furent discutées les conditions auxquelles il devait m'être permis de faire des conférences. Le nombre en fut limité à quatre. La condition *sine quâ non* était que je me renfermerais entièrement dans la question de science sans me permettre aucune conséquence philosophique pouvant découler de ma théorie, et qu'un manuscrit de chaque conférence serait remis à l'Académie quelques jours avant la séance. Craignant ensuite que la quatrième conférence n'entraînât des conséquences peu en harmonie avec la science actuelle, M. le recteur jugea à propos de la supprimer sans me prévenir[1]. »

On a vu la place que dans l'université allemande l'enseignement libre occupe auprès de l'enseignement réglementaire; nous eûmes de cela non point l'imitation, mais la caricature dans l'enseignement de la rue Gerson, qui étant seulement autorisé, protégé et surveillé, et n'étant pas rétribué, fut considéré par nos gouvernants comme une des formes les plus pures de l'enseignement libre.

Je m'occupai à l'époque du cas de M. Rouget, professeur de mathématiques, qui avait demandé au ministre l'autorisation de faire à cette annexe de la Sorbonne un cours complémentaire d'algèbre. Sa requête suivit la voie ordinaire. Appelé chez M. Sonnet, fonctionnaire académique chargé de l'information de ces sortes d'affaires, il en reçut l'assurance que sa demande allait être l'objet d'un rapport favorable. Puis quelque temps après, une lettre ministérielle lui signifia sans explication aucune que sa demande ne pouvait être accueillie.

Pourquoi ? Où était l'empêchement ? Quelles conditions de succès M. Rouget ne remplissait-il pas ? Qu'eût-

[1] Lettre en date du 20 juin 1869.

il dû faire pour mériter la faveur d'être admis à exposer gratis ses idées à ceux qui eussent bien voulu les entendre ? De qui eût-il dû la solliciter ? Comment eût-il dû s'y prendre ? Combien de visites eût-il dû faire et de feuilles de papier noircir ? C'est ce que nous serions incapable de dire, tout en étant convaincu que celui qui s'abstenait de toutes ces choses, parce que sa demande était simple et juste, était sûr de ne rien obtenir du tout.

« Croyez-vous qu'il n'y ait que M. Rouget qui ait essuyé un refus ? m'écrivit un laborieux chimiste, Ch. Mène. J'en connais pour ma part au moins quinze autres... Je suis du nombre... J'ai demandé, l'année dernière, à faire à la salle Gerson un cours d'analyse chimique. On m'a répondu, au bout de trois mois, qu'il n'y avait pas lieu de faire un tel cours... J'avais offert de supporter les frais d'expériences. »

Mais il ne se plaignait, comme il arrive si souvent, que faute de connaître son bonheur, car enfin, le refus exprimé qui dispense un pétitionnaire d'une attente inutile est de beaucoup préférable au refus tacite qu'à la longue, le même pétitionnaire se voit obligé de déduire du silence gardé par un noble chef de bureau qui s'obstine à faire le mort. Tel fut le cas d'un géologue qui demandait à faire un cours de lithologie, science trop négligée.

Comme M. Rouget, il fut appelé chez M. Sonnet, répondit à ses questions, qui furent toutes à leur place et n'eurent rien de comparable à l'interrogatoire que j'eus un jour à subir de la part d'un employé de la préfecture de police, qu'avait amené chez moi une demande en autorisation de vente de journaux scientifiques sur la voie publique et à qui je dus dire si j'étais marié, combien j'avais d'enfants, le sexe et l'âge de chacun d'eux, toutes choses qu'il eut soin de noter par écrit; après quoi je n'enten dis plus jamais parler de ma demande. M. Sonnet prit également des notes et promit un rapport. Il le fit sans doute. Notre géologue en attendit longtemps les effets; il ne cessa de les attendre que lorsqu'il eut oublié sa demande.

Etait-ce là cependant l'ultime degré de la disgrâce encourue par le pétitionnaire qui implorait des ministres les moyens de se rendre utile ? Non. A des profondeurs indéterminées au-dessous de la strate (style géologique) où gît ce solliciteur éteint (couleur locale), j'aperçois grouillant dans la pénombre des oubliettes ministérielles, la multitude des gens de bon vouloir dont les demandes n'obtinrent même pas le banal honneur d'un accusé de réception ; et je ne doute pas que l'analyse n'arrivât à distinguer dans cette foule non recensée nombre de variétés ou degrés, l'occasion de les multiplier n'ayant pas manqué à NN. SS. Les Bureaux pas plus que le loisir et l'aptitude.

CHAPITRE V

QUAND AUGUSTE AVAIT BU...

L'abaissement de la science française eut donc une autre cause que l'insuffisance des ressources matérielles la seule que les gros bonnets académiques aient voulu voir et dénoncer à l'autorité, même à l'autorité républicaine qui peut se flatter d'être bien renseignée par eux. Encore ne l'ont-ils jamais dénoncée qu'à leur profit exclusif, se souciant du peuple des savants qui végètent au-dessous d'eux autant que s'inquiétait de ses sujets ce roi de Pologne immortalisé par Voltaire :

> Quand Auguste avait bu, la Pologne était ivre.

A propos d'une traite en forme de brochure qu'un des membres de cette aristocratie venait, au profit de son groupe, de tirer sur le pouvoir :

« Je ne sais si vous connaissez la brochure de M. X..., nous écrivait, tout membre de l'Académie des sciences qu'il est — il y a des exceptions à tout — l'éminent M.***, aussi éminent par le cœur que par l'esprit ; elle m'a fait éprouver une véritable indignation. Au lieu de demander pour ceux qui n'ont rien, il demande encore pour ceux qui ont tout. »

Puis se reportant à cette organisation *démocratique* des carrières scientifiques dont il avait fait une des principales affaires de sa vie : « J'ai toujours contre moi — nous écrivait-il encore — certains savants égoïstes qui ont osé me dire devant le ministre que mes propositions tendent à créer des sinécures ! C'est tout le contraire que je veux réaliser puisque les positions données aux travailleurs seront la conséquence de la production scientifique.

« Je n'ai donc rien à attendre des savants parvenus. »

L'honnête J. Nicklès, professeur à la faculté des sciences de Nancy, s'indignait également des réclamations égoïstes de la brochure en question ; mais je n'ai pas sa lettre sous la main.

« Ainsi donc — avait osé dire H. Milne-Edwards en pleine Réunion des Sociétés Savantes — ainsi donc les savants de nos départements ne manquent ni de bons exemples à suivre, NI DE MOYENS DE TRAVAIL... et si quelques-uns de nos jeunes professeurs de province ne répondaient pas à ce que nous en attendons, ceux-ci ne pourraient l'attribuer qu'à eux-mêmes ! »

C'était sous l'administration d'un ministre ami des réformes[1], auquel il n'a manqué pour n'en faire que d'excellentes que de servir un régime qui pût s'en accommoder, et de n'être pas servi par des bénéficiaires de tous les abus. Ce langage devait avoir pour effet de détourner de la province et de concentrer ici sur quelques privilégiés l'attention et les largesses du pouvoir.

« On n'est pas plus *osé*, — nous écrivit l'illustre F. Pouchet, de Rouen, à propos de ces paroles de H. Milne-Ewards ; — pour ne pas employer un autre mot », ajoutait-il.

[1] M. Victor Duruy.

Revenant quelques jours après sur le même sujet : « Si j'avais le temps je vous ferais copier une lettre furieuse écrite par moi au ministre sur *Microcuvier* qui, dans son discours aux délégués des sociétés savantes, a eu le front de dire : Vous avez tout ce qu'il faut pour travailler c'est votre faute si vous ne produisez rien (*sic*) !

« J'ai dit au ministre : « *Livres et instruments tout nous manque*... même les œuvres de M. Milne-Edwards. »

Nous annonçant sa prochaine visite : « Vous entendrez de ma bouche un lamentable tableau de la science en province. »

Du même, à propos du programme imprimé de l'enseignement scientifique départemental : « C'est à n'y pas croire, l'absurde règne et la peur s'incline. Ce n'est que dans un petit nombre de localités telles que Toulouse, Bordeaux, Rouen, qu'on trouve quelques hommes qui osent avoir une certaine indépendance. Nous causerons de tout cela. »

Descendant à un détail, il établissait cette comparaison entre les encouragements que recevaient les savants de Paris et ceux des départements : « Treize promotions dans la Légion d'honneur viennent d'être distribuées parmi les premiers contre une octroyée aux seconds :

« Voilà ! Nous sommes vraiment un fameux troupeau d'imbéciles dans nos provinces, y compris

« Votre ami

« POUCHET. »

C'est en 1863 qu'un prince de la science peignait, comme on vient de le voir, le sort si digne d'envie, à l'entendre, du savant de province. 1863, notez-le. Vous allez voir, quelle était, seize années après cette date en

4

1879 par conséquent, la situation vraie de ces savants.

La *Revue internationale des sciences*, dirigée par M. de Lanessan ayant signalé comme cause particulière du mal dont souffre notre société scientifique, cette cause première de la plupart des maux qu'endure l'homme vivant en société, les excès d'autorité : « Supprimez l'oppression de l'Académie des sciences, — osa lui écrire un professeur à la Faculté des sciences de Dijon, M. Emery — et vous verrez aussitôt la science française renaître, grandir et prospérer [1]. » Et de n'avoir pas succombé « à cette odieuse tyrannie plus que séculaire », c'est d'après M. Emery, la plus éclatante preuve de vitalité que cette pauvre science française ait pu donner. Ce n'était pas qu'il demandât la suppression de l'Académie : « Ce que je demande, avec tous les amis du progrès, c'est qu'on arrache une fois pour toute à l'Académie la direction du mouvement scientifique qu'elle s'est arrogé autrefois pour des motifs qui n'existent plus de nos jours. L'Académie des sciences ! mais c'est la Compagnie de Jésus de notre société scientifique. »

Passant aux *causes secondaires* de ce qu'il nomme notre « décadence, » il montre par son propre exemple la situation faite aux professeurs de province surchargés d'attributions et dépourvus de moyens de travail :

« Botaniste, je fais pendant le semestre d'hiver, — singulière préparation à mes leçons de botanique de l'été, — un cours de minéralogie pour les aspirants à la licence ès sciences physiques, et un cours de géologie pour je ne sais qui ; car, depuis douze ans que j'ap-

[1] *Revue internationale des Sciences*, n° du 15 février 1869, p. 184-186.

partiens aux Facultés, jamais, au grand jamais, quelqu'un n'est venu se préparer, sous notre direction, aux épreuves de la licence ès sciences naturelles. »

Il fait connaître ensuite ses ressources :

« Pendant sept ans, du mois de décembre 1869, époque de mon arrivée à Dijon, au mois de novembre 1876, où, une salle étant devenue vacante, il me fut permis d'en disposer, *j'ai eu pour unique laboratoire une des deux fenêtres* de notre petite bibliothèque. J'avais là *un microscope, c'était tout l'outillage qui composait cette libérale installation*. Mais, direz-vous, où prépariez-vous vos leçons? où? Dans l'amphithéâtre, *salle banale que je partageais, que je partage encore avec trois collègues :* un professeur de zoologie et deux de mathématiques. »

Cela diffère quelque peu du tableau enchanteur tracé par H. Milne-Edwards, de l'Institut ! Et le lecteur peut juger si l'Etat verra jamais clair dans les abus en continuant de les regarder par les yeux de ceux qui en profitent.

Deux années après celle où un conseiller du pouvoir le renseignait comme on vient de le voir la mort d'un laborieux naturaliste, Léon Dufour, dont la vie s'écoula dans une petite ville du département des Landes, donnait l'occasion à un autre membre de l'Institut, à M. Blanchard, de dissiper l'aveuglement de ceux qui font de la culture active des sciences une question de « situation géographique ».

La chose se passait encore en Sorbonne, et à la Réunion des sociétés savantes. On s'attendait à entendre l'académicien déclarer que, convertis par l'exemple de Léon Dufour, les savants de Paris n'avaient plus désormais qu'une ambition, celle de se délivrer de l'importunité des grandes bibliothèques, de la servitude des riches laboratoires, du tracas des collections sans rivales, du fardeau des places cumulées et de l'humiliation des gros traitements; et que les trains par lesquels les délégués allaient regagner leurs foyers emmèneraient au fond des départements les plus lointains, ces nouveaux partisans de la vie érémitique, jaloux de s'adonner à la recherche dans des conditions normales : loin du bruit, à leurs frais, comme Léon Dufour. Mais M. Blanchard n'en fit rien. Combien il est regrettable que le mépris des biens de la terre ne soit jamais enseigné que par ceux qui les possèdent, et que l'éloge de la vie faite au savant de province soit toujours prononcé par des gens qui ne quitteraient Paris à aucun prix! Car cela nuit à l'autorité de leurs discours.

Un fait alors récent prouvait d'ailleurs que des moyens de travail surabondants ne suffisent pas pour faire un parfait travailleur : « On trouve — écrivions-nous — on trouve en ce moment dans les sables de Grenelle à plusieurs mètres de profondeur, les os d'un grand quadrupède. Un homme qui, après avoir fondé une des plus belles industries chimiques, consacre ses loisirs noblement conquis à l'étude de la philosophie de la science, recueillit le premier os découvert et le porta chez un académicien qui figure parmi les candidats à la chaire de la Faculté des sciences : « *Vertèbre cer-* « *vicale de rhinocéros,* » déclara aussitôt et par écrit le candidat. Or, cette prétendue vertèbre de rhinocéros qui est aujourd'hui entre les mains du savant professeur de paléontologie, M. d'Archiac, est une vertèbre d'aurochs ! Ce qui donne du piquant à la méprise, c'est que son auteur, si sa candidature réussit, enseignera l'anatomie comparée à la Sorbonne ! »

Le moment est venu où tous les masques doivent être levés : l'auteur de la trouvaille était Martin, de Provins, celui de la bévue M. Blanchard; et c'est de Martin lui-même que je tins la chose.

Revenons à la lettre de M. Emery. « Si l'absence ou l'insuffisance des moyens d'étude rend fort difficiles nos recherches personnelles, plus difficile encore est la publication de nos rares travaux. J'ai à ce sujet des lettres édifiantes de quelques-uns des chefs de ces petites églises qu'on nomme en France des journaux scientifiques. Pour pénétrer dans le sanctuaire, obtenir un regard favorable du dieu, il faut avoir l'esprit docile, l'échine souple, l'admiration ingénieusement facile et débordante, une abnégation personnelle absolue. »

Faire attention que les journaux dont parle ici M. Emery sont, non point les feuilles de *vulgarisation* qui s'adressent à tout le monde, mais certains recueils spéciaux, qui ne s'adressent qu'à un public restreint, au seul public où puisse trouver à qui parler un savant exposant l'invention ou la découverte qu'il vient de faire. Ces recueils : *Annales de chimie et de physique; Annales des sciences naturelles*, etc., etc... sont tous sous la direction de membres de l'Institut.

Ainsi : un programme d'enseignement dont la variété ridicule condamne la pensée du professeur à un papillonnage perpétuel et l'empêche de se fixer nulle part, — qui donc à l'Institut serait capable d'enseigner convenablement : minéralogie, géologie et botanique; je ne dis pas de palper les émoluments d'un triple professorat? — ainsi, disais-je un programme où l'étendue exclut absolument la profondeur ; d'autre part, absence de ce laboratoire sérieux, qui est la chambre des tourments où la nature, mise par le savant à la question ordinaire et extraordinaire, laisse échapper ses secrets ; enfin ces secrets obtenus par miracle, point d'organes pour en porter l'écho comme avec un porte-voix à la connaissance des pairs, afin d'obtenir l'encouragement de leurs suffrages et de faire éprouver aux confrères l'émulation des succès remportés ! Est-ce assez complet ? Non, il manque encore ceci : pas d'élèves ! D'ailleurs, M. Emery n'insistait pas plus sur cette lacune notable de l'enseignement supérieur en province, qu'il ne convient d'appuyer sur un fait notoire.

Il paraît que pour assurer le recrutement des élèves M. de Lanessan avait proposé de « grouper toutes les forces vives du haut enseignement dans les grandes villes ». Mais le professeur de Dijon n'attendrait point de cette réforme un tel résultat. « Certes, écrit-il, une telle concentration aurait la plus heureuse influence sur les travaux des professeurs, mais elle ne ferait pas gagner un seul élève à la Faculté. Réunissez quinze, vingt, ou trente professeurs dans une faculté des sciences, et que vous placiez celle-ci dans un village, dans une petite ville ou dans une grande cité, vous aurez toujours le même nombre d'élèves, nombre, hélas ! fort voisin de zéro. » Tels sont les maux auxquels la République doit porter remède.

M. Emery pense qu'un recrutement facile et naturel des élèves ne saurait résulter que de « modifications profondes apportées à notre état social » ; et nous le croyons comme lui, quoiqu'il n'en donne d'ailleurs, faute d'espace, que des raisons insuffisantes. Ceci mérite attention cependant : « Il ne faut pas, dit-il, que tout Français soit, dès la vingtième année, classé, étiqueté, catalogué à tout jamais. Il faut permettre le reclassement des déclassés, en reculant la limite d'âge des écoles d'application, et en ouvrant les portes de celles-ci à toutes les capacités par voie de concours et sous la restriction de grades universitaires déterminés. » Idée juste, mais de détail.

D'une façon générale, il faut pousser au développement de la vie locale. Toute notre histoire a eu pour but de constituer à tout prix l'unité française; cette histoire doit maintenant tendre à réaliser partout et à tous les degrés de la division territoriale toute l'intensité de vie autonome compatible avec l'unité politique du pays. En particulier, il faut à l'intérieur de l'Université de France de grandes universités régionales égales entre elles, indépendantes les unes des autres et, employant à se faire la plus fructueuse concurrence les ressources, encouragements et dotations que le patriotisme provincial (celui des particuliers comme celui des corps constitués) ne manquera pas d'accumuler sur elles quand, pouvant s'exercer librement, il aura recouvré la conscience et l'orgueil de sa responsabilité.

Il faut dans chacune de ces universités, côte à côte, partout et toujours en rivalité l'un avec l'autre, le professeur libre et le professeur titulaire, usant tous les deux des locaux et collections dont la fortune publique ne fait les frais que dans l'intérêt général. Cet intérêt, rien ne le garantit mieux que ce qui favorise la rivalité de l'enseignement libre et de l'enseignement officiel. Il faut enfin, pour en venir à l'Académie des sciences, il faudrait d'abord et au moins, au lieu qu'elle se recrutât elle-même, que le suffrage universel des hommes de la partie pourvût aux vacances qui se produisent dans son sein et qu'ainsi, cette Académie, qui n'est qu'une désastreuse coterie, une *boutique,* comme

Jamin, avant d'en être, la qualifiait un jour qu'il n'avait pas réussi à y entrer, devint la chambre des représentants de la science française.

Sur la condition de publicité effleurée par M. Emery, condition si essentielle et qui manque à la province comme le reste, voici ce que nous écrivait un de nos plus distingués chimistes, Baudrimont, dont l'enseignement à la faculté des sciences de Bordeaux fut des plus brillants :

« Vous avez dû recevoir le second demi-tome que vient de publier la Société des sciences physiques et naturelles. Il s'y trouve plusieurs mémoires de moi. Notre publicité est tellement restreinte que nos travaux sont à peu près perdus, si on ne les répand par d'autres voies. Vous m'obligeriez si vous vouliez bien en faire quelques extraits. »

D'accord avec Baudrimont, avec M. Emery, Pouchet appelait de ses vœux « un journal indépendant et sage qui ferait la guerre aux abus entretenus par MM. de la science officielle ».

A la même époque Joly, de Toulouse, dont je m'honore d'avoir été l'ami, mais que je ne connaissais alors que par ses travaux : « Je vous sais un gré infini, m'écrivait-il de prendre en main avec un courage et une indépendance d'idées qui vous honorent le cause des savants de province si indignement traités par les puissances qui siègent à l'Institut. »

H. Milne-Edwards, qui, libéralement, dès 1863 dotait la province (en imagination) de moyens de travail qui lui manquent encore, passait un jour, étant en tournée universitaire, par Clermond-Ferrand. Il rendit visite à Henri Lecoq. Géologue, botaniste, et l'un des maîtres de la géographie botanique, savant laborieux et fécond, H. Lecoq était en outre quelque chose de plus et de plus rare que la réunion de tout cela, c'était un caractère. Il montra au membre de l'Académie des sciences une admirable collection minéralogique et géologique.

— C'est la collection de la faculté, sans doute? demanda le potentat.

— La faculté? *Et où voulez-vous qu'elle l'ait prise?* C'est ma collection!

— Mais celle du Muséum n'est pas plus riche!

— Et j'ose dire qu'elle est moins en ordre.

C'est de H. Lecoq lui-même que je tiens l'anecdote.

Avec la maison qui les contenait, avec les jardins, et les serres y attenant, cette collection de H Lecoq est devenue, par legs testamentaire de ce généreux homme, la propriété de la ville de Clermont-Ferrand,

---

CHAPITRE VI

« LES VRAIS MALFAITEURS »

Cependant, même compliquée d'une trop inégale, d'une inique répartition, l'insuffisance des moyens de travail n'est, répétons-le, qu'une des causes d'affaiblissement qui sévirent sur la science française et si préjudiciable qu'elle soit c'était la moindre; les plus essentielles furent :

1° La vassalité de la science.

« Sachez-le bien, a dit excellemment M. Jules Simon, il n'y aura jamais de grand mouvement scientifique tant qu'on sentira de toutes parts la pensée opprimée et gouvernée. » Mais si M. Jules Simon a très bien vu, comme philosophe cette cause que par le seul fait de son avènement, la République devait fort amoindrir sinon supprimer, il semblerait n'avoir jamais eu, comme ministre, le moindre soupçon de la suivante aussi puissante aujourd'hui que sous l'Empire :

2° Le servage du peuple des savants.

« C'est la mort de la science que la science mise sous une même main, » a dit non moins excellemment Liouville dans une note *Sur la nécessité de séparer les observatoires.*

Mais ni de la sujétion de la science, ni de l'oppression du peuple des savants, de l'Académie n'eut jamais cure.

La première n'était pas faite pour lui peser car les autorités se tiennent toutes comme les griffes de la patte et l'Académie était aussi orthodoxe en philosophie que bonapartiste en politique. Le Verrier mêlait la religion à son astronomie. Dumas prenant possession d'un des quarante fauteuils, combinait cette même religion avec sa littérature assise. M. Pasteur s'attaquait en Sorbonne au prétendu matérialisme des partisans de l'hétérogénie : « Quelle conquête, messieurs, quelle conquête pour le matérialisme s'il pouvait protester qu'il s'appuie sur le fait avéré de la matière s'organisant d'elle-même, prenant vie d'elle-même... Quoi de plus naturel alors que de la déifier cette matière ? A quoi bon recourir à l'idée d'une création primordiale, devant le mystère de laquelle il faut bien s'incliner. » « Il s'agissait écrivit l'abbé Moigno appréciant cette conférence, de conquérir au spiritualisme les incrédules et les matérialistes. M. Pasteur avait conscience de sa mission ; il sentait qu'il avait charge d'âmes. » Il fut loué en chaire de Notre-Dame par le R. P. Félix pour l'orthodoxie de sa doctrine chimique. Présidant la distribution des prix du collège d'Arbois (Jura) : « Savez-vous disait-il à son jeune auditoire, savez-vous ce que réclament la plupart des libres penseurs ? C'est, pour les uns la liberté de ne pas penser du tout et d'être asservis par l'ignorance ; pour d'autres, la liberté de penser mal ; pour d'autres encore la liberté d'être dominés par les suggestions de l'instinct et de mépriser toute autorité et toute tradition..... »

Ces choses portaient leurs fruits : « Un nouveau coup vient de me frapper ou plutôt de vous frapper tous, m'écrivait l'éloquent, le savant et honnête Joly, de Toulouse, l'un des triumvirs de la génération spontanée. —

Je vous le donnerais en cent, vous ne devineriez pas. L'hétérogénie citée à la barre de la cour Impériale de Toulouse! citée à propos de la reproduction de l'un de vos... articles sur notre campagne académique à propos de ma Conférence [1] et des éloges dont elle et son auteur ont été l'objet dans un petit journal de la localité ayant nom autrefois *l'Etincelle*, mort sous un premier réquisitoire, mais bientôt ressuscité sous le nom de *Réveil*. Entre autres griefs futiles et ridicules, on reproche au *Réveil* de ranimer des passions mauvaises, de répandre des doctrines subversives de la famille, de la religion, du trône même. Nous sommes des impies, des athées, des hérétiques dignes du fagot; MM. Pasteur et Flourens, au contraire, au dire de la Cour, sont de vrais petits saints Jeans... » Et dans une lettre suivante: « La violence des attaques dirigées contre nous est extrême et par suite odieuse. Le bon Musset en a été malade et il en est encore très effrayé. Moi-même je n'ai pas lieu d'être tranquille, bien loin s'en faut! Le rapporteur de la Cour ne nous a pas seulement accusés d'irréligion, d'athéisme, etc., mais encore il a prétendu que le cri de *Vive l'hétérogénie!* proféré par les étudiants de Paris, était un cri séditieux au premier chef et que, en reproduisant votre... article, le petit journal incriminé avait fait subrepticement de l'économie politique, de l'économie sociale [2]... »

Vers la même époque dans un discours de rentrée à

[1] A la Faculté de médecine de Paris.

[2] « Malgré le foudroyant réquisitoire du rapporteur, m'écrivait Joly un mois plus tard — l'hétérogénie a été absoute par la Cour de Toulouse, attendu que l'article incriminé (le vôtre) n'est que le résumé ou plutôt le récit d'une leçon faite à l'école de médecine « sur un sujet qui occupe la France » « disent les conclusions. »

la Cour impériale de Paris, un avocat général M. Ducreux, s'occupait du Darwinisme : « Certains savants, adeptes de cette science pseudo-nouvelle qu'on nomme la biologie, ressuscitent avec quelques variantes le système de Darwin. Ce médecin anglais a eu la prétention de démontrer dans un livre qui traite de la *Zoonomie*, comment se forment les hommes, les animaux et les plantes. Tous ces êtres viennent, suivant lui, de filaments vivants et susceptibles d'irritation... Quelques-uns de ses successeurs contemporains, complètent son système... » Cet avocat général confondait l'auteur, alors plein de vie, de l'*Origine des espèces*, Charles Darwin, avec son grand-père Erasme Darwin, mort en 1802. Ayant bravement copié dans la *Nouvelle Biographie générale* tout ce qu'il croyait devoir en dire, il le condamnait carrément et déplorait la séduction de ses idées sur les esprits superficiels (!) ajoutant avec assurance : « La Cour a pu en constater la trace dans des procès correctionnels récents. »

« C'est ainsi — écrivait le *Temps* que nos magistrats connaissent ces théories qu'ils condamnent si sévèrement. On peut voir par là de quel côté sont les esprits superficiels. » C'était, en effet, disons le mot, c'était « le four » le plus tristement comique que la magistrature eût commis depuis longtemps, mais ce n'eût pas été à l'Académie d'en rire. Pour nous en convaincre, reportons-nous au comité secret tenu par elle en juillet 1870 pour former une liste de candidats à une place de correspondant étranger, place que la mort de Purkinge avait rendue vacante. Le naturaliste anglais est un des candidats proposés ; on le discute. M. Blanchard a la parole.

M. Blanchard est un professeur (au Muséum d'histoire

naturelle) que j'ai vu tançant de la bonne manière, devant les quelques vieillards des deux sexes qui constituent son auditoire, *les naturalistes qui ont eu des idées*, savoir : Bonnet, auteur, après Leibnitz, de l'échelle des êtres, Serres, qui voyait dans la zoologie une embryogénie amplifiée et dans l'embryogénie une zoologie en raccourci, etc. : « Heureusement, s'écriait-il, y a des naturalistes qui n'ont pas d'idées (*sic*) et ne s'occupent que des faits. » Et se figure-t-on, en effet, ce que deviendrait l'industrie du bâtiment s'il n'y avait plus que des architectes et qu'il n'y eût plus de maçons !

Mais si M. Blanchard se vante de n'avoir point d'idées, il se pique d'avoir du style : « Avec une incroyable profusion sont répandus dans la nature les êtres appartenant, etc... Les plantes et les animaux par la vague abandonnés sur le rivage... Sous les climats où rares sont les beaux jours pleins de lumière... » Nous ne sommes encore qu'au milieu de la seconde page de son livre sur les insectes, qui en a plus de sept cents ! S'il fait une telle dépense pour d'aussi petites bêtes, en quels frais se mettrait-il pour parler des éléphants ! D'ailleurs, je crois qu'il ne se connaît pas parfaitement quand il se pique de n'avoir point d'idées : « Les mâles ont achevé leur mission dès l'instant qu'ils quittent leurs femelles ; mais les femelles, les mères, n'ont pas fini... Après la ponte, ces femelles meurent ; leur postérité est abandonnée à la Providence, qui ne les abandonnera pas. » L'homme à qui viennent de telles pensées n'est pas absolument dépourvu d'idées. En tout cas, voici quelle était son idée et celle de l'Académie sur Darwin :

M. Blanchard. — M. Darwin est un amateur intelligent, ce n'est pas un savant. Ses longues recherches, tant admirées, sur les pigeons prouvent que le véritable esprit scientifique lui manque. La doctrine qui a rendu son nom si fameux n'est pas seulement fausse...

M. Elie de Beaumont. — C'est de la science mousseuse !

M. Blanchard. — ... elle ne lui appartient même pas. Ce serait un malheur pour la science que d'ouvrir à M. Darwin les portes de l'Académie !

M. Brongniart ne voit dans la théorie de Darwin qu'un « conte de fées ». Très compétent d'ailleurs sur la question de l'espèce, qui est toute la question darwinienne ; elle est de lui, cette étonnante définition : « On peut ainsi se représenter l'Espèce, comme un cercle plus ou moins étendu dans l'intérieur duquel elle peut se mouvoir et osciller sans pouvoir en franchir les limites ! » L'auteur n'était pas seulement de l'Académie des sciences, il était professeur — titulaire pour le traitement, honoraire pour le travail — au Muséum ; inspecteur général, commandeur de la Légion d'honneur, etc., etc... Ainsi pensent, ainsi écrivent les maîtres de la science française.

M. Milne-Edwards croit que Darwin a fait de bons travaux, mais qu'il les a gâtés par des idées dangereuses et sans fondement. Il faut attendre pour l'élire qu'il ait renoncé à ces idées.

M. de Quatrefages est d'avis qu'on pourrait le nommer tout de suite sans inconvénient. M. Darwin serait élu, *quoique* darwiniste, et personne ne pourrait s'y tromper, etc...

L'assujétissement de la recherche au pouvoir anti-hétérogéniste, anti-darwiniste anti... etc., n'avait donc rien de troublant pour les pères conscrits de la science, au contraire. Plus tard, l'Empire tombé, s'ils s'en prirent à lui de notre abaissement, ce fut pour rejeter sur ses épaules leur part de responsabilité.

« C'est par la science que nous avons été vaincus, disait alors un membre de l'Institut. La cause en est dans le régime qui nous écrase depuis huit ans, régime qui subordonne les hommes de la science aux hommes de la politique et de l'administration, régime qui fait traiter les affaires de la science par des corps ou des bureaux où manquent la compétence, et par suite l'amour du progrès.

« Je fais partie de l'Université depuis longtemps, je vais bientôt avoir ma retraite, eh bien ! je le déclare franchement, voilà en mon âme et conscience ce que je pense : l'Université, telle qu'elle est organisée, nous conduirait à l'ignorance absolue; le professeur n'est rien, l'administration est tout. »

« La France, disait un autre, a vécu sur son passé, se croyant toujours grande par les découvertes de la science, parce qu'elle leur devait sa prospérité matérielle, mais ne s'apercevant pas qu'elle en laissait imprudemment tarir les sources, alors que les nations voisines, excitées par son propre aiguillon, en détournaient le cours à leur profit, et les rendaient fécondes par le travail, par des efforts et des sacrifices. »

C'est sous l'Empire, c'est à l'Empereur, et parlant à sa personne, qu'il eut fallu dire cela, pour le dire dignement;... au lieu de se faire son complice, de s'aplatir devant lui et de lui tendre la main du mendiant !

« Certes, leur a répondu un de nos plus éminents confrères, le docteur Guardia, certes l'administration a fait beaucoup de mal, mais *les vrais malfaiteurs*, pour dire ce qui est, ceux qui lui ont prêté main-forte, ce sont les hommes cupides ou médiocres, qui ont pu croire pendant un demi-siècle que la science était faite pour eux, et qui l'ont indignement exploitée à leur profit. »

CHAPITRE VII

METTRE LA SCIENCE EN RÉPUBLIQUE DÉMOCRATIQUE ET FÉDÉRATIVE

La servitude du peuple des savants était encore moins aite que la précédente cause de décadence pour gêner nos princes, puisque c'est par eux que la domination est exercée.

§ I

Deux petites scènes datant de la fin de l'Empire en diront plus long à ce sujet que le pouvoir n'en tirera jamais de tous les savants officiels pris ensemble :

M***, membre de l'Académie des sciences, professeur de physique à la Sorbonne et à l'École polytechnique, etc., etc., en est le centre.

L'une se passe dans le laboratoire de physique de la Faculté des sciences, et le fils de M***, un petit lycéen, en est le héros; l'autre se passe à la porte de l'Institut, et un jeune savant, qui s'est permis je ne sais plus quelle innocente plaisanterie sur un travail de M***, en est l'objet. Les deux scènes ont lieu le même jour.

Dans le laboratoire. — Les préparateurs et les élèves de M*** entourent l'héritier du maître.

*Le jeune M**** : « Oh! moi, j'ai la partie belle. Dans la situation de mon père, je n'ai rien à faire pour aller très loin. »

A la porte de l'Institut. — M***, au milieu d'un cercle d'auditeurs, tonne contre le jeune savant qui a osé s'égayer d'une de ses expériences : « Ce jeune homme, s'écrie-t-il, veut donc perdre son avenir ! »

Le petit M*** ne se trompait pas en pensant qu'avec un favori du cumul pour père il pouvait prétendre à tout, et M*** père ne se vantait point quand il se disait en situation de briser la carrière de tout jeune homme savant qui avait le malheur de lui déplaire [1].

Et voilà, prise sur le fait, la physiologie de notre organisation scientifique et l'explication de notre décadence.

Les choses sont ainsi constituées, qu'un petit nombre de savants, arbitres souverains des destinées de tous, peuvent faire qu'un incapable qui a su mériter leur faveur arrive à tout, et qu'un homme de mérite qui a encouru leur disgrâce n'arrive jamais à rien.

S'ils ont usé de cette puissance, on le voit par le grand nombre des médiocrités en place et par le petit nombre d'intelligences d'élite qui consentent encore à s'engager dans la carrière scientifique.

Ceux qui en ont usé de la sorte, sont au nombre des agents les plus actifs de notre décadence et les premiers auteurs de nos maux.

Qu'on ne compte pas que notre patrie se relève jamais si on ne leur arrache ce pouvoir de faire le mal qu'ils ont si largement exercé.

[1] J'ai deux fois raconté le fait du vivant de M*** (dans la *France scientifique* du 17 septembre 1871 et dans le *Rappel*). Quoique nommé en toutes lettres, M*** n'a pas réclamé ; il n'eut pu le faire. Je supprime son nom par un juste égard pour celui qui le porte aujourd'hui, lequel n'ayant pas suivi la carrière paternelle se trouve n'avoir tenu à l'époque, qu'un propos d'enfant... d'enfant terrible par exemple.

§ II

C'était sous la République. L'Observatoire à la tête duquel M. Thiers allait replacer Le Verrier était sous la direction de M. Delaunay. On sait combien avait été tyrannique le règne de Le Verrier. Les vexations infligées par lui à ses subordonnés, ses démêlés avec plusieurs sont légendaires. Le caractère et le talent furent également remarquables chez cet homme, l'un en mal, l'autre en bien. Auteur de la découverte de Neptune, il est aussi l'inventeur de la théorie des découvertes administratives d'après laquelle tout l'honneur de la découverte des planètes télescopiques devait revenir à l'Observatoire, les jeunes auteurs de ces découvertes (MM. Borrelli, Coggia, etc.) restant dans l'ombre et n'ayant droit qu'à des gratifications... des pourboires.

M. Delaunay s'était signalé à l'Académie par son opposition à cette indigne et inepte théorie. Eh bien ! voici d'après le récit rigoureusement exact d'un journaliste du temps, ce que sous la direction de ce défenseur de la bonne cause, l'Observatoire devint :

« De jeunes astronomes que nous pourrions nommer se voient arbitrairement privés de tout moyen de travail, des instruments les plus nécessaires. Le grand équatorial, entre autres, est devenu la propriété exclusive du directeur, qui l'a confisqué à son profit et mis sous clef, malgré les respectueuses observations de ses subordonnés. Ces procédés dictatoriaux, qui rappellent les plus beaux temps de M. Le Verrier, ne paraissent avoir ému ni l'administration supérieure, ni le conseil de surveillance institué dans les dernières années de l'Empire. L'administration reste neutre[1]. »

Tout cela était exact. Et nous reproduisions ce court article sous le titre : *A l'Observatoire comme... partout* : car si l'Observatoire était resté identique à lui-même, malgré le changement de directeur, sa persévérance dans l'abus n'était qu'un trait de ressemblance entre cet établissement et tous les établissements scientifiques. Est-ce qu'au même moment nous ne faisions pas sur ce qui se passait au Muséum d'histoire naturelle, des révélations autrement graves dont l'exactitude, grâce au concours que presque toute la presse nous prêta, fut reconnue... et consacrée par un résultat sans précédent?

Delaunay mort (par accident), la restauration de Le Verrier s'accomplit, et voici à son sujet une remarque vraiment comique qui n'a jamais été faite : elle montrera que dans la science et dans la politique les tyrans sont tous les mêmes.

Pendant cent soixante semaines consécutives, les membres de l'*Association scientifique* avaient pu lire en tête des numéros hebdomadaires de leur *Bulletin* l'avis suivant :

« Les communications administratives et scientifiques doivent être adressées à M. Le Verrier, président de l'Association scientifique. »

C'était au temps de la haute puissance du célèbre astronome.

A partir du 161e numéro, ils eurent le plaisir de voir s'ajouter à cette sèche information l'aimable invitation que voici :

[1] M. Albert Duruy.

« M. le président a l'honneur de recevoir ses collègues les lundi, mercredi et vendredi, de neuf heures à midi. »

Qu'était-il donc arrivé dans l'intervalle du 160e au 161e bulletin?

Ceci tout simplement que le directeur de l'Observatoire avait été révoqué.

Le pouvoir et la fortune sont frère et sœur, et l'attitude de celui qui mésuse de l'un ou de l'autre s'exprime également bien, qu'il soit dégommé ou ruiné, par l'image du sac d'écus qui baisse le nez quand il se vide.

§ III

Trois ans avant l'avènement de la République M. le professeur Léon Lefort, alors agrégé à la Faculté de médecine, faisait cette déclaration : « Je n'ai pas la prétention dans mon impuissance de chercher à modifier l'état des choses ; mais juge, et chargé d'instituer de jeunes docteurs, j'ai le *devoir* de dire que, depuis plusieurs mois, j'ai fait, et laissé faire des docteurs qui, en Allemagne, seraient barbiers chirurgiens, et auxquels je ne confierais ni ma personne, ni aucun des êtres qui m'entourent. » (*La liberté de la pratique et l'enseignement de la médecine.*)

Deux ans après la chute de l'Empire M. le docteur Desprez, agrégé à la Faculté de médecine, était membre d'un jury qui avait à nommer trois chirurgiens des hôpitaux. Il s'en retira publiquement, motivant sa démission sur l'attitude des juges décidés à ne tenir aucun compte du résultat des épreuves et à donner la place non au candidat le plus méritant, mais au plus agréable. « Une majorité de cinq juges sur neuf a élevé, à toutes les épreuves, les points d'un candidat et abaissé systématiquement les points de plusieurs autres qui avaient été meilleurs ; » ceci était écrit par M. Desprez. Une fois sur trois, au moins, selon lui, les choses ne se passent pas autrement. Il réclamait le nettoyage nécessité par un tel état de malpropreté ; c'est le seul moyen, disait-il, de relever le niveau de l'enseignement et de la science si notablement abaissés depuis vingt ans. Il ne faut pas, ajoutait-il, qu'il passe en axiome que pour être nommé au concours, il faut *avoir son jury* (expression consacrée), c'est-à-dire, dans le jury, des maîtres dont on a été l'élève, le complaisant et le flatteur.

§ IV

Peignant ce qui se passait sous l'Empire : « Combien — disait M. le docteur Victor Révillout dans la *Gazette des hôpitaux* — combien n'avons-nous pas vu d'hommes qui, voulant être nommés aux places officielles et réussir dans les concours, ont pour grande préoccupation de ne pas acquérir une réputation capable de faire ombrage à leurs juges ou de refroidir leurs protecteurs. Ainsi des hommes intelligents sont à peu près perdus pour la science, parce qu'ils ont peur que leurs travaux ne dépassent une moyenne qui devient chaque jour un peu moins élevée.

« Ils ont surtout peur qu'on ne parle d'eux, ils ont peur de paraître exister par eux-mêmes, trop heureux s'ils parviennent à servir de reflet à l'homme en place qui les pousse, s'il voit en eux d'anciens élèves, toujours élèves, dont le nom devra disparaître à côté du sien.

« Ces gens arrivent, et leur exemple en pervertit d'autres. »

C'était sous l'Empire ! mais si à cet égard l'Empire dure toujours, on va le voir.

M. le docteur J.-Pelletan, directeur du *Journal de micrographie*, a raconté dans le n° de décembre 1883 de ce recueil qu'ayant rencontré dans le cabinet d'un des plus grands éditeurs de Paris un jeune savant, botaniste et micrographe, déjà connu par d'importants travaux, il l'invita à lui donner des articles :

— Jamais de la vie ! répondit le jeune savant.

— Et pourquoi ?

— Parce que je ne veux rien publier maintenant.

— ?

— Cela pourrait rester, et, un jour, ne pas être d'accord avec les idées de quelqu'un. Plutôt que d'écrire du nouveau, je voudrais détruire tout ce que j'ai fait.

— Pourquoi ?

— Parce que j'y soutiens précisément le contraire de ce que croit aujourd'hui mon chef de file.

« Voilà, conclut M. Pelletan, pourquoi on ne fait pas toujours en France autant de nouveau qu'on le voudrait ; assez souvent même, on en fait le moins qu'on peut. »

§ V

Tant que vécut M. Elie de Beaumont, cette vérité éclatante : l'homme fossile niée contre l'évidence par ce savant et puissant géologue, fut une erreur dans laquelle peu de gens osèrent tremper. En échange, tant que vécut le même Elie de Beaumont, la théorie géologique du réseau pentagonal l'ayant pour auteur fut une vérité sublime par laquelle ceux qui juraient ne se pouvaient compter.

Depuis que M. Elie de Beaumont est mort, l'homme fossile, sa bête noire, n'a pas en France un seul contradicteur et le réseau pentagonal son chef-d'œuvre s'il a encore des partisans, n'en a que de discrets, car personne n'en parle plus.

Personne, excepté le distingué géologue auquel nous ferons l'emprunt suivant ; mais c'est l'exception qui confirme la règle : non seulement il nomme le réseau pentagonal, il le juge, et voici ce qu'il en dit au terme d'une brillante exposition devant des connaisseurs, à la Société géologique de France :

« L'école géométrique, dont Elie de Beaumont a été le représentant le plus illustre, avait le tort grave de traiter de quantités négligeables des caractères inséparables de la forme du globe. C'est ainsi qu'elle admettait que la terre est une sphère parfaite et parfaitement homogène, et que les indications de la boussole conduisaient à l'adoption de grands cercles pour l'orientation des soulèvements. Aussi ne faut-il pas s'étonner que les géologues, déjà quelque peu décontenancés par l'introduction, en tête de leur science, d'une telle masse de documents abstraits, se soient refusés à admettre l'écrasement du globe suivant un mince fuseau, « à accepter le dodécaèdre pentagonal, qui est absolument conformé en sens inverse de la figure dessinée par les traits les plus saillants de la géographie de la terre ».

Tels sont donc, en France, les effets de la centralisation scientifique, qui met entre les mains de quelques académiciens le sort de la foule des chercheurs : vérité pendant la vie de l'homme puissant, erreur après sa mort, et *vice versa*.

§ VI

Dans une séance solennelle de l'Académie des sciences, séance à laquelle un des chapitres suivants est consacré, M. Faye, s'adressant à la savante compagnie et visant un de ses secrétaires perpétuels, J.-B. Dumas, mettait à cette épreuve la modestie de ce dernier : « N'est-ce pas un de vous, s'écriait-il, qui en ce moment même dirige avec tant de succès les travaux destinés à préserver nos plus riches récoltes d'un ennemi invisible, mais déjà presque victorieux ? »

Ce prétendu sauveur de la vigne ayant eu, à titre de président unique et perpétuel des commissions instituées par l'Académie et par le ministère, la direction des efforts combinés de la science et de l'Etat contre le phylloxéra, c'est à l'expérimentation des procédés de M. Dumas que cet imposant concours de capitaux et de lumières s'est trouvé consacré. L'accaparement de la puissance publique au profit d'un seul a eu le résultat qu'il devait avoir. Si notre franchise fut injuste quand, rendant compte de la séance précitée[1], nous reprochions à l'Académie de se faire d'un désastre public un prétexte à réclames : tout le monde aujourd'hui peut en juger.

Voici d'ailleurs sur la valeur pratique des procédés de Dumas le témoignage d'un professeur à l'Ecole nationale d'agriculture de Grignon. M. Mouillefert, qui fut un des délégués de l'Académie des sciences et l'un des plus actifs dans la guerre contre le phylloxera :

[1] Voir IIIe partie, ch. VII.

« Malheureusement, a-t-il écrit, le remède de l'illustre président de la commission académique du phylloxera... était d'un prix de revient trop élevé, cinq à six cents francs par hectare, même dans les circonstances les plus favorables, et ordinairement de plusieurs milliers de francs, c'est-à-dire, possible seulement pour quelques grands crus et tout à fait impraticable pour la généralité des vignobles. »

Et on avait abandonné pour les sulfo-carbonates, préconisés par Dumas, le sulfure de carbone auquel on est revenu depuis la mort de ce puissant! Ainsi l'année dernière, le ministre d'agriculture (M. Viette) admirait à Poussan (arrondissement de Béziers) « les résultats obtenus par l'application du sulfure de carbone pour la conservation d'un vignoble de 130 hectares en vieilles vignes françaises, aussi belles que les plants américains[1] ». Et l'abbé Moigno, dans son journal *Les Mondes*, avait réclamé pour M. Dumas le prix de 300,000 francs promis au sauveur de la vigne!...

Revenons à l'homme fossile.

§ VII

Un libraire parisien, publicateur de ces ouvrages scientifiques de luxe dans le calcul desquels les subventions ministérielles entrent toujours, avait traité avec celui qui écrit ces lignes pour la publication d'un petit volume relatif à l'antiquité géologique de l'homme et spécialement consacré à la découverte de cette anti-

[1] *Temps* du 7 août 1888.

quité, par conséquent à l'histoire des travaux de Boucher de Perthes.

Travaux dont l'oracle géologique d'alors fut assez aveugle pour méconnaître l'importance et qu'il eut, comme secrétaire perpétuel, la puissance de tenir pendant seize années sous le boisseau, d'où il fallut que les savants d'outre-Manche, exempts de l'autorité académique, vinssent les tirer! « Je pourrais donner la liste des travaux non insérés dans les *Comptes Rendus* parce qu'ils contrarient les idées de M. Elie de Beaumont[1] »; ainsi s'exprimait dans ses *Matériaux pour la science de l'homme* (t. I, p. 431), M. de Mortillet, placé mieux que personne pour dresser une pareille liste. « Les idées » de M. Elie de Beaumont, c'était l'idée de Cuvier, ou, pour parler comme l'infaillible secrétaire perpétuel : « l'opinion de M. Cuvier »; l'opinion qu'il n'y a pas d'homme fossile. « L'opinion de M. Cuvier est une opinion de génie »; jamais il n'en voulut démordre! Ce fut aux faits de cadrer avec cette opinion de génie. On transformait en « dépôts meubles sur les pentes » des terrains qu'aucunes hauteurs ne domine, ceux d'Abbeville, explorés par Boucher de Perthes. Malgré les invitations réitérées de celui-ci, jamais — en seize ans — Elie de Beaumont ne voulut y aller voir. Il allait dans le pays avant la découverte de M. Boucher de Perthes, il n'y fut plus depuis. Jusqu'à ce que, par l'intervention des géologues et archéologues anglais, cette question soulevée et résolue par un Français eût cessé d'être toute française, l'Académie entière marcha derrière son secrétaire perpétuel comme un troupeau de moutons sur les pas du berger. Je me rappelle avec

[1] Il s'agit, bien entendu, de travaux relatifs à l'homme fossile.

quel esprit (de corps), Decaisne qui présidait le jour où l'argument du *terrain meuble sur les pentes* fut tiré du magasin aux clichés, applaudit à sa production.

Elie de Beaumont ayant, d'une main si patiente, si profondément buriné son nom sur les tables de mémoire des négateurs et des tyrans de la vérité, ce n'était pas à un livre écrit d'une plume d'homme libre de dissimuler ce travail de gravure. Or, quand, ce livre imprimé, l'éditeur y put voir tracé au naturel le rôle de la science officielle en cette immense affaire, son effroi d'encourir la disgrâce académique, et par celle-ci la défaveur ministérielle, fut tel, qu'il aima mieux supprimer l'édition tirée à trois mille, et dont les droits d'auteur étaient acquittés. Aucun sacrifice ne l'arrêta, pas même celui de ses engagements avec l'auteur.

La suppression fut si complète que la première nouvelle que jamais personne ait eue de ce pauvre livre en est donnée ici. Aucune annonce n'en fut faite, aucun catalogue ne le mentionna, aucun exemplaire n'en fut mis en vente ; bien plus, l'auteur n'en put obtenir aucun et dut se contenter d'épreuves en pages incomplètes et incorrectes qui étaient restées entre ses mains. On sait que les héritiers de Boucher de Perthes avaient mis au pilon les ouvrages de celui-ci sur l'homme fossile. Dans sa préface, l'auteur du livre dont nous racontons l'histoire les en raillait, ce livre devant rendre inutile leur œuvre de salubrité obscurantiste ; il n'avait pas prévu que le pilon académique l'atteindrait lui-même[1].

[1] Notre histoire de la *découverte* de l'homme fossile forme le principal morceau du tome Ier de notre collection de *Notices scientifiques* intitulée : *Gens de bien et choses de prix* (en préparation).

§ VIII

Broca, sous l'Empire, n'étant alors qu'agrégé à la Faculté de médecine, avait, d'après les indications de M. le professeur Azam, de Bordeaux, contrôlé avec éclat le fait fondamental du *braidisme*, savoir : la production du sommeil nerveux par la concentration du regard sur un point lumineux; mais sa constatation reçut un tel accueil parmi les puissants d'alors qu'il dut se désintéresser du sujet. Deux autres agrégés de grande valeur[1], que leur expérience personnelle avait conduits à partager sa conviction, ayant comme lui leur fortune à faire, imitèrent sa conduite. Tous ces savants, pour ne pas compromettre leur avenir, abandonnèrent cette carrière de découvertes.

Quelques années après, au cours de la guerre hétérogénique, Broca, écrivant à Pouchet, posait en axiome qu'une vérité nouvelle dressée à l'encontre des préjugés de nos maîtres — si exactement nommés — n'a aucun moyen de vaincre leur hostilité; il n'est ni raisonnements qui vaillent, ni faits : leur mort seule peut en triompher. Les novateurs doivent s'y résigner et savoir attendre l'arrivée de cette alliée comme les Russes attendirent l'arrivée du général Hiver.

C'était sous l'Empire; mais comment, à cet égard, ne serions-nous pas encore sous l'Empire, quand son harmonique, notre organisation scientifique, est restée identique à elle-même.

[1] MM. Follin et Verneuil.

§ IX

Un savant français peut aujourd'hui, sans perdre son avenir, être ouvertement pour la variabilité de l'espèce, admirer Lamarck, suivre Geoffroy Saint-Hilaire, croire en Darwin, mais pourquoi ? Pour la même raison qu'il lui est permis d'être pour l'homme fossile ; parce que la science étrangère, s'est prononcée en faveur de ces grands hommes et de ces grandes idées, c'est à l'intervention étrangère que nous devons nos libertés.

Geoffroy Saint-Hilaire lui-même n'avait pu émettre impunément devant l'Académie la pensée anti-cuviérienne que certaines espèces d'animaux fossiles ont pu être la souche d'espèces vivantes ; pensée dont la modération est aujourd'hui bien plus frappante que la hardiesse : c'est le caractère propre de ce naturaliste de génie d'avoir toujours, dans la conduite de son esprit, allié ensemble l'indépendance et la sagesse. L'opposition qu'il rencontra fut si violente qu'il voulut se retirer de la compagnie, dessein que les affectueuses instances d'Arago lui firent abandonner. Mais, la liberté des *Comptes rendus* lui étant refusée, il créa une publication périodique à cet usage : ses *Etudes progressives d'un naturaliste*. Par ce qui arriva à Geoffroy Saint-Hilaire, qu'on juge de ce qui fût advenu du naturaliste qui, n'ayant ni situation prépondérante, ni grande renommée, fût entré dans la même voie : il eût couru à un suicide.

Il ne s'en trouva point. Pas un n'eût osé se prononcer pour la variabilité de l'espèce, qu'à si peu de distance tous professent aujourd'hui; la plupart même, les outranciers, allant, effet de réaction, jusqu'au transformisme à jet continu. On en restait vis-à-vis du vénérable Lamarck à l'attitude de Cuvier qui, jugeant l'emploi du sarcasme bien suffisant contre un pareil penseur, résumait facétieusement la *Philosophie zoologique* dans cette formule : que le mouchoir n'a pas été fait pour le nez mais le nez *par* le mouchoir.

Vers la fin de l'Empire, la doctrine des deux Geoffroy était, dans le *Journal des savants*, l'objet d'attaques à fond de la part de M. Chevreul et de Flourens, opérant parallèlement celui-ci contre l'auteur de la *Philosophie anatomique*, celui-là contre l'auteur de l'*Histoire naturelle générale des règnes organiques*. Les deux membres de l'Institut avaient pour auxiliaire dans la presse un certain médecin, sorte de pensionnaire de l'Académie des sciences, lequel ayant brai jadis en l'honneur de Geoffroy Saint-Hilaire vivant allongeait maintenant son coup de pied à Geoffroy Saint-Hilaire mort : l'Académie lui décernait chaque année un de ses prix les mieux dotés. Enfin, on a vu ci-dessus comment, plus tard encore, lorsqu'il s'agit de pourvoir au remplacement de Purkingé, Darwin était traité par l'Académie.

Tout cela a changé si complètement et si rapidement que, lorsqu'on tient compte de la gravité du sujet, on croit avoir assisté à un changement à vue. Du jour au lendemain, tout a passé ici d'un extrême à l'autre, de Cuvier à Darwin; revirement qui montre assez ce qu'il y avait d'oppression subie dans la foi témoignée au premier. Enfin, cette tyrannie a cessé, nous avons dit comment. Mais qui oserait en France se prononcer pour l'hétérogénie ?

§ X

N'allez pas croire, sur l'apparence, qu'elle n'ait plus de partisans; il en est des siens comme il en fut de ceux de la variabilité de l'espèce ; ils se taisent parce que, eussent-ils dix mille fois raison, ils ne pourraient absolument rien pour la vérité et que tout ce qu'ils tenteraient en sa faveur ne réussirait que contre eux.

C'est en prenant fait et cause pour l'Académie dans la question des générations spontanées que celui de nos contemporains qui a fait la plus grande fortune scientifique du temps a posé les bases de cette fortune. Pouchet avait inopinément tiré de l'oubli cette idée impérissable connexe à celle de la variabilité, et l'Académie, par l'organe de Dumas, de H. Milne-Edwards, d'Adolphe Brongniart, s'était portée opposante à cette résurrection. Mais ces savants n'avaient à leur disposition que de vieilles expériences qui furent en un instant mises hors de service, et, n'étant nullement en disposition d'en faire d'autres, ils se trouvaient fort embarrassés de leur rôle quand le savant en question accourut à leur aide et les tira d'affaire : faisant leur besogne, ne laissant à leur charge d'autre soin que de le regarder faire, d'applaudir à ses efforts, de les récompenser, de proclamer ses succès et de couronner le vainqueur en sa personne. C'est ainsi que les choses se sont passées. Sa doctrine, adoptée par l'Académie, règne et gouverne. Mais faisons une hypothèse :

Supposons qu'il se soit trompé et l'Académie avec lui. Pourquoi non? Qui voudrait déclarer la chose impossible quand le souvenir est si présent de tant d'erreurs analogues commises par la même Académie, erreurs dont quelques-unes sont d'hier. Et s'il fallait remonter plus haut, n'a-t-elle pas erré avec assez d'opiniâtreté et d'éclat sur le chapitre des pierres qui tombent du ciel? Que son chevalier dans le tournoi hétérogénique soit un grand homme, ma thèse actuelle ne m'oblige pas d'y contredire ; mais Lavoisier en est un autre et indiscutable : son rôle dans l'affaire de la chute de Luce en fut-il moins au-dessous du médiocre ? Cuvier aussi est un grand homme et Cuvier voulant donner aux naturalistes de l'Ecole philosophique un magistral exemple de la manière dont un esprit sérieux doit procéder en histoire naturelle prenait un bras de poulpe (le bras copulateur) pour un ver parasite d'un nouveau genre qu'il décrivait sous le nom d'*hectocotylus octopodis !*

La supposition que l'Académie ait pu se tromper dans la question des générations spontanées ne se présente donc pas à première vue comme aussi absurde que celle d'un bâton sans bouts ; ajoutons qu'elle n'est pas dépourvue de vraisemblance *a posteriori*. Répétée avec tous les soins prescrits, l'expérience des ballons à cols sinueux où recourbés, sur la stérilité desquels repose tout le système officiel nous ayant donné des résultats opposés à ceux qu'on annonçait[1], l'auteur du système, à notre grande surprise, ne s'inscrivit pas contre cette opposition : il n'avait jamais prétendu, répondit-il, que son expérience réussissait toujours, et c'était assez, selon lui, qu'elle réussît une fois sur 1000

[1] Voir : *Comptes rendus*, séance du 11 décembre 1865 et mieux le troisième volume de notre recueil d'articles : *La science et les savants* (1865, deuxième semestre, p. 294) : *Expériences sur le développement de la vie dans les ballons ouverts à cols sinueux ou recourbés.*

pour lui donner pleinement raison[1] ! L'Académie topait à cette logique comme à tout. De sorte que l'auteur de l'expérience de contrôle voyant combien il était inutile d'en faire cessa de s'en occuper. M. Onimus en a agi de même, et combien d'autres ! pour les mêmes motifs. Leurs protestations expérimentales subsistent. Pouchet avait vu des œufs d'infusoires ciliés se former de toutes pièces dans la « membrane proligère » des infusions : ces observations subsistent également.

Mais, si l'Académie se trompait, comment le savoir Quel ennemi de soi même oserait le dire ? Où trouverait-il concours, protection, justice ? La preuve n'en pouvant être authentiquée, qui voudrait perdre son temps à la chercher ? N'y a-t-il pas là une explication bien suffisante du silence qui s'est fait en France sur cette question ? N'est-ce pas aussi la condamnation péremptoire de notre constitution scientifique ?

[1] Voir : *Comptes rendus*, séance du 22 janvier 1866, *Réponse à une note* de M. Pasteur et mieux, car cette réponse n'a paru aux *Comptes rendus* que tronquée : *Presse scientifique et industrielle* de J.-A. Barral, n° du 16 février 1866, et le recueil précité d'articles, même volume, p. 209. Nous en extrayons les lignes suivantes. Après avoir cité ces paroles de M. Pasteur : « J'ajouterai « que je n'ai jamais dit que dans la série de mes expériences « avec matras à cols recourbes ou sinueux cent expériences sur « cent réussissent. » « Voilà certes un langage bien nouveau dans la bouche de M. Pasteur — écrivais-je — et je n'ai pas perdu mon temps, puisque j'amène mon adversaire à le tenir... M. Pasteur n'a jamais dit que cent ballons sur cent réussissent !, Mais où a-t-il dit qu'un seul ballon sur cent échoue ? Est-ce... dans sa fameuse conférence à la Sorbonne en avril 1864 ? Non. « Or, — disait-il, montrant un ballon à col sinueux, — le liquide de ce ballon restera complètement inaltéré, non pas deux jours, non pas trois, non pas quatre, non pas un mois, une année, mais trois ou quatre années, car l'expérience dont je vous parle a déjà cette durée. » Voilà en quels termes absolus M. Pasteur présentait naguère cette expérience tant célébrée. » Jamais, s'écriait-il, la doc-

§ XI

Ce que nous disons là de l'hétérogénie est également vrai de la rage. Est-ce qu'un simple savant, j'entends un savant qui est quelqu'un sans être quelque chose, pourrait raisonnablement se poser en adversaire de la doctrine officielle étant certain de ne pas lui faire grand mal, — car il resterait seul, ostensiblement du moins, de son parti — et de s'en faire beaucoup à soi-même ? Être pour la doctrine même à tout ; où mènerait d'être contre ?

Je n'apprécie pas ici cette doctrine. Quelle qu'elle soit, l'Académie l'a faite sienne ; elle s'est solidarisée avec son auteur à un degré auquel on ne trouverait pas de précédent dans toute l'histoire de cette compagnie. Nous l'entendons encore lui déclarer par l'organe d'un des secrétaires perpétuels que ses désirs font loi pour elle [1].

« trine de la génération spontanée ne se relèvera du coup morte « que cette simple expérience lui porte ! » Qui eût supposé que l'expérience à laquelle on faisait jouer un si grand rôle ne réussissait pas toujours ? N'eût-il pas été convenable de l'avouer ? Mais au moins nous explique-t-il les échecs qu'elle éprouve ? Nullement. Est-ce le tube sinueux qui a des caprices ? Est-ce la substance fermentescible ? Au lieu de nous le dire, M. Pasteur essaie de ressaisir d'une main ce qu'il est obligé de m'abandonner de l'autre : « Ce succès, n'exis« terait-il qu'une fois sur mille, serait à mes yeux tout aussi pro« bant, » déclare-t-il. Qui ne refuserait de le croire, si ce n'était écrit ? Mais si sur mille ballons un seul ballon stérile prouve qu'un col recourbé arrête les germes et que la génération spontanée n'est pas, de grâce que prouvent les 999 autres ? Et puisque votre principe s'accommoderait de tant de démentis, si par hasard, — permettez cette supposition, — votre principe était erroné, comment faudrait-il faire, à votre avis, pour en fournir la preuve ?... »

[1] « Il suffit que vous le désiriez, monsieur Pasteur. » (Paroles de M. J. Bertrand.)

Nous la voyons encore décrétant l'affichage par toute la France d'un document favorable au même savant; qui n'a pas seulement l'oreille de l'Académie, mais aussi — et l'un entraîne l'autre — celle des ministres quelque soit le ministère. Sa doctrine porte bonheur à tous ceux qui la servent : du modeste « Mérite agricole » à la Légion d'honneur, des places à pourvoir dans un Institut privé qui rivalise avec les établissements de l'Etat aux chaires professorales officielles, et des prix de l'Académie à ses fauteuils, il n'est rien à quoi l'expérience ne leur permette de prétendre.

Un Russe avait quelque peu à la légère émis l'espérance dont la réalisation serait un triomphe dans la doctrine, de découvrir un vaccin anticholérique ; sa candidature à l'indécrochable prix Bréant (de 100,000 francs) est *illicò* posée en même temps qu'on l'appelle à remplir ici une des places ci-dessus visées. Un habile chirurgien émet cette proposition hardie : « Sauver un rabique est un miracle qu'on réalise aujourd'hui à volonté, » telle rue, tel numéro ; il entre bientôt après à l'Institut. Une vacance nouvelle s'y produisant, parmi les concurrents est un homme qui se présente pour la seconde fois, c'est le régénérateur des Landes de Gascogne : un partisan de la doctrine antirabique lui passe sur le corps aussi lestement qu'eût pu le faire le *Rapide* de Bordeaux. Tout le monde nommerait comme nous ceux auxquels le même attachement confère des titres non moins efficaces aux premiers fauteuils qui viendront à vaquer, etc. Je ne juge pas, je constate.

Cette constatation faite : quelle possibilité y a-t-il pour l'honnête homme de savant qui suit en piéton la carrière scientifique de ne pas être, au moins tacitement, pour la doctrine académique sur la rage? Aucune. Etre pour elle, ou ne pas être du tout, *that is the question !* Telle est en un exemple typique la quantité de liberté dont jouit le savant français.

§ XII

Un savant italien résidant en France, M. le marquis de Tommasi, est en discussion avec un chimiste français membre de l'Académie des sciences, M. Berthelot, sur des questions d'électricité.

C'est devant l'Académie des sciences que le débat suit son cours.

Or, un certain jour, dont je retrouverais aisément la date, une réplique de M. de Tommasi est purement et simplement renvoyée par le président à l'examen de M. Berthelot.

Le *Cosmos*, rapportant le fait, s'étonne avec une naïveté qui l'honore de voir une des parties constituée juge dans sa propre cause. C'est la preuve que le *Cosmos* s'entend mieux à l'équité qu'aux usages académiques. Ce qui le chiffonne s'est fait de tout temps. Le *savant étranger*, comme on nomme à l'Institut le savant français ou autre qui n'est pas de la compagnie — et c'est en progrès notable sur le temps où étranger était synonyme d'ennemi — étant à l'académicien comme le pékin est au militaire en temps d'état de siège. Je me souviens pour avoir à l'époque souligné la chose qu'au cours du procès de l'hétérogénie, le membre de l'Académie qui s'était fait le chevalier de cette belle (l'Académie), fut par elle introduit dans la commission qui devait juger entre les adversaires de son tenant et ce tenant lui-même. Le courage de Coste fut, dans une circonstance analogue, mis à la même épreuve, et ne s'en étonna point, etc. Tout cela est tellement académique qu'un jour M. Pasteur reprocha âprement à M. Frémy de s'être fait le présentateur — sans la lui avoir préalablement soumise — de certaine note d'un « savant étranger » ; ce qui, à la vérité, provoqua une verte réponse de M. Frémy ; mais, il faut le dire, une réponse puisée aux sources de la justice et n'ayant dès lors, à part la forme, rien d'académique.

§ XIII

Un ancien élève d'une de nos grandes écoles, porteur d'un des plus illustres noms du siècle, adresse fréquemment à l'Académie des notes qui, depuis que M. Joseph Bertrand occupe le poste de secrétaire perpétuel, ont toutes le sort que voici : jamais les *Comptes rendus* n'en mentionnent plus que le titre, jamais la mention ne figure ailleurs qu'à la fin des *Comptes rendus*, avant la ligne terminale indiquant l'heure de la levée de la séance ; jamais cette mention ne se trouve que dans les numéros signés « J. B. », dont la rédaction est sous l'autorité absolue de M. Joseph Bertrand. (Disons pour qui l'ignore que, de semaine en semaine, les deux secrétaires perpétuels alternent dans la direction du recueil académique.)

Voici quelques exemples :

Comptes rendus du 12 mars 1888, (t. CVI, p. 782) :

« M*** [1] adresse une Note « Sur le triangle 3, 4, 5, donné par les nombres premiers ».

« La séance est levée à 4 heures trois quarts. J. B. »

Comptes rendus du 23 juillet 1888 (t. CVII, p. 288) :

« M*** adresse une Note « Sur un halo remarquable, observé à Paris le 22 juillet, peu après minuit. »

« La séance est levée à 3 heures trois quarts. J. B. »

Comptes rendus du 28 août 1888 (t. CVII, p. 451) :

« M*** adresse une Note « Sur les révolutions des satellites de mars ».

« La séance est levée à 4 heures un quart. J. B. »

Comptes rendus du 3 décembre 1888 (t. CVII, CXVII, p. 934).

« M*** adresse une Note « Sur les nombres irrationnels d'Euclide ».

« A 4 heures l'Académie se forme en comité secret.

« La séance est levée à 4 heures trois quarts. J. B. »

Comptes rendus du 18 mars 1889 (t. CVIII, p. 589) :

« M*** adresse une Note « Sur un passage de Fortia d'Urban, relatif à Archimède ».

« La séance est levée à 4 heures un quart. J. B. »

Je le répète, il y a des années que cela dure. Je suis parti de mars 1888 parce que je n'avais sous la main que les numéros postérieurs à cette date, mais je pourrais remonter bien plus haut. D'ailleurs je n'ai pas craint de multiplier les citations, parce que leur multiplicité révèle le parti pris. Un tel traitement, aussi uniforme, ne peut s'expliquer que par une hostilité personnelle. Quelqu'un a juré, cela est de toute évidence, quelqu'un dont la situation permet de tenir ce serment, que lui vivant, jamais des communications de M***..., les *Comptes rendus* ne donneront rien de plus que les titres.

Il eût pu lui en fermer la porte, mais qui l'eût su? L'homme puissant a trouvé plus de satisfaction à mettre sa victime en une situation, selon lui, ridicule.

« Car tel est notre bon plaisir » ; il n'a pas besoin de motiver autrement sa décision en l'an XIX de la troisième République. C'est sous le règne du bon plaisir que vivent encore les savants français, ceux bien entendu qui ne sont pas de l'Académie, enfin, les savants *étrangers*, comme l'Académie appelle ces savants français-là.

Mais il faut s'arrêter, autrement le livre entier passerait dans cette première partie qui n'en est que l'introduction. N'en est-ce pas assez pour montrer que des trois causes d'abaissement qui ont sévi sur la science française, la principale, savoir l'oppression et l'exploitation du peuple des travailleurs de la province et de Paris par l'aristocratie académique subsiste intégralement ? Quoiqu'on ait fait contre les deux autres, on n'a rien fait d'essentiel dès que celle-ci reste entière. C'est contre elle maintenant que tous les efforts éclairés, sincères et patriotiques doivent être dirigés.

§ XIV

Sous l'Empire, l'histoire des sciences n'était pas notre fort. « L'histoire des sciences a cessé depuis Delambre et Bailly d'être cultivée parmi nous. On ne voit que de loin en loin apparaître quelques ouvrages relatifs à cette branche de connaissances et les études historiques sur les sciences n'ont jamais le privilège d'attirer l'attention ni d'obtenir les palmes des sociétés savantes. L'histoire des sciences n'a ni chaires dans les facultés des sciences, ni fauteuils dans les Académies. Ainsi privée de toute consécration, elle a dû nécessairement s'alanguir et s'éteindre. Il est résulté de là que la jeunesse française est d'une ignorance complète en ce qui concerne l'histoire des sciences et la vie des savants. Comme elle trouve la science exposée tout d'une pièce dans les traités classiques, elle n'est pas éloignée de croire que la géologie remonte à Cuvier, la physique à Gay-Lussac et l'algèbre à Bezout. » (L. Figuier.)

Sous la République. Voici en quels termes M. J.-M. Guardia dédie aux étudiants en médecine son *Histoire de la Médecine d'Hippocrate à Broussais et ses successeurs* :

« Dédions ce livre à la jeunesse, parce qu'elle est l'espérance. Il lui appartient de nous affranchir, avant la fin du siècle, du tribut que nous payons à l'étranger dans ce genre d'études.

« Nous ne sommes pas riches en historiens de la médecine; à peine pouvons-nous citer cinq ou six noms... Nous n'avons pas une histoire nationale de notre art, comme les Italiens et les Espagnols... Nous n'avons rien de comparable aux ouvrages classiques de Sprengel, de Hecker, de Friedlænder et de Hæser, ni aux travaux de Grüner, de Kühn, de Eble, de Rosenbaue et de Choulant, pour ne citer que des maîtres.

« Que les jeunes gens se préparent donc à nous relever de cette infériorité... »

Mue par l'instinct de conservation, l'Académie, responsable de l'abaissement de la science puisqu'elle en a le gouvernement, dirait que ces choses-là ne doivent pas se dire en public[1]. Nous louons l'auteur de les proclamer dès le début de son beau livre; car c'est véritablement un beau livre, d'une triple beauté : littéraire,

[1] Voir plus loin; IIe partie, I : *L'Académie des Sciences devant les malheurs de la Patrie.*

scientifique et morale. Triste service à rendre à un malade et qui ne témoignerait ni d'un grand intérêt pour lui, ni d'une grande confiance dans la médecine que de lui dissimuler l'existence d'une maladie dont il pourrait guérir ! Et cette conduite là. quand le malade est un peuple, passera difficilement pour du patriotisme.

Heureusement que la jeunesse sur laquelle compte M. Guardia se trouve ailleurs que dans les sanctuaires de la science pure, car voici ce qu'on lisait au même moment en tête des *On dit* du *Rappel* :

« Peu d'empressement hier de la part des étudiants à se rendre à la Sorbonne, où avait lieu la réouverture de la Faculté des sciences.

« C'est là, du reste une des tristes particularités qui caractérisent les cours de la Sorbonne. Il n'est pas rare d'y voir nos plus savants professeurs pérorer pendant plusieurs heures en présence d'un auditoire composé quelquefois d'une douzaine de fidèles — et même moins. »

Et rien n'est plus vrai ! Mais aussi rien de moins neuf. A cet égard, rien non plus n'est donc changé depuis l'époque où M. Fremy proclamait avec une si généreuse franchise que le personnel scientifique tend à manquer chez nous. Le personnel de la science française a cela de commun avec celui des séminaires : ils tendent tous les deux à manquer. C'est un rapprochement qui n'avait pas encore été fait. Si bien qu'on a imaginé de rétribuer les élèves. C'est comme si les bouillons Duval rétribuaient leurs consommateurs. Où cela les mènerait-il ? Il faudrait trouver autre chose. Mais c'est tout trouvé :

Mettre la science en république démocratique et fédérative.

DEUXIÈME PARTIE

SOUS QUEL RÉGIME NOUS VIVONS

CHAPITRE PREMIER

GRATIOLET

Dans un discours qui l'honore[1], M. Chevreul a dit, avec l'abandon d'un cœur affligé, pourquoi la fortune n'a commencé à sourire à M. Gratiolet qu'au moment où la mort étendait la main sur lui.

Gratiolet n'est pas arrivé parce qu'il était modeste : « Sans doute M. Gratiolet avait la conscience de sa force, mais sa conviction des limites étroites de l'esprit et de la science de l'homme lui donnait une modestie qui ne fut pas toujours un titre de recommandation près de plusieurs de ses juges; car il n'existe que trop de gens pour lesquels l'assurance est la mesure du mérite ! »

Gratiolet n'est pas arrivé parce qu'il avait une grande dignité de caractère : « Convenons encore que la cons-

[1] Prononcé sur la tombe de M. Gratiolet, mort le 16 février 1865.

cience de ses forces, alliée à la dignité du caractère, est souvent un obstacle à l'avancement. Or, cette dignité de caractère, M. Gratiolet l'avait au plus haut degré, et je sais qu'en plus d'une occasion, faute de l'avoir sacrifiée légèrement, il n'obtint que tardivement ce que beaucoup plus tôt il aurait dû obtenir. »

Gratiolet n'est pas arrivé à cause de son extrême bonté : «Mais, Messieurs, une cause a contribué sans doute encore à la lenteur de l'avancement de M. Gratiolet dans le monde : c'est son extrême bonté ! Et, certes, aucune voix ne me démentira quand je dirai que jamais l'intérêt personnel ne l'a guidé ; que l'amour de la gloire, et, le dirai-je? l'avancement même de la science ont toujours été subordonnés à deux penchants : obliger le pauvre et donner son temps à l'amitié qui réclamait sa personne et ses soins. »

Ce ne sont pas les seuls obstacles qu'ait rencontrés Gratiolet ; il faut encore faire entrer en ligne de compte... n'oubliez pas que je cite : « *Sa science* trop profonde, peut-être, pour avoir eté appéciée de tous », et cette circonstance, qu'étant un grand anatomiste, Gratiolet était en outre un écrivain et un orateur éminents : « Car, n'arrive-t-il pas souvent que l'éclat de la parole et du style, allié à une exposition claire des idées, donne à penser à quelques gens que le savant, dont les écrits brillent de ce mérite, s'adresse au commun des lecteurs, et non à ceux qui se livrent à des études sérieuses? »

Voilà pourquoi « cet homme, si heureusement doué pour capter tous les suffrages en les méritant, a si longtemps attendu que la fortune le favorisât. » Sa supériorité morale et intellectuelle lui a nui auprès de « ses juges ». Sa modestie, sa bonté, l'élévation de son caractère, la profondeur de son savoir, l'éclat de ses talents :

tels furent, aux yeux des dispensateurs des places, ses torts et ses fautes.

C'est pour cela que les positions auxquelles il avait des droits incontestables, incontestés depuis qu'il est mort, ont été données à d'autres ; qu'il a passé sa vie presque entière dans les rangs inférieurs de la hiérarchie scientifique ; qu'il a vécu pendant douze ou quinze ans d'un traitement de 1,900 fr. ; qu'il n'est entré à la Faculté des sciences qu'à la veille de sortir de la vie ; que l'Académie des sciences n'a pas eu l'honneur de le compter parmi ses membres ; qu'il laisse son nom pour tout héritage à sa veuve et à trois orphelins ; que l'État a dû se charger de ses funérailles ; que plusieurs de ses panégyristes, dans leurs discours ou dans leurs articles, ont pris la peine de nous assurer que ni la bienveillance de M. le directeur du Muséum, ni la protection de M. le ministre de l'instruction publique, ni l'aide de la Société de secours des amis des sciences et de celle des médecins de la Seine, ne manqueront à sa famille.

C'est pour cela que le coup de foudre qui l'a frappé a fourni l'occasion de tant de choses touchantes écrites ou parlées. Ah ! si de son vivant, chaque fois qu'un déni de justice l'a atteint, on avait mis à plaider sa cause au grand jour de l'opinion, ou du moins à venger le droit de tous, outragé dans sa personne, la chaleur et la franchise qu'on vient de mettre à louer sa mémoire !

M. Gratiolet avait plus de mérite que n'en comporte aisément notre organisation scientifique ; c'est ce qui l'a tué. M. Chevreul le dit ; et l'avenir lui tiendra compte des aveux arrachés à sa douleur, comme des découvertes qui ont illustré son nom.

Sa profonde affliction l'empêchant de paraître aux obsèques de M. Gratiolet, M. Chevreul chercha parmi ses confrères un homme au cœur généreux, à l'esprit indépendant, qui pût prendre la parole en son nom. C'est M. Frémy qui a lu les lignes écrites par M. Chevreul. Les noms de ces deux maîtres seront associés l'un à l'autre dans le souvenir reconnaissant des amis des sciences.

Un régime qui frappe d'ostracisme le talent et la vertu est jugé. On fait son devoir en le dénonçant. Ce devoir incombe particulièrement aux écrivains scientifiques de la presse quotidienne, parce qu'ils sont plus que d'autres en mesure de le remplir utilement.

Nous sommes des critiques avant d'être des vulgarisateurs. Arracher le masque aux abus, ameuter contre eux l'opinion, cela rentre dans notre spécialité. M. Chevreul a fait son devoir, tâchons de ne pas manquer au nôtre.

Quels sont donc ces juges devant lesquels Gratiolet a perdu sa cause pour les motifs qui eussent dû la lui faire gagner? En d'autres termes, par quelle voie arrive-t-on aux places qu'il méritait si bien et qui lui ont été refusées?

C'est le gouvernement qui y nomme; mais examinons l'affaire de près. Voici comment les choses se passent. Les professeurs de l'établissement dans lequel il y a une vacance se réunissent, arrêtent une liste de candidats et la soumettent au ministre. On conçoit qu'il faudrait des circonstances tout à fait exceptionnelles pour que celui-ci ne ratifiât pas les choix proposés. Dans la pratique, l'élection dépendrait donc de l'assemblée des professeurs, mais regardons-y de plus près encore.

Supposons qu'il s'agisse de pourvoir à une chaire de zoologie; l'assemblée comprend des chimistes, des physiciens, des astronomes, des géomètres, des naturalistes : ces derniers étant seuls réputés compétents, les autres ne peuvent que se rallier à l'opinion des hommes de la spécialité, à charge de revanche le cas échéant. Convenons donc que ce n'est pas l'assemblée des professeurs, et que c'est seulement une petite fraction de ceux-ci qui fait l'élection. Eh bien! nous n'y sommes pas encore. Dans une réunion aussi restreinte, il y a ordinairement un homme à qui son caractère ou sa position assure une influence prépondérante. C'est le grand électeur de la spécialité. En chimie, c'est M. Dumas; en zoologie, c'est M. Milne-Edwards; en astronomie, c'est M. Le Verrier; en géologie, c'est M. Elie de Beaumont; etc., etc. Voilà le système, voici les résultats :

Gratiolet fit ses débuts de professeur comme suppléant de M. de Blainville dans la chaire d'anatomie comparée du Muséum, illustrée par Cuvier. Avec quel succès? tout le monde aujourd'hui le sait; M. Milne-Edwards, auquel il n'a pas tenu, — je n'en saurais douter, — que Gratiolet n'entrât au Muséum et à l'Académie, exhalant en termes pleins de poésie la douleur que lui cause la perte de cet homme si regrettable, s'est écrié : « Les paroles sortaient de ses lèvres comme un flot de perles sans taches roulant doucement sur un tapis d'or, et nous faisant découvrir dans chaque rayon de soleil toutes les riches couleurs de l'arc-en-ciel! »

Gratiolet remplaçait depuis cinq années M. de Blainville quand celui-ci mourut. Le suppléant avait tous les titres possibles à devenir titulaire; aussi l'assemblée des professeurs du Muséum s'empressa-t-elle de l'évincer, nonobstant les efforts que dut faire M. Milne-Edwards en faveur de celui dont il vient de parler en termes si pompeux.

En ce temps-là vivait un anatomiste, M. Duvernoy, dont le mérite très réel n'était pas assez transcendant pour porter ombrage aux électeurs du Muséum. M. Duvernoy avait sur Gratiolet l'avantage inappréciable, chez un professeur, de n'être plus jeune; en outre, il faisait partie de l'Académie; enfin, il était professeur au Collège de France. Les cumulards ne se mangent pas; M. Duvernoy, qui n'avait besoin de rien, fut nommé à la place de Gratiolet qui avait besoin de tout.

La science a-t-elle au moins retiré aucun avantage de ce passe-droit? Aucun. M. Duvernoy a-t-il rien ajouté à l'éclat de la chaire que Cuvier avait occupée? Rien.

Le nouvel élu, à l'activité duquel une seule chaire ne pouvait suffire, ne fut pas plutôt entré au Muséum d'histoire naturelle, qu'il déserta sa chaire du Collège de France. Entendons-nous : il déserta le travail, non point le titre ni le traitement, et se fit suppléer.

Le pauvre Gratiolet fut le suppléant de M. Duvernoy. Il fallait bien vivre!

M. Duvernoy mourut. Il laissait donc deux chaires que Gratiolet avait occupées successivement avec gloire et sans profit. Gratiolet avait des droits égaux sur chacune d'elles, aussi n'obtint-il ni l'une ni l'autre.

La place du Collège de France convenait à M. Flourens, professeur au Muséum comme « M. Cuvier »; secrétaire perpétuel de l'Académie des sciences, comme « M. Cuvier »; l'un des quarante de l'Académie française, comme « M. Cuvier »; comme « M. Cuvier », grand officier de la Légion d'honneur, ancien pair de France; comme « M. Cuvier » a également cessé de l'être; il ne lui manquait plus pour compléter la ressemblance que de devenir comme « M. Cuvier », professeur au Collège de France. Que pesaient les droits de Gratiolet, qui n'était rien, en comparaison des titres de M. Flourens, qui était tout? Les places vont à ceux qui en ont, comme l'eau à la rivière ; les professeurs au Collège de France élurent M. Flourens.

Quant à la chaire du Muséum d'histoire naturelle, elle convenait à M. Serres. M. Serres était professeur d'anthropologie dans cet établissement, où il a eu l'honneur de fonder l'enseignement de cette grande science. Mais il paraît que l'anthropologie ne lui disait plus rien. Il éprouvait le besoin de changer de place, et voulait, lui aussi, s'asseoir à son tour dans la chaire de Cuvier. Aussitôt dit, aussitôt fait. Une fantaisie d'un des leurs était bien autrement respectable aux yeux des professeurs du Muséum, que la considération des services rendus par Gratiolet et des services plus grands encore que dans une position digne de lui il eût pu rendre. M. Serres fut fait Cuvier. Mais aussi quels progrès il a imprimés à l'anatomie comparée ; et comme il a contribué à en répandre le goût !

Que devint, demanderez-vous, la chaire d'anthropologie, car, sans doute, le nouveau professeur d'anatomie comparée ne la conserva pas? Non, le cumul a sa pudeur, et un professeur n'occupe pas deux chaires dans le même établissement. Elle fut donnée sur la présentation des professeurs du Muséum..... à Gratiolet? allons donc! à un savant très distingué, je le reconnais, mais qui avec moins de distinction eût bien pu l'obtenir tout de même, étant membre de l'Institut et assez au-dessus des avantages pécuniaires attachés à la place qu'il convoitait pour s'être démis quelques années auparavant d'une chaire en province afin de poursuivre à Paris ses belles recherches anatomiques, jusque-là limitées aux animaux inférieurs. Car, autre considération : il ne s'était pas encore occupé d'anthropologie, où il est depuis passé maître. J'ai nommé M. de Quatrefages. Gratiolet, qui s'en était occupé toute sa vie, resta aide-naturaliste aux appointements de 1,900 francs. Il était marié et père de famille.

Plusieurs années après, en 1861, Isidore-Geoffroy Saint-Hilaire mourut, laissant vacants un fauteuil à l'Académie, et deux chaires, l'une au Muséum, l'autre à la Faculté des sciences. Ses travaux et l'amitié de M. Milne-Edwards valurent à M. Blanchard le fauteuil et la chaire du Muséum [1]. En avril 1862, Gratiolet monta en qualité de suppléant dans la chaire de la Faculté des sciences. Il était voué aux suppléances. « On le nommera titulaire, — écrivions-nous alors, — quand il sera en âge de se faire suppléer. »

Nous nous trompions. Il fut nommé professeur à la Faculté des sciences vers la fin de l'année suivante, à l'âge de 48 ans. Il l'a été pendant quinze mois, étant mort le 16 février 1865.

M. Milne-Edwards nous dit « qu'en se consacrant sans réserve à la culture des sciences naturelles, M. Gratiolet n'ignorait pas que la voie dans laquelle il s'engageait ne conduit jamais à la richesse ». Sans doute, mais il n'avait pas prévu qu'elle le conduirait à la pauvreté. Je suis convaincu, comme l'orateur de la Faculté des sciences, que l'ambition de Gratiolet n'allait pas au-delà de « cette modeste aisance qui, écartant les soucis quotidiens de la vie matérielle, laisse le chef de famille sans inquiétude pour l'avenir, et lui permet de ne tenir compte que des intérêts de la science ». N'est-il pas cruel

[1] Non la chaire d'Isidore-Geoffroy que M. Milne-Edwards prit pour lui, mais celle que ce dernier dut (hélas! hélas!) abandonner.

qu'une aussi modeste ambition ait dû être déçue? Mais, M. Milne-Edwards prétend que, « pour réaliser un tel rêve, il eût fallu plus d'années que Dieu n'en accorda à Gratiolet. » « Bientôt, dit-il, il aurait pris place parmi les représentants de la zoologie dans le sein de l'Institut de France, mais il est mort trop tôt pour avoir pu laisser d'autre héritage qu'un nom entouré de respect et d'affection. » Qu'en dites-vous? Gratiolet, mort à près de cinquante ans, est mort trop tôt pour avoir pu obtenir aucune des places dont il fut indignement frustré dix ans et quinze ans avant sa mort! Vous verrez que tout à l'heure on s'en prendra à lui : « Il est mort top tôt! » et au bon Dieu : « Il eût fallu plus d'années que Dieu ne lui en accorda! » Quant à l'Académie, au Muséum et au Collège de France, ils s'en lavent les mains. Pourquoi Gratiolet et le bon Dieu se sont-ils tant pressés! Bientôt l'Institut de France.....

Gatriolet n'avait que quarante-huit ans, ne pouvait-il pas attendre!

Le généreux discours de M. Chevreul nuit à celui de M. Milne-Edwards. Après les paroles graves et tristes du premier, les efforts du second pour innocenter les hommes qui, en faisant à M. Gratiolet cette vie amère, l'ont condamné à une mort prématurée, ces efforts désespérés n'ont plus de sens. Le voile que M. Milne-Edwards essaie de jeter sur l'iniquité homicide des *juges* de Gratiolet est déchiré et ne cache rien. Le directeur du Muséum[1] a réfuté le doyen de la Faculté des sciences[2].

C'est la supériorité de la victime qui l'a desservie auprès de ceux qui, pendant vingt ans, ont eu son sort

[1] M. Chevreul.
[2] M. H. Milne-Edwards.

entre leurs mains; nous avons sur ce point la déclaration précise de M. Chevreul. Nous avons aussi celle de Gratiolet lui-même : « Ce sont eux qui m'ont tué ! » Ce mot nous reporte au mois de novembre 1863. On venait d'annoncer à Gratiolet sa nomination à la Faculté des sciences : « C'est dix ans trop tard, » dit-il; et c'est alors que cette accusation lui échappa : « Ce sont eux qui m'ont tué ! »

Gratiolet n'est qu'une des victimes de l'organisation, funeste à tous les points de vue, qui met en France la presque totalité de ceux qui cultivent les sciences à la merci d'un petit nombre d'hommes, lesquels, dans la distribution des places, pensent naturellement à eux d'abord et à leurs petits (quelques-uns de ceux-ci sont nés professeurs et académiciens, comme d'autres naissent marquis), ensuite à leurs créatures.

Avant Gratiolet, il y avait eu Auguste Laurent, dont un vote de l'Académie a positivement abrégé la vie[1]. Le manque d'instruments de travail a récemment contraint un ingénieux physicien de renoncer aux sciences [2]. Ce sont là quelques-uns des fruits du régime sous lequel nous vivons. Une réforme n'est-elle pas urgente? Il n'y a qu'un moyen de la préparer, c'est que la presse fasse son devoir, qui est de traduire tous les abus à la barre de l'opinion.

[1] Voir le chapitre suivant.

[2] Voir plus loin le chapitre consacré à Boutigny, d'Evreux.

Trois lettres provoquées par cet article doivent être citées. La première adressée par le docteur Giraldès au directeur de l'*Opinion nationale* (A. Guéroult), où nous tenions la partie scientifique. La voici avec les réflexions dont nous la fîmes suivre :

« *Paris, le* 21 *mars* 1865.

« Monsieur,

« J'ai l'honneur de vous prier de vouloir bien avoir l'extrême obligeance de donner place dans votre journal à cette petite lettre.

« Dans un article sur Pierre Gratiolet, inséré dans l'*Opinion nationale* du 21 mars, M. Victor Meunier avance quelques assertions que, *dans l'intérêt de la vérité*, dans *l'intérêt des principes* qu'il défend, on ne doit pas laisser sans commentaires.

« En parlant de l'insuccès de la candidature de Gratiolet à la chaire d'anatomie comparée, M. Victor Meunier dit : « Nonobstant les efforts que dut faire M. Milne-Edwards en faveur de celui dont il vient de parler en termes si magnifiques. » C'est là une erreur qu'on ne saurait laisser accréditer ; *c'est tout le contraire qu'il faudrait dire.*

« En effet, lors de cette candidature aussi bien que de celle à la chaire d'anthropologie, comme dans le sein de la section de zoologie à l'Institut, Gratiolet rencontra dans le professeur de zoologie une *vive* et *acrimonieuse* opposition. C'est par l'intervention intelligente du ministre de l'instruction publique, M. Rouland, que Gratiolet a été appelé comme professeur suppléant à remplacer Isidore-Geoffroy Saint-Hilaire ; l'opposition du professeur de zoologie s'est amendée devant cette haute intervention.

« Veuillez agréer, monsieur le rédacteur, etc.

« J. GIRALDÈS,

« Professeur agrégé à la Faculté de médecine, chirurgien à l'hôpital des Enfants-Malades. »

La phrase que relève M. Giraldès avait un sens ironique. Eût-elle pu en avoir un autre ? La triste vérité rappelée par notre honorable correspondant n'est-elle pas de notoriété publique ? Mais puisqu'on pouvait se méprendre sur le caractère de cette phrase, nous remercions M. Giraldès d'avoir pris la peine de la commenter.

V. M.

Les deux autres lettres nous étaient personnellement adressées, l'une par M. le docteur Guyon, membre du Conseil de santé des armées et correspondant de l'Académie des sciences :

« Mon cher directeur [1],

« ... J'ai lu, avec un vif intérêt : *Sous quel régime nous vivons* [2]. Vous avez bien vengé et glorifié la mémoire de ce pauvre Gratiolet. Après avoir indiqué le mal, vous indiquerez sans doute le remède ou les remèdes. L'un des premiers serait, je crois, l'abolition du cumul des chaires et des emplois rétribués.

« Courage, mon cher directeur, mes vœux, avec ceux

[1] Directeur d'un recueil auquel M. Guyon voulait bien collaborer.
[2] C'est le titre sous lequel avait paru l'article sur Gratiolet.

de bien d'autres, vous accompagnent dans la voie de réformation et de progrès, par conséquent, où vous êtes généreusement entré.

« Votre bien dévoué de cœur,

« Dr GUYON.

« *Paris*, 28 *mars* 65. »

L'autre lettre, aussi honorable pour celui qui dans sa situation avait su l'écrire, que pour celui à qui elle était adressée, était du ministre de l'instruction publique d'alors, M. V. Duruy. Nous la gardâmes discrètement pour nous, quoique cette réserve ne nous fût pas demandée et ne l'imprimâmes que quatre ans après. (*Cosmos* du 1er mai 1869.)

« Paris, le 23 mai 1865.

« Monsieur,

« Je viens de lire votre article sur Gratiolet. Il renferme de tristes vérités. Mais faites votre devoir comme vous le dites en finissant, et comptez que je saurai faire le mien.

« J'ai connu Gratiolet par ses leçons du soir à la Sorbonne, et, depuis ce moment, je l'avais marqué pour les plus hautes fonctions de l'Université.

« Je ne suis pas resté trente ans à la même place, et pendant douze années avec 1,520 francs de traitement, sans savoir ce que des âmes quelque peu fières peuvent souffrir. Aussi je considère comme ma principale fonction de chercher partout ces pauvres inconnus, de leur tendre la main et à les aider à percer la foule des arrivés.

« Recevez, Monsieur, l'assurance de ma considération très distinguée. « V. DURUY. »

CHAPITRE II

AUGUSTE LAURENT

Auguste Laurent, « novateur hardi — je cite Wurtz — qui secoua la poussière de l'école et entraîna la science (la chimie organique) dans des voies nouvelles ». Wurtz loue l'aptitude de Laurent « à saisir le principe élevé des choses », son habileté dans l'art des expériences, son activité surprenante : « chaque découverte en fait surgir une autre, et les mémoires succèdent aux mémoires ».

Sa supériorité se révèle — continue Wurtz — dans tous ses travaux, elle perce dans la direction qu'il leur donne, dans les conclusions qu'il en tire et jusque dans le choix des sujets. »

Unissant dans ses regrets et dans son admiration ces deux hommes inséparables l'un de l'autre, Auguste Laurent et Charles Gerhardt, Wurtz dit encore :

« La recherche de la vérité, telle était leur passion, et, préférant leur indépendance à leur avancement, leurs convictions à leurs intérêts, ils ont mis l'amour de la science au-dessus des biens de ce monde, que dis-je ? au-dessus de la vie elle-même, car ils sont morts à la peine. »

Veut-on d'autres témoignages ? mais qui ne rend aujourd'hui justice à Laurent ! D'ailleurs, Biot parlera tout à l'heure.

En 1851, Laurent était essayeur à la Monnaie. Aucun emploi n'était moins en harmonie avec la nature de ses talents. Il l'occupait depuis deux à trois ans. C'était son gagne-pain. Il avait même dû l'accepter avec reconnaissance, étant resté deux années sans place. Laurent était pauvre. Encore avait-il fallu une révolution pour qu'il entrât à la Monnaie ; l'amitié de Jean Reynaud l'y avait poussé après Février.

Or, en cette même année 1851, une chaire vint à vaquer, la chaire de chimie du Collège de France. On l'eût créé exprès pour Laurent, qu'elle n'eût pas mieux convenu à son génie. Il se mit sur les rangs. M. Balard, membre de l'Institut, professeur à la Faculté des sciences et à l'Ecole normale, s'y mit également.

La *Revue des Deux-Mondes*, qui par la plume brillante de M. Edgar Saveney, ancien polytechnicien [1], nous accuse en terme courtois de montrer la situation des travailleurs et celle de la science elle-même sous un jour inexact, quand nous représentons les différentes spécialités scientifiques comme étant respectivement inféodées, — tantôt celle-ci et tantôt celle-là, selon le hasard des temps et des hommes, — à une individualité ou à une coterie pouvant, au gré de ses antiphaties personnelles ou de ses convictions doctrinales, empêcher tels novateurs ou telles nouveautés, c'est-à-dire le bon droit ou la vérité de passer ; pourrait-elle nous dire quel sens elle attache aux paroles suivantes que, dans une lettre imprimée, M. Biot, membre de l'Institut comme M. Balard, adressait à l'occasion de la vacance du Collège de France, aux membres de la section de chimie de

[1] Edgard Saveney était le pseudonyme littéraire de M. Emile Saigey, inspecteur des lignes télégraphiques.

l'Académie des sciences ? L'Académie, on le sait, jouit du droit de présentation aux chaires de sciences mathématiques et physiques du Collège.

Après avoir rappelé que le nombre des travailleurs actifs est très petit en dehors de l'Académie, « et, oserais-je le dire ? — ajoutait-il — ici même », et que le véritable amour des sciences s'alanguit et s'éteint, M. Biot ajoutait :

« Dans ces circonstances, s'il se rencontre un homme d'un vrai talent qui soit possédé de cet amour, qui l'ait invariablement conservé avec la fidélité d'un culte, jusque dans les plus rudes épreuves de l'adversité, et qu'il se présente une occasion de donner à cet homme les moyens de travail, je dis qu'il faut la saisir en mettant de côté tous les inconvénients fondés ou non fondés, qu'on peut reprocher à la susceptibilité de son esprit, toutes les controverses scientifiques, justes ou injustes, dans lesquelles il a pu s'engager même envers vous. Il faut oublier tout cela pour tirer son talent de peine. Voilà ce qui domine, à mon avis, la question qui vous est soumise. »

Quel sens la *Revue* attache-t-elle à ces paroles ? Si nos institutions entourent ceux qui s'adonnent aux sciences, de garanties si efficaces qu'un homme arrivé ne puisse empêcher celui qui est en route de faire son chemin ; à quoi donc le respectable M. Biot pensait-il, quand il essayait de convaincre les membres de la section de chimie, que ceux-ci devaient faire taire leurs griefs personnels, fondés ou non, devant les intérêts supérieurs de la science ? Eût-il parlé autrement s'il eût vu Laurent à la merci d'hommes puissants dont celui-ci eût eu le malheur d'encourir la disgrâce ? Pourquoi donc, poursuivant sa généreuse plaidoirie devant un tribunal qu'il devait trouver implacable, Biot disait encore :

« J'ai commencé à le connaître de près il y a deux ans... Je l'ai vu bon et aimant dans son modeste intérieur. J'ai souvent engagé avec lui des discussions très vives sur les points auxquels il tenait le plus ; elles ont mis à mes yeux, dans une vive lumière, son dévouement passionné pour la science, l'empressement, l'entière sincérité avec lesquels il acceptait une contradiction qu'il savait être bienveillante. Ces entretiens, aujourd'hui si rares parmi les savants, m'ont inspiré pour lui autant d'amitié que d'estime. »

Pour nous, qui avons sur M. Edgar Saveney l'avantage relatif de l'ancienneté, la lettre de M. Biot n'a rien d'énigmatique, et quand M. Wurtz écrit de Laurent : « Il avait dans l'âme cette fierté qui plie difficilement devant les circonstances et surtout devant les hommes, » ces paroles évoquent en nous des souvenirs personnels : nous nous rappelons l'imprudente ardeur des polémiques dans lesquelles Laurent se jeta, nous savons à quelle *autorité* il osa s'en prendre, nous voyons, chaque lundi, à l'Académie, le chimiste dont la rancune impitoyable lui barra le chemin ; nous pourrions écrire en toutes lettres le nom du *prince de la science* qui décida, dans sa toute-puissance et sans appel, que cet adversaire, que ce rival n'irait pas plus loin [1] !

C'est le critique de la *Revue des Deux-Mondes* qui l'aura voulu, et je lui en rends grâce : je raconterai jusqu'au bout l'histoire de la candidature de Laurent. La monstrueuse injustice qui lui fut faite se serait

[1] Ce n'est un secret pour aucun homme de science qu'il s'agit ici de J.-B. Dumas.

accomplie sans profit pour le bien général, si on n'en réveillait aujourd'hui le souvenir. Quand elle fut commise, ces choses-là pouvaient se faire sans inconvénients pour leurs auteurs, le public n'y prenant pas garde, et un ministre se trouvait toujours prêt à accepter les yeux fermés ce que les *hommes compétents*, les *hommes qui font autorité* avaient décidé dans leur sagesse et dans leur dévouement à la science. On n'ignore plus l'histoire de Gratiolet, on va connaître celle de Laurent ; chacun décidera après si la science et la justice ont à s'applaudir du droit de présentation aux chaires vacantes dont l'Académie et le haut enseignement sont investis.

Dans cette lettre qui est une bonne action, et que les lecteurs rapprocheront du discours de M. Chevreul, M. Biot pesait avec l'impartialité d'un juge les titres des deux concurrents à la chaire du Collège de France.

Il rend hommage au passé de M. Balard, à ses anciens travaux, à son caractère. Mais M. Balard est déjà titulaire de deux chaires d'enseignement supérieur, et il fait depuis six années partie de l'Académie ; or, « après tant de succès obtenus, ayant les moyens de travail les plus étendus dans ses mains, qu'a-t-il fait pour la science ? » Biot osait poser cette question et la résoudre en face du collègue dont il combattait la candidature.

Qu'a fait M. Balard depuis qu'il a atteint le plus haut degré des honneurs scientifiques ? « Rien ou presque rien. Il s'est reposé sans voir les obligations que lui donnait vis-à-vis de vous une position si belle et si complète. Quand la vacance du Collège est arrivée, il s'est réveillé, non comme travailleur, mais comme seul candidat légitime, n'imaginant pas que la place pût lui être disputée, je ne dis pas en vertu de titres scientifiques supérieurs, mais en vertu d'un intérêt scientifique plus puissant. Sous ce dernier rapport, je crois qu'il s'est complètement déçu. »

L'événement devait au contraire lui donner raison.

En regard de M. Balard, Biot place Laurent : « Expérimentateur habile et heureux, dont les travaux occupent déjà une grande place parmi ceux de notre-temps qui ont le plus contribué aux progrès de la chimie organique. Et comme il est, — ajoutait Biot, — dans toute la force de l'âge et du talent, d'un talent qui n'a fait, depuis dix-huit années, que se développer et s'accroître dans l'adversité, il est de ceux dont on peut dire sans crainte que leur passé répond de leur avenir. »

Plein de cet amour exclusif des sciences qui était un des traits principaux de son caractère, Biot allait plus loin :

« Quand il (Laurent) recommandera à ceux qui l'entendront, le travail, la persévérance et le zèle, on aura le modèle sous les yeux; nous n'en pourrions dire autant de son compétiteur, tout membre de l'Institut qu'il est. »

Il terminait en disant :

« Mettre M. Balard au Collège de France, ce n'est rien ajouter aux moyens d'étude qu'il a depuis longtemps entre les mains, mais c'est ôter à Laurent les moyens de travail qui lui ont toujours manqué et que nous avons l'occasion de lui fournir. La section de chimie, et ensuite l'Académie, peuvent facilement juger de quel côté se trouvent la justice scientifique et l'intérêt des progrès futurs. »

Or,

L'Académie ne donna pas la chaire du Collège de France à l'homme « exclusivement dévoué à la science » et connu « pour s'en occuper sans cesse »; qui, dans cette chaire, eût offert « l'exemple de l'amour de la science »; qui, manquant d'instruments de travail, « avait effectué tous ses travaux au prix des plus durs sacrifices »; qui avait à peine des moyens d'existence.

L'Académie des sciences ne voulut pas « tirer ce talent de peine ».

L'Académie accorda ce surcroît de moyens de travail, d'influence et de profits à l'académicien qui, déjà possesseur de deux chaires et de deux laboratoires, n'avait rien ou presque rien fait pour la science depuis six années; chez qui l'annonce de la place vacante n'avait éveillé que le désir d'un accroissement de revenu; qui au moment où cette nouvelle faveur lui était accordée s'occupait de rendre commerciale (je cite encore M. Biot) une application industrielle pouvant devenir éminemment fructueuse.

C'est de ce côté que l'Académie vit « la justice scientifique et l'intérêt des progrès futurs ».

Laurent obtint 11 voix, M. Balard en eut 33!

Ainsi s'accomplit la volonté du savant célèbre[1] devant l'omnipotence duquel Laurent avait refusé de s'incliner.

Et voilà comment l'Académie réduisit à sa valeur cette assertion, cette illusion de M. Biot jugeant des autres d'après lui-même, que : « le titre de membre de l'Institut... ne constitue pas un privilège d'inactivité dont on n'ait plus qu'à se prévaloir pour tout obtenir. »

Deux ans après, le 15 avril 1853, Auguste Laurent mourut de phthisie, contractée dans le laboratoire de la Monnaie; il mourut à quarante-six ans du vote de l'Académie, travaillant jusque dans les bras de la mort (expression de M. Biot) à cette œuvre pos-

[1] J.-B. Dumas.

thume : *Méthode de Chimie*, dont nous dûmes la publication aux soins pieux de J. Nicklès.

L'Académie et le haut enseignement continuent de jouir de ce droit de présentation à diverses chaires dont ils ont fait un usage si patriotique et si profitable à la science!

Les jeunes gens s'en étonneront. Heureux jeunes gens! Souhaitons qu'ils ne perdent pas avec le temps la faculté de s'étonner de ces choses-là.

L'Académie en jouit sous la République, comme elle en jouissait sous l'Empire ; elle en jouit au fond du gouffre où nous sommes tombés, comme elle en jouissait quand sous sa conduite nous descendions la pente qui y mène.

Elle continue d'en jouir comme si la preuve était encore à faire de ce qu'il y a de préjudiciable à l'intérêt français et de favorable à l'intérêt prussien dans l'autorité qu'elle exerce sur les hommes et sur les choses de la science, et comme si les hommes d'État républicains comptaient pour relever la France sur les abus mêmes qui l'ont abaissée.

CHAPITRE III

JEAN-THIÉBAUD SILBERMANN

J.-T. Silbermann naquit à Pont-d'Aspach (Haut-Rhin), le 1er décembre 1806. Après avoir suivi les cours de la Faculté des sciences de Strasbourg, il vint à Paris et entra chez le célèbre constructeur d'instruments de précision Jecker. M. Pouillet ne tarda pas à le remarquer et se l'attacha.

M. Pouillet était professeur au collège Bourbon, suppléant de Guy-Lussac à la Faculté des sciences, professeur particulier des princes d'Orléans; il s'occupait alors de recherches sur l'électricité et la chaleur et préparait la première édition de son *Traité de Physique*. Le jeune Silbermann l'assiste comme aide et préparateur au collège Bourbon, à la Faculté des sciences, au Palais-Royal; coopère à ses recherches sur l'électricité et la chaleur; est chargé de la confection des planches du *Traité de Physique*. Ces travaux lui prenaient tout son temps « et lui donnaient à peine de quoi vivre ». (Ces derniers mots sont du regretté J. Nicklès, qui a consacré à Silbermann, son compatriote et ami, une *Notice* que nous avons sous les yeux.)

Cela dura trois ans, au bout desquels Silbermann quitta M. Pouillet, quitta Paris, accepta d'abord une place dans les ponts et chaussées, qui lui fournit l'occasion de dresser avec son frère, M. Jacques Silbermann, lequel fut depuis préparateur de physique au Collège de France, la grande carte du cours du Rhin entre Bâle et Strasbourg, puis entra en qualité de contre-maître de mécanique dans la maison centrale d'Ensisheim.

Nicklès reconnaît que le jeune physicien n'était pas là dans son vrai milieu, mais, ajoute-t-il, il craignait Paris, où en échange d'un labeur assidu, il avait à peine trouvé des moyens d'existence. D'ailleurs, si bornés que fussent ses besoins et son ambition, il ne pouvait plus rien donner au hasard, car il était marié et allait devenir père.

Mais M. Pouillet ne le perdait pas de vue.

La position de celui-ci avait grandi. De suppléant à la Faculté des sciences, il était devenu professeur titulaire ; il était devenu en outre professeur au Conservatoire des Arts et Métiers dont il allait être nommé directeur. Il offrit la place de préparateur des deux cours à Silbermann, qui accepta et, pendant treize années à partir de ce jour (de 1835 à 1848), se consacra aux travaux particuliers de M. Pouillet.

Un jour, qu'il s'occupait pour le compte de ce physicien de recherches sur la fixité des courants produits par diverses substances — c'était le 12 février 1839 — essayant du sulfate de cuivre en dissolution, il vit le cuivre du sulfate se revivifier sur la lame de cuivre. Le dépôt, bien agrégé, reproduisait fidèlement tous les accidents de la lame. Silbermann reconnut aussitôt qu'on pourrait reproduire ainsi des médailles et des bas-reliefs. Il venait de découvrir le fait-principe de la galvanoplastie. Mais pour en déduire les conséquences, il eût fallu être maître de son temps, de son intelligence, de soi-même.

Quelqu'un qui se trouvait auprès de Silbermann au

moment où cette brillante découverte lui apparut, m'a donné sur ce sujet des détails bons à reproduire pour l'instruction des *auxiliaires* présents et à venir. Le naïf inventeur n'eut rien de plus pressé que de courir chez M. Pouillet et de lui faire part de sa trouvaille. « Il ne fut pas longtemps sans revenir, nous disait le témoin en question. Mais quel changement s'était fait en lui! Si enthousiaste et si joyeux quelques instants auparavant, il revenait le cœur gros et les yeux pleins de larmes. M. Pouillet ne l'avait écouté qu'avec impatience : — « Mon Dieu, Silbermann, laissez donc là ces bêtises et occupez-vous de mes expériences »; — c'est en ces termes qu'il l'avait renvoyé au laboratoire. »

Quelque temps après un physicien étranger, M. Jacobi, annonçait par la voix des journaux scientifiques que, vers le milieu de ce même mois de février 1839, il avait trouvé le moyen de reproduire les médailles par voie galvanique; annonce qui provoqua cette déclaration de M. Pouillet : « A la même époque que M. Jacobi à Dorpat, *on a trouvé* la même chose dans mon laboratoire, *mais on n'y a pas donné suite.* »

« Il ne m'était pas possible, a écrit Silbermann dans des notes rédigées à la demande de J. Nicklès, de donner suite à des recherches personnelles, *vu qu'à ce moment une place était vacante à l'Institut, et c'est celle que M. Pouillet occupa plus tard; les recherches pour lui passaient avant les miennes.* »

Et c'est ainsi que l'honneur d'avoir doté le monde de la galvanoplastie, honneur qui eût pu appartenir à la France, appartient à la Russie.

Quiconque n'est pas étranger à l'histoire de la physique contemporaine sait que, de 1844 à 1849, Silbermann se livra, avec la collaboration de M. J.-A. Favre, alors préparateur de M. Peligot au Conservatoire des Arts-et-Métiers, et aujourd'hui professeur à la Faculté des sciences de Marseille, à des recherches thermo-chimiques dont les importants résultats furent consignés dans vingt notes ou mémoires (c'est le chiffre exact) communiqués à l'Académie. Le témoin déjà cité m'a raconté que ces deux préparateurs, ayant arrêté leur plan de travail, se mirent en quête d'une pièce où installer leurs appareils, ce qui ne semblait pas difficile à trouver au Conservatoire. Une chambre inutilisée parut devoir faire l'affaire, et le petit laboratoire improvisé était en pleine activité quand M. Pouillet se trouva avoir le plus urgent besoin de cette chambre qui, de temps immémorial, n'avait servi à rien.

« Mais, monsieur Pouillet, où voulez-vous que nous nous mettions ? » demandait Silbermann. — « Cela ne me regarde pas, » répondait M. Pouillet. Il fallut déguerpir.

Le Conservatoire a des caves très vastes, très hautes, assez bien éclairées en certaines parties et qui à l'époque dont je parle étaient entièrement vides, sauf le petit espace occupé par les approvisionnements en bois et en charbon. Repoussés de la surface du sol, nos expérimentateurs eurent tout de suite l'idée de chercher là un abri. Bientôt même, en gens de ressource et non gâtés par la fortune, ils trouvèrent à cet expédient toutes sortes d'avantages inattendus : ils jouiraient sous terre d'une température moins variable, etc., etc.

Mais je m'adresse avec confiance aux lecteurs, non à ceux qui ont des Silbermann à leur service, aux lecteurs chez qui l'intérêt personnel n'obscurcit pas le sens du juste, et je leur demande s'ils auraient cru une telle chose possible, et si cela ne leur fait pas l'effet d'un anachronisme et d'un contre-sens que, de nos jours, dans un grand établissement d'instruction scientifique, deux jeunes savants, brûlant du désir de contribuer aux progrès de la science, aient été réduits, par un savant leur patron, à cette extrémité de chercher pour leurs travaux la protection des souterrains? Et si on pouvait se figurer ce qu'était alors le Conservatoire, si différent de ce qu'il est devenu, grâce, pour une bonne part, aux travaux de Silbermann! Je l'ai connu dans tous ses détails. Deux églises servant de magasins, un beau cloître où nous avions de l'herbe jusqu'aux genoux, de vastes cours silencieuses, un grand jardin à peu près en friche, cent recoins inoccupés, et afin qu'on sache si l'espace y était cher, qu'on permette d'ajouter ce détail: une aile entière (l'Administration l'occupe aujourd'hui, à moins qu'elle ne soit établie sur son emplacement), une aile composée d'un vaste rez-de-chaussée et d'un étage magnifique, le tout occupé... par des privés (publics): tel était l'établissement où MM. Favre et Silbermann ne purent trouver que dans les caves une place pour leurs appareils de physique et de chimie.

Si encore ils l'avaient trouvée! Mais ils n'étaient pas au bout de leurs peines.

M. Pouillet eut bientôt, en effet, remarqué leurs allées et venues, et il se trouva que la présence de ces jeunes gens dans les caves du Conservatoire avait les inconvénients les plus graves et constituait un abus que le directeur (c'était M. Pouillet lui-même) ne pourrait tolérer sans manquer à ses devoirs. Il fallut donc déménager encore! Mais si, après le sol, le sous-sol était interdit, où aller?

Heureusement, M. Fabre rencontra Andral, à qui il raconta ce qui leur arrivait. « C'est ridicule, dit le savant médecin; peut-être puis-je vous tirer de là : j'ai, rue Duguay-Trouin, un laboratoire dont je ne me sers pas; allez le voir, menez-y votre collaborateur, et si la place vous convient, disposez-en : vous y serez chez vous. »

Ainsi fut fait. Et c'est rue Duguay-Trouin, à plus d'une lieue des solitudes du Conservatoire, que, de 1844 à 1849, les deux préparateurs firent ensemble les belles recherches dont ils ont enrichi la science.

La personne de qui je tiens ces détails me racontait en quelles circonstances Silbermann inventa son *héliostat*. Ce fut en un jour de garde, pendant les loisirs de la faction. Suivant son habitude, il voulut en informer tout de suite M. Pouillet; la personne en question l'en détourna non sans peine, le conduisit chez Soleil, par qui l'instrument fut construit. On avait recommandé le secret à l'ingénieur qui le garda, ce fut Silbermann qui se trahit auprès de son maître. « Mais, dit celui qui nous renseigne, avec quelle froideur glaciale, avec quelle hauteur M. Pouillet accueillit cette confidence. Et qu'il garda longtemps rancune au serviteur qui se permettait d'avoir du génie pour son compte ! »

Le même, nous montrant Silbermann au cours de M. Pouillet dans l'exercice de ses fonctions de préparateur, insistait sur sa prodigieuse habileté de main que Nicklès a également vantée. Qui croira donc que dans ses leçons publiques, M. Pouillet ait constamment pris l'attitude d'un professeur mal compris, mal servi, qui ne tolère que par excès de patience les bévues d'un préparateur inattentif et inhabile ? Jeu égoïste et cruel dont le but était d'accroître l'importance du maître aux yeux des élèves en ravalant le serviteur. M. Pouillet n'en a pas eu le monopole. Il posait comme tant d'autres! « Je sentais mon sang bouillir », nous dit celui de qui nous tenons ces détails.

Et maintenant, afin qu'on ne se fasse pas de M. Pouillet une image trop peu ressemblante, je dirai que ce physicien était un homme d'une grande distinction de manières, plein de politesse et d'affabilité. J'ai eu souvent affaire à lui dans ma première jeunesse dont une partie se passa dans l'atelier de dessin de Le Blanc, sous-directeur du Conservatoire et fils de l'infortuné chimiste auquel l'industrie doit la soude artificielle; et je me rappelle avec plaisir sa bienveillance à mon égard. Ce n'était certes rien moins qu'un méchant homme. C'était un savant de cour; d'autant moins tendre pour les petits qu'il avait eu plus de part aux faveurs des grands. C'était un de ces savants de cour, dont M. Drouyn de Lhuys, dans une inénarrable allocution félicita un jour le Prince Napoléon (Napoléon le Criméen) d'avoir multiplié l'espèce.

Le 1er mai 1848, Silbermann fut nommé conservateur des collections du Conservatoire. Il était resté pendant treize années au service de M. Pouillet.

Quoiqu'il ait travaillé pour autrui pendant la plus grande partie de sa vie et, « contribué sans gloire à plus d'une grande découverte, [1] » ses travaux personnels sont cependant considérables. Tous les physiciens les connaissent. On lui doit un grand nombre d'appareils. Le premier il projeta sur un écran les beaux phénomènes de la polarisation de la lumière. M. Pouillet avait besoin de connaître très exactement le foyer des lentilles dont il se servait; Silbermann lui inventa le *focomètre*. J. Nicklès dit avec raison que l'invention de l'héliostat

[1] Nicklès.

eût suffi pour faire la réputation d'un homme de science. Les physiciens s'empressèrent de l'adopter. Arago surtout fut ravi, il pouvait enfin *immobiliser pour ainsi dire le soleil* et assujettir les rayons de cet astre dans une direction constante.

Le premier, Silbermann a donné l'explication du phénomène connu sous le nom de *houppes de Haidinger*. Ses *Recherches thermo-chimiques*, entreprises de concert avec M. Fabre, sont devenues classiques et reçoivent chaque jour une nouvelle consécration. Il en est de même des résultats auxquels l'ont conduit ses observations sur la vitesse de l'électricité ; savoir : que cette vitesse est variable et subordonnée à une foule de circonstances.

« Silbermann, écrit son biographe, avait une habileté de main extraordinaire; il ne touchait pas à un instrument sans l'améliorer. Avec les moyens les plus simples et les plus restreints il savait improviser les appareils les plus délicats, et justifier à merveille ce portrait que Franklin a tracé du vrai physicien, qui doit savoir *scier avec une lime et limer avec une scie*. A cette aptitude si précieuse chez un expérimentateur, il joignait une grande facilité pour le dessin ainsi que pour la plastique, et savait admirablement combiner et faire aboutir une expérience. »

Les services rendus par lui comme conservateur sont inappréciables. Il a formé nombre de galeries, reconstitué et classé à nouveau la plupart des autres, dressé l'inventaire général et le catalogue de toutes les collections.

Il a fait cette chose digne de mémoire : appliqué à la mécanique la méthode de l'auteur des *Recherches sur les ossements fossiles*. La vieille église qui est devenue la bibliothèque du Conservatoire, fut sa butte Montmartre. L'église fouillée lui livra des amoncellements de ferrailles, débris innommés de mécanismes inconnus. Il se mit en tête de déterminer ces débris, y parvint, les remit en connexion, répara, compléta. Ainsi s'est formée toute la partie paléontologique du Louvre industriel de la rue Saint-Martin, Cette restauration est comprise dans ce que j'ose appeler les services exceptionnels de Silbermann.

Silbermann occupa la place de conservateur du 1er mai 1848 au 4 juillet 1865 ; et quand la mort le frappa il était attaché depuis trente ans moins quelques mois au Conservatoire des Arts-et-Métiers. Il laissait une veuve et plusieurs enfants. La pension des survivants fut réglée à :

146 francs par an !

Et au même moment, M. Pasteur écrivait au *Moniteur Scientifique* : « Est-ce que — demandait-il — est-ce que des hommes qui comme MM. Chevreul et Dumas sacrifient leur vie au bien public..., etc... »

Mais si M. Dumas, qui avait été professeur à l'École centrale des arts et manufactures, à la Sorbonne, au Collège de France, à la Faculté de médecine, doyen de la Faculté des sciences, ministre ; si M. Dumas, qui était sénateur, membre de l'Institut et du conseil impérial de l'instruction publique, président du conseil municipal, grand-croix de la Légion d'honneur, que sais-je encore ? si M. Dumas s'est sacrifié au bien public ; qu'a donc fait ce travailleur persévérant, modeste, ingénieux, qui, après toute une vie d'utiles et loyaux services, laisse à sa veuve et à ses enfants une pension de retraite de 146 francs ?

Quant à M. Chevreul, me souvenant de ses généreuses paroles sur la tombe de Gratiolet, je suis sûr qu'on manquait complètement son but quand, pour capter la bienveillance de cet illustre savant, on caractérisait sa carrière remplie d'autant de bonheur que de gloire d'une manière aussi inexacte et aussi déplacée. Mais ne prêchait-t-on pas pour soi en ayant l'air de le faire pour autrui ?

« On se demandera non sans raison, — a écrit Nicklès, — comment il se fait que, dans le milieu où il a pendant quarante ans rendu des services exceptionnels, Silbermann n'ait pu arriver au moins à une position qui lui permît de vivre sans trop de privations. Cette question, nous la renvoyons aux personnes qui, ayant profité de ses services, étaient à même de lui rendre justice autrement que par des paroles ou des promesses.

« Humble et modeste dans ses relations, ignorant l'art, si utile de nos jours, d'exploiter les petits travers de l'homme en place et ne se plaisant pas dans les antichambres, Silbermann a pu, plus d'une fois, se voir distancé par des hommes qui savaient racheter par une grande souplesse l'exiguïté de leur bagage scientifique.

« Mais les déceptions n'altérèrent ni son excellent caractère, ni même sa confiance par trop candide dans les promesses de qui avait besoin de lui. Son obligeance est demeurée à toute épreuve jusqu'à la fin, et les habiles en ont tiré parti avec d'autant moins de gêne qu'elle se compliquait d'une modestie que trahissait non seulement son langage, mais encore son extérieur.

Le service rendu, il n'y pensait plus; l'obligé en profitait le plus souvent pour oublier de son côté. »

M. Pouillet fut presque un saint Vincent-de Paul pour son préparateur, en comparaison de certains autres savants officiels — dont je suis en mesure de raconter l'histoire.

Voici l'extrait d'une lettre que je reçus d'un chimiste connu, déjà nommé, parti depuis pour un monde qu'il faut supposer meilleur :

CHARLES MÈNE

« Paris, 30 mai 1869.

« Mon cher monsieur Meunier,

« ..... Oh! vous parlez de préparateurs exploités! Et quand j'étais au Collège de France, en ai-je assez souffert, — je ne puis y penser sans honte — de la part de MM [1].,.., qui sont aujourd'hui membres de l'Institut, professeurs, etc... Pour me faire patienter, on m'avait nommé préparateur à l'Ecole d'administration, professeur aux athénées populaires, belles places sans appointements. Et je n'ai jamais rien eu de plus. Ah! si : des poignées de main, des éloges et des promesses...

« Bref, j'ai fait SOIXANTE-HUIT MÉMOIRES INSÉRÉS DANS LES *Comptes rendus* depuis vingt-deux ans;

« Quatorze thèses de professeurs qui aujourd'hui ne me regardent même pas;

[1] Les noms sont en blanc dans la lettre. Nous ne les tairions pas.

« Des quantités d'analyses qui ne portent même pas mon nom :

« Tout cela, sans le sou, au milieu de difficultés inouïes de vie et de position, à tel point que j'ai été obligé de me faire ouvrier et mineur. Ma récompense a été qu'on m'a permis, l'année dernière, de faire un cours place Saint-Sulpice comme membre de l'Association polytechnique. Qu'on dise après cela que les savants ne sont pas aidés !

« J'allais oublier de vous dire qu'on a refusé de me laisser travailler au laboratoire de l'École des hautes études, sous prétexte que je m'y trouverais en compagnie de jeunes gens gradés, et que ne l'étant pas moi-même, j'aurais, vu mon âge (quarante-deux ans), à souffrir de ce voisinage... Heureusement, grâce à Dieu, je me soutiens, je vis libre et indépendant.......

« ... Ce que je vous écris-là dans un moment d'irritation, je vous prie de ne pas le publier, car on pourrait croire que je cherche à attirer l'attention sur moi pour obtenir quelque chose... Je vous l'écris afin qu'à un moment donné mon nom se trouve sous votre plume en preuve de la haute comédie que jouent nos ministres avec leur *sollicitude pour la Science.*

« Agréez...

« CHARLES MÈNE. »

CHAPITRE IV

BOUTIGNY, D'ÉVREUX

Un certain Adurabâd-Mabrasphand, prêtre de Zoroastre, voulant démontrer à des dissidents ou à des incrédules la supériorité de ses croyances, offrit, à ce que raconte un *Dictionnaire historique*, de se faire répandre sur le corps une certaine quantité (9 à 10 kilogrammes) de cuivre sortant de la fonte et tout ardent, à la condition que, s'il n'était pas blessé, les opposants se rendraient à un si grand prodige. D'après le *Dictionnaire*, l'épreuve se fit avec tant de succès que tous les sceptiques furent convertis.

Si jamais récit parut digne d'être mis au rang des fables, c'est bien celui-là, et les historiens sous les yeux desquels il a pu tomber n'auront pas manqué de le traîner au tribunal du sens commun comme entaché d'imposture. Mais, ce que le sens commun répudie à une époque, il arrive parfois que la science l'admet à une époque ultérieure, et voici ce qu'un physicien contemporain écrivait à propos de ce qu'on vient de lire :

« Ce fait pour moi n'est pas douteux, disait M. Boutigny (d'Evreux), et tout invraisemblable qu'il soit, je le crois parfaitement vrai : *Multa credibilia falsa, multa incredibilia vera ;* beaucoup de choses croyables sont fausses, et beaucoup d'incroyables sont vraies. »

Il avait de très bonnes raisons pour y croire, et, sous sa plume, cette défense de l'antiquité avait une autorité indéniable : « Ne semble-t-il pas, a-t-il écrit, que l'antiquité ait eu des connaissances plus étendues que nous ne le pensons sur la chaleur ? Elle ignorait peut-être les petites choses de cette dynamide, comme par exemple les centièmes de degrés centigrades, mais elle en connaissait certainement les grands effets. Il ressort encore de cette note qu'un certain nombre de faits historiques, considérés comme fabuleux, peuvent-être vrais, et que nos ancêtres savaient probablement beaucoup de choses que nous ne savons plus. Un peu plus de respect pour eux, un peu moins d'admiration pour nous ne feraient pas mal. »

Nous aimons à nous trouver d'accord sur un point de cette importance avec un aussi excellent esprit. Boutigny était un trop sérieux novateur, il concourait trop à l'avenir pour mépriser le passé. Des critiques superficiels ont attribué à la physique amusante une multitude de faits relevant d'une physique plus profonde que celle à leur usage ; telles sont, par exemple, les épreuves judiciaires ou *ordalies*, par le fer rouge, par l'eau bouillante, etc., Boutigny croyait à la possibilité de leur succès sans participation aucune du charlatanisme, comme il croyait à la sincérité des épreuves victorieusement subies par Adurabâd-Mabrasphand.

J'ai dit qu'il avait de bonnes raisons pour y croire, et, en effet, il s'était soumis à l'épreuve, ou plutôt, entre ses mains, l'épreuve était, est devenue une véritable expérience. Car, grâce à lui, à sa pénétration d'esprit, à son habileté expérimentale, à sa persévérance, les faits qui nous occupent ont passé des régions vaporeuses de la fable dans le domaine lumineux et serein de la science.

« J'ai plongé, — raconte-t-il, — un doigt ou les mains à plusieurs reprises dans une poche pleine de fonte incandescente, effrayante à voir. J'ai répété cette expérience avec de l'argent, du bronze et du plomb, et le résultat a été de tous points identique : même sensation et point de brûlure... »

Et il ajoute :

« En se mouillant le doigt avec de l'éther, avant de le plonger dans du plomb fondu, on éprouve une sensation de froid. En se mouillant le doigt avec de l'eau, on peut le plonger impunément dans le suif, à 300°. On peut le plonger également dans l'eau bouillante, après l'avoir mouillé dans l'éther. »

Si Boutigny n'a pas la priorité de ce genre d'expériences, sa gloire n'en souffre pas, une initiative plus haute lui appartient : il en a donné la théorie générale, qui eût permis de prévoir les résultats de l'expérience, et d'expliquer en même temps une multitude de faits non moins étranges, dont les mutuelles affinités étaient restées inaperçues. De toutes ces choses, naguère isolées et par lui réunies en faisceau et dont une multitude de choses neuves, par lui découvertes, ont formé le lien, il a constitué un chapitre nouveau de la physique, chapitre surchargé de merveilles et d'apparents paradoxes.

Le même homme, il s'en vantait à bon droit, qui avait pu se baigner impunément dans la fonte incandescente, avait, dix ans auparavant, fait de la glace dans un fourneau chauffé à blanc, et, ce qui montre la portée de son esprit, c'est que, dans tous ces faits, il a su voir un même fait, ou du moins la manifestation d'une même loi.

Voici l'expérience :

« On fait chauffer à blanc le moufle d'un fourneau à

coupelle, on y fait rougir une capsule de platine, dans laquelle on verse quelques grammes d'acide sulfureux anhydre, puis on repousse la capsule au fond du moufle dont on ferme l'ouverture, en se ménageant un petit espace pour observer l'acide sulfureux et livrer passage à l'air. Si le temps est humide, l'eau hygroscopique va se congeler dans l'acide sulfureux au fond du moufle, et finalement on retire de la capsule un petit glaçon d'un froid brûlant. »

Ce n'est qu'un échantillon des prodiges d'expérimentation opérés par Boutigny et des réalités invraisemblables (*incredibilia vera*) dont son œuvre est pleine. Or, tous ces phénomènes sont des cas particuliers du fait général qualifié par lui d'*état sphéroïdal*, et à l'étude duquel il s'est livré avec un succès continu et toujours grandissant,... aussi longtemps que ses ressources le lui ont permis, car ces belles recherches ont été faites à ses frais.

Personne ne doit ignorer sans doute que le cumul est une des plaies de notre organisation scientifique. Pour un savant chargé de places, il y a nécessairement plusieurs savants dépourvus de moyens de travail, sinon de moyens d'existence.

On a raconté que le docteur Broc, penseur original et profond, professeur d'une méthode et d'une éloquence incomparables, mais professeur libre, le plus populaire de tous ceux qui illustrèrent l'Ecole pratique de médecine, — on ne peut mieux le comparer qu'à Chevé ; je les ai connus l'un et l'autre : ce fut l'Emile Chevé de l'anatomie ; ils avaient la même *furia* professorale, le même pouvoir sur l'attention pour la forcer, sur la glace pour la fondre, sur l'indifférence pour la passionner, sur tout un auditoire pour l'enlever et sur ses éléments hostiles pour leur faire changer l'arme de côté ; — eh bien ! on a raconté que le docteur Broc, étant tombé malade, fut obligé, tant sa misère était grande ! de se faire porter à l'Hôtel-Dieu.

Au même moment, tel autre professeur, officiel celui-ci, et membre de l'Institut, n'avait pas moins de six places ! Cela se passait vers la fin du règne de Louis-Philippe, mais, ni sous la seconde République, ni sous le second Empire, ni depuis l'établissement de la République définitive, cette sorte d'abus n'a diminué. Ce serait plutôt le contraire !

Boutigny, qui avait autant de noblesse dans l'âme que de ressources dans l'esprit, ne pouvait appartenir au groupe des cumulards ; le moment vint donc où il dut s'interdire la continuation de ses expériences, rompre avec la physique, quitter Paris et aller planter des choux dans le département de la Sarthe. Un instant, on avait espéré que la science ne ferait pas cette perte ; mais il paraît que la science française n'avait pas besoin de physiciens : l'espérance ne se réalisa pas. Boutigny partit, sans faire entendre aucune plainte, aussi digne dans la conduite de la vie qu'ingénieux dans la recherche scientifique. Pendant quinze ans, vingt ans, on n'entendit plus parler de lui.

Enfin il sortit de sa philosophique retraite, juste le temps de donner une édition définitive, la quatrième, de ses *Etudes sur les corps à l'état spéroïdal*. L'ouvrage, divisé en trois parties : physique, chimie et théorie, est plein de belles expériences et de grandes vues. Nous n'en connaissons pas de plus propre à développer chez un expérimentateur naissant le goût de la recherche. En tête une notice sur les autres travaux de l'auteur, c'est une liste d'une cinquantaine de notes et mémoires. L'ensemble est de nature à inspirer le regret des services que l'auteur eût pu rendre dans une organisation scientifique qui, au lieu d'être fondée sur la base du privilège, eût été vivifiée par les généreux principes du droit commun.

Au moment où paraissait cette quatrième édition considérablement augmentée, Boutigny (d'Evreux), né le 17 mai 1798, allait entrer dans sa quatre-vingt-sixième année. Ces additions, un spirituel avis en tête du livre, un envoi à tous ceux, savants, écrivains, hommes de cœur, dont il avait reçu les encouragements, un bel avant-propos, des notes nombreuses le montraient en pleine possession de la belle et sereine intelligence que nous lui avions connue. Rien de tel que l'honneur et le travail ensemble pour conserver un homme. Et c'est d'une grande, ferme et belle écriture, pareille au vieillard qui l'a tracée, qu'est écrite en tête de l'exemplaire que je reçus cette dédicace qui, venant d'une aussi noble source, m'honore infiniment :

Hommage de haute considération, d'estime, d'affection et de reconnaissance.

Son vieil ami,

BOUTIGNY (*d'Evreux*).

Boutigny a rendu sa belle âme le 17 mars 1884.

Voici la lettre par laquelle le 31 octobre 1863 il me faisait connaître la nécessité où il était de quitter la science. Je lui avais demandé sa collaboration à une œuvre de propagande et de progrès; il s'empressait de l'accorder :

« Malheureusement, ajoutait-il, je ne serai guère qu'un collaborateur *ad honores*, car toutes les promesses qui m'ont été faites sont demeurées stériles, et je suis forcé d'interrompre absolument le cours de mes recherches, depuis longtemps suspendues. J'avais pourtant de bien belles et de bien grandes expériences à faire, mais des expériences coûteuses que je ne saurais entreprendre avec mes ressources personnelles. Décidément, il n'y a pas place pour tout le monde au soleil de la science.

« Nous irons demeurer à la campagne au printemps prochain, où je ferai de l'horticulture avec tous ses accessoires, ce qui me permettra de rechercher d'où vient le phosphate de chaux qui se trouve en plus grande quantité dans le poulet que dans l'œuf. J'ai déjà des faits précieux touchant la solution de ce problème.

« Pardon, mon cher ami, de cette longue lettre, mais... etc... »

Lettre du 8 février 1865 : « Vous avez cru faire une figure de mots en disant que je plantais des choux. Eh! bien non, j'en plante tout de bon, et j'en récolte de bien beaux. Avez-vous vu souvent des choux-fleurs de 27 centimètres de diamètre ? et si blancs, et si serrés, qu'on les aurait mangés crus..... »

On aimera, je n'en doute pas, à suivre ce noble vieillard dans sa retraite; aussi ne résisté-je pas à citer ce passage d'une lettre qu'un homme de valeur intellectuelle et morale, M. Modeste Anquetin, inventeur et praticien également distingués en matière d'horlogerie, m'écrivait le 8 mai 1883 au moment où Boutigny, âgé de 86 ans, venait de célébrer ses noces de diamant (soixante ans de ménage) :

« Si quelque chose peut militer en faveur de la science même non suffisamment récompensée, c'est assurément l'aspect de ce noble vieillard que le hasard m'a fait rencontrer et qui semble d'un autre âge! Il a pleinement conservé le maintien et la gaieté qui *devraient* toujours être le lot de la jeunesse, avec le raisonnement qui *devrait* toujours aussi être le lot de la vieillesse. Il espère, dit-il, faire dans cinq ans ses noces de fer... »

Le mal vient, écrivions-nous, à l'occasion de cette retraite forcée de Boutigny, de ce que directement ou indirectement, soit par voie d'élection ou de présentation, soit parce qu'aucune affaire d'ordre scientifique ne se décide sans leur avis, certains savants en place, et des plus haut placés, disposent entre eux, dans le tête-à-tête et toutes portes closes, des emplois à donner.

Naturellement, les parents et les amis passent avant les étrangers, les créatures avant les adversaires, et celui qui pourra rendre a la préférence sur celui qui ne pourrait que recevoir. Il est naturel que des hommes en agissent ainsi, il est mauvais qu'ils puissent le faire. Voulez-vous arriver? Arriver, grand Dieu! Qu'est-ce qu'arriver, pour la multitude des savants? C'est obtenir un emploi qui les mette à l'abri du besoin et leur procure des instruments de travail. Briguez-vous cet emploi, homme ambitieux? Il ne vous suffira pas d'être l'auteur de beaux travaux, il faudra être d'une coterie, et visez moins à affermir votre esprit qu'à assouplir votre caractère!

Il est des savants dont on entend à tout propos vanter l'autorité, comme s'il y avait dans la science d'autre autorité que celle des faits! On voit même, dans certaines questions litigieuses, invoquer cette prétendue autorité contre les faits ! Je mets au défi de citer un cas où ce mot « autorité » ait été appliqué à un homme de science qui n'occupât pas une haute position sociale. Pure courtisanerie, en effet, laquelle revèle l'assujettissement du peuple des chercheurs à une oligarchie qui dispose de la science comme d'une chose à elle appartenant Avec quel laisser-aller ! quel naturel ! Voici, à ce propos, une anecdote racontée par M. Flourens dans son éloge de M. Duméril, prononcé lundi dernier :

« De Candolle, à une époque où le titre de docteur avait été jugé nécessaire pour enseigner la botanique dans une Faculté, fut, grâce à l'amitié de Duméril, admis sans trop de rigueur au résultat définitif. Convaincu que désormais il est en possesion de tous les grades qu'on peut exiger de lui, et plein de reconnaissance, il court chez Duméril.

« Mais celui-ci s'est transformé ; et ce nouveau *Béralde* lui déclare que là, dans son salon, il va trouver une *faculté amie*, sans la consécration de laquelle rien n'est fait. Les portes s'ouvrent, et les yeux étonnés du malheureux de Candolle ont peine à reconnaître, pourvus des insignes voulus, Cuvier, Biot, Brongniart, Lacroix, et d'autres graves académiciens, qui lui annoncent qu'il devient le héros de la réception du *Malade imaginaire*. Aussitôt on affuble le malencontreux *bachelier* d'un immense bonnet garni de lampions. « Chacun débita son rôle avec le plus grand sérieux, et j'y fis de mon « mieux ; nous ne lui épargnâmes ni les *bene* ni les *juro*, disait Cuvier, en riant avec une parfaite bonhomie, et comme s'il y était encore. »

M. Flourens rapporte cette anecdote si complaisamment racontée pour montrer que « volontiers un service rendu était pour M. Duméril une occasion de joie. La pensée ne lui vient même pas, pas plus qu'elle n'est venue à M. Duméril (car elle eût altéré la joie de celui-ci), que le service rendu à de Candolle a pu porter préjudice à quelque autre candidat à la chaire briguée par ce grand botaniste; candidat qu'aucune amitié puissante ne recommandait, pauvre homme qui n'avait d'autres titres qu'un savoir laborieusement acquis et des grades régulièrement obtenus; et que si cet acte de favoritisme n'est pas, à tout prendre, une chose à ébruiter, la bouffonnerie qui l'a suivi est une chose à céler, comme indiquant chez ses acteurs un trop grand mépris du droit commun. On disait autrefois, des gens appartenant aux classes privilégiées, qu'il s'étaient donné la peine de naître; on peut dire aujourd'hui de certains savants qu'ils ont pris la peine de se faire des amis. Il en est même à qui l'ancienne formule est applicable sans variante.

Plusieurs ont contracté, dans ce maniement des hommes et des choses de la science livrée à leur merci, des habitudes si invétérées de domination, un sentiment si vif de leur supériorité, un tel goût du privilège, qu'en dehors même de la sphère où s'exerce leur autorité préjudiciable au progrès général, ils croiront faire acte de dignité en refusant de se soumettre aux obligations communes de la vie civile. L'esprit des *ci-devant* semble revivre entre eux. C'est un exemple de cette aberration que le héros de M. Flourens et le panégyriste de M. Duméril vont nous donner, dans cette seconde anecdote, racontée avec la même naïveté que l'orateur de l'Académie a mise à nous dire la précédente :

« A une époque où le zèle belliqueux de la bourgeoisie parisienne donnait à la garde nationale une naïve et fabuleuse importance, Duméril, appelé à payer de sa personne, déclara qu'il n'en ferait rien; on insista,

9

nouveau refus; les pourparlers se prolongèrent; on menaça Duméril de la prison : entêté comme un Picard, il n'en tint compte. Enfin, un matin, la force publique se présente à lui, munie de l'ordre de le conduire à la maison d'arrêt. Aussitôt il se revêt de la robe rouge et de la toque du professeur, et, se plaçant entre deux fusiliers, il annonce l'intention de traverser ainsi à pied tout Paris. Les choses se passèrent comme il le voulait, au grand ébahissement de la foule. »

Pourquoi donc M. le marquis Duméril s'arrêtait-il en si bon chemin, et comment M. le vicomte Flourens ne le blâme-t-il point de n'avoir pas, en vertu des droits et immunités de la robe rouge et de la toque professorale, refusé l'impôt, par exemple, et autres servitudes bonnes pour les vilains ? Pour moi, si j'avais une préférence, elle ne serait pas pour ce professeur, que l'habitude d'une autorité arbitraire conduit à s'abuser étrangement sur les privilèges de sa robe, mais pour ces fusiliers impassibles : « En robe, si vous voulez, bourgeois, cela ne fait rien à l'affaire ! » Ils étaient de l'école de cette sentinelle légendaire, qui eût fait respecter sa consigne même du Petit-caporal.

M. Duméril n'avait d'ailleurs pas le mérite de l'invention; cela était imité d'Arago, qui, à vingt-trois ans, n'ayant point satisfait à la loi, trouva étrange que le général Mathieu Dumas enjoignît à un membre de l'Institut, à un astronome adjoint, de fournir un remplaçant ou de partir avec le contingent du douzième arrondissement. « Toutes mes réclamations, raconte-t-il, toutes celles de mes amis ayant été sans effet, j'annonçai à l'honorable général que je me rendrais sur la place de l'Estrapade, d'où les conscrits devaient partir, en costume de membre de l'Institut, et que c'est ainsi que je traverserais à pied la ville de Paris. Le général Mathieu Dumas fut effrayé de l'effet que produirait cette scène sur l'Empereur, membre de l'Institut lui-même, et s'empressa, sous le coup de ma menace, de confirmer la décision du général Lacuée. »

Cela se passait vingt années après 1789, et Arago était républicain! Il a heureusement donné des exemples meilleurs que celui-là.

CHAPITRE V

D'UN GRAS, D'UN MAIGRE ET DU CUMUL

LE GRAS

M. Valenciennes.

M. Emile Blanchard, prenant la parole en qualité de président de l'Académie des sciences aux obsèques de M. Valenciennes, s'exprimait ainsi sur le compte de l' « Immortel » défunt :

« Ses intentions, disait-il, n'ont pas été servies par des forces suffisantes... »

« Il n'a pas attaché son nom à des découvertes qui font époque, » disait-il encore.

« Les rares savants, ajoutait-il, les rares savants capables d'oublier la forme pour s'attacher au fond d'une manière exclusive, ont plus d'une fois songé au succès qu'auraient obtenu les récits de notre collègue, colorés par le charme de la parole et le bonheur de l'expression. »

Eh bien ! ce savant, que son panégyriste louait de la sorte, était quatre fois professeur !

Cet Académicien qui, au témoignage d'un président de l'Académie, ne savait ni parler, ni écrire et qui ne fit aucune découverte signalée, cet académicien dont les forces ne secondèrent pas les intentions, était en même temps :

1° Professeur au Muséum d'histoire naturelle ;
2° Professeur à l'Ecole de pharmacie ;
3° Professeur à l'Ecole normale ;
4° Professeur au collège Rollin ;

Être médiocre et d'une coterie puissante, à cette condition on est sûr d'aller très loin et très haut. La faveur ouvre la carrière, après quoi il n'y a plus qu'à ne pas contrarier cette attraction proportionnelle au nombre des sinécures obtenues que tout savant déjà doté exerce sur les emplois vacants. C'est souvent un titre à l'obtention d'une place que d'y être impropre ; c'en est un plus éminent de n'avoir besoin de rien ; et qui appartient à l'Académie passe sur le corps à quelque concurrent que ce soit.

On ne s'étonnera donc pas que le panégyriste de M. Valenciennes, que M. Emile Blanchard, professeur au Muséum, n'ait vu dans le mort de Gratiolet qu'une occasion de s'arrondir de la chaire laissée vacante par cette victime de notre organisation scientifique. Nous combattîmes cette candidature :

« L'académicien-professeur (M. Blanchard) porte-t-il donc avec soi un bagage d'idées si encombrant qu'une seule chaire ne suffise à leur écoulement ? Ses aptitudes, dont d'estimables travaux ont donné la mesure, sont-elles si variées qu'il ne puisse montrer sur un seul théâtre toutes les faces de son esprit ? Son éloquence, qui ne le cède point à celle de plusieurs de ses collègues, est-elle si entraînante, qu'il y ait profit évident pour la science et pour la jeunesse à lui faire répéter à la

Sorbonne l'air plus ou moins agréable qu'il joue ailleurs? Le nombre des auditeurs qui se pressent autour de lui nécessite-t-il qu'on agrandisse la salle de son cours de toute celle que Gratiolet remplissait de sa parole? Enfin la pénurie d'hommes dont souffre la zoologie est-elle poussée jusque-là qu'on doive donner à ce naturaliste la place de la Faculté des sciences, si on ne veut la laisser vacante, ou la livrer à des incapables?

« Que nous voilà loin du temps, — ajoutions-nous — et plus loin encore par les changements opérés dans les âmes que par les années amassées sur les têtes, où Geoffroy Saint-Hilaire, nommé par décret impérial à cette chaire qui est aujourd'hui l'objet de tant de convoitises (c'était en 1808 et la Faculté des sciences venait d'être créée) allait trouver son illustre collègue au Muséum, son *ancien* dans la science et dans la vie, Lamarck, qui avait plus de gloire que de fortune, et faisait pour lui transmettre la nouvelle chaire tout ce qu'un autre eût fait pour se l'assurer à soi-même. Il était coutumier de ces actes de désintéressement.

« Mais, dit Isidore-Geoffroy (donnons-nous la joie de l'entendre parler de ces grands hommes), la délicatesse de Geoffroy Saint-Hilaire devait, cette fois encore, céder devant un noble refus. Lamarck, avec la modestie de l'homme de génie, trouva trop vaste pour lui, le programme d'une chaire où devait être enseigné l'ensemble de la zoologie et de l'anatomie comparée.

« Il pensa que, pour l'occuper dignement, de nouvelles études lui seraient nécessaires, et jugea qu'à soixante-cinq ans il était trop tard pour les entreprendre. Il crut de son devoir de ne pas accepter. Ce fut son premier et son dernier mot; sa conscience, trop sévère à lui-même, l'avait dicté ; et quand ce juge suprême avait prononcé, qui eût pu ébranler le stoïque et désintéressé Lamarck? »

LE MAIGRE

Réveil.

Parmi les candidats à l'une des quatre chaires laissées par M. Valenciennes, fut Réveil docteur ès sciences, et en médecine, agrégé à la Faculté de médecine et à l'Ecole supérieure de pharmacie, que la mort prit avant qu'on ait pourvu à cette vacance. Le lendemain même de sa mort, l'Académie recevait en séance publique deux mémoires de lui[1].

Chimiste, botaniste et thérapeutiste ; on lui doit plusieurs ouvrages étendus[2].

Expert auprès des tribunaux ; les affaires les plus difficiles étaient soumises à son arbitrage. On se souvient de ses excellents mémoires sur les *cosmétiques* et les *désinfectants*. C'était un homme extraordinairement laborieux, et très bon; aussi indulgent aux autres qu'exigeant envers lui-même. L'excès de travail le tua, et l'attente, cette attente cruelle dont Gratiolet était mort, l'attente d'une position qui, en lui apportant quelque tranquillité d'esprit, lui eût permis de donner la mesure de sa valeur. « Que lui manquait-il ? demandait la *France médicale*, un peu de loisir. Obligé d'user ses forces dans un travail quotidien, il n'eut pas le temps

[1] *Recherches sur l'osmose et sur l'absorption par le tégument externe de l'homme dans le bain*, destiné au concours des prix de médecine et de chirurgie ; — *De l'action des poisons sur les plantes*, destiné au concours de physiologie expérimentale.

[2] Une *Flore médicale*, un *Traité de l'art de formuler*, une *Botanique générale*, etc...

de concentrer ses facultés sur un point précis. Fatigué, usé par l'âpre besogne, il a succombé à la tâche. » Il n'avait que quarante-quatre ans.

Qui sait ! peut-être si M. Valenciennes eût bien voulu se contenter de trois chaires, Réveil ne serait-il pas mort?

« Encore un coup meurtrier, — nous écrivait une de nos célébrités médicales[1], — encore un coup meurtrier de ce népotisme que vous flétrissez si justement. D... (médecin et ami de Réveil) attribue ce brusque arrachement d'un travailleur, le jour anniversaire de son mariage, dans la maison pleine de joie et d'amis, il attribue, dis-je, cette subite immolation aux amères déceptions jointes à un travail de forcené. Vous savez sans doute les détails. J'en suis navré. Il y a là une veuve et deux enfants, dont le plus âgé a onze ans : trois déshérités ! »

LE CUMUL

Pour conclure, je reproduirai quelques passages d'une *Pétition contre le cumul dans l'enseignement scientifique*, adressée en 1848 à l'Assemblée nationale par la Société pour le progrès des sciences et la réforme des institutions scientifiques, et signée des noms les plus recommandables parmi lesquels ceux de Charles Gerhardt et d'Auguste Laurent ; après tant d'années c'est toujours plein d'actualité, tant le principe républicain a de peine à pénétrer les institutions anciennes :

« 1° Le cumul est un obstacle à l'exposition orale des nouvelles doctrines dans les établissements fondés par l'Etat ;

« 2° En obligeant à répartir entre plusieurs fonctions le temps qui devrait être consacré à une seule, pour

[1] Marchal, de Calvi.

qu'elle fût bien remplie; il met dans l'impossibilité d'accomplir consciencieusement aucune d'elles. C'est ainsi qu'il force les titulaires de plusieurs professorats, par exemple, à répéter les mêmes leçons dans les diverses chaires dont ils sont chargés, et peu à peu leurs cours cessent d'être à la hauteur des connaissances acquises;

« 3° Obligés de choisir entre tant de fonctions, ceux qui les cumulent se déchargent sur des suppléants des soins de celles qu'ils ne peuvent remplir;

« Ces suppléants ne sont que peu ou point rétribués. Il y en a qui, pour acquérir un auditoire, ont payé leurs titulaires;

« 4° Le cumul décourage les travailleurs et les savants modestes en leur ôtant les moyens de perfectionner leurs recherches ou de se produire comme professeurs;

« 5° En montrant un petit nombre d'hommes en possession de tous les emplois, le cumul laisse croire à l'insuffisance des capacités en France, et cependant il est peu de chaires où l'on n'ait vu un ou plusieurs suppléants remplacer avec succès le titulaire. »

Qu'y a-t-il à répondre à cela? Rien sans doute. On ne répondit rien. Mais pourquoi eût-on répondu? Rien était-il menacé? L'Abus est pareil à un chêne plein de vie et le Droit, dans ses revendications, à la brise qui fait un moment frissonner le feuillage. Quand mettra-t-on la cognée dans le tronc?

CHAPITRE VI

LES CHAIRES DE L'INSTITUT AGRONOMIQUE

La preuve que si l'Empire est mort, il n'a pas été inhumé avec toutes les précautions exigées par l'hygiène publique, on va l'avoir.

Vous savez qu'une loi du 20 juillet 1875 a reconstitué l'Institut national agronomique fondé en 1848 par la République et supprimé par ledit Empire, qui ne se souciait pas de propager l'esprit scientifique (l'esprit de vérité) dans les campagnes. D'ailleurs, il avait besoin des amphithéâtres de l'école nouvelle pour ses écuries. Vous savez encore que l'Institut ressuscité sera établi[1] au Conservatoire des Arts-et-Métiers, que M. Eugène Tisserand, sous-directeur et inspecteur général de l'agriculture en a l'administration, que les cours commenceront dans la deuxième quinzaine du mois de novembre 1876, et enfin qu'une commission scientifique instituée par arrêté ministériel, en date du 11 août, a été chargée, je cite : « De faire connaître ses vues sur le nombre de chaires que devra comprendre le nouvel enseignement et le nombre des leçons de chaque cours, d'indiquer les moyens matériels d'instruction dont chaque chaire devra être pourvue, enfin et éventuellement

[1] Écrit le 31 octobre 1876.

de donner son avis sur les candidatures qui pourraient se produire pour les emplois de professeur. »

Or, devinez ce qu'a fait cette commission.

Ah ! vous ne devineriez point si je ne vous avais avertis de vous attendre à des émanations impériales.

Eh bien oui, l' « avis » de la commission a été de traire pour son compte la vache que l'Etat lui confiait.

Vache à lait, Institut national agronomique : synonymies d'académiciens-laboureurs.

Vous entendez bien, d'ailleurs, que s'ils demandent pour eux les places auxquelles ils ont mission de présenter les plus dignes, c'est qu'en leur âme et conscience il leur faut bien reconnaître que les plus dignes, c'est eux, et la violence qu'ils font à leur modestie est la garantie de leur intégrité.

Notez que les places ne sont payées qu'à raison de 150 francs par leçon d'une heure (je dis : *cent cinquante francs l'heure*) ; c'est 2 fr. 50 par minute, moins d'un sou par seconde. Ce n'est pas ce sou qui peut les toucher, ils le toucheront au contraire ; c'est le service à rendre. Patriotisme et non cupidité. Nulle autre avidité que celle du bien public.

Je me les représente, les yeux baissés et la rougeur au front, s'offrant les uns les autres aux faveurs du ministre :

« Monsieur le ministre,

« Vous nous avez chargés éventuellement de donner notre avis sur les candidatures qui pourraient se produire aux emplois de professeurs. L'éventualité s'est présentée. Nous nous sommes portés candidats. Non point comme commissaires, bien entendu, mais comme savants. Comme savants, nous posons nos candidatures ;

comme commissaires, nous admettons les candidatures posées par nous, nous les admettons à l'exclusion de toutes autres. Et, à l'unanimité, l'avis de la commission, puisque vous le lui demandez, est que vous devez nous nommer *illicò.* »

L'Excellence[1] ne les a pas contredits.

Plus difficile serait à un chameau de passer par le trou d'une aiguille qu'à un ministre de n'y point passer quand c'est l'Institut qui tient le fil. Or, on compte jusqu'à six membres de l'Institut dans la commission dont il s'agit. D'abord, étant le plus souvent incompétent, il est naturel que le ministre s'en rapporte à l'autorité spéciale : les autorités ne sont pas faites pour se manger les unes les autres. Ensuite il est de l'Institut ou il n'en est pas : s'il en est, ce n'est pas pour y casser les vitres et s'il n'en est pas, ce n'est point pour s'en fermer la porte.

En conséquence, par arrêté ministériel en date du 19 octobre 1876 et sur la proposition de la « commission spéciale chargée d'étudier les questions relatives à l'organisation de l'Institut agronomique » :

Un membre de cette commission, M. Boussingault, est chargé de la haute direction des laboratoires de recherches du susdit Institut ;

Un autre membre de la même commission, M. Léonce de Lavergne, est nommé à la chaire d'économie rurale ;

Un autre de ses membres, M. Edmond Becquerel, est nommé à la chaire de physique et météorologie ;

Un autre, M. Péligot, à la chaire de chimie analytique ;

Un autre, M. Tresca, à la chaire de mécanique ;

[1] M. Teisserenc de Bort.

Un autre, M. Hervé Mangon, à la chaire de génie rural ;

Un autre, M. Moll, à la chaire d'agriculture générale ;

Un autre, M. Victor Lefranc, à la chaire de législation et de droit agricole.

Total huit chaires, dont six données à six membres de l'Institut. Les commissaires se sont contentés pour eux de ces huit places. A leurs amis du dehors sont données : 1° les chaires de minéralogie et de géologie, séparées l'une de l'autre en vertu du principe que les places doiven être faites pour les gens à placer et parce qu'on avait un minéralogiste M. Carnot et un géologue M. Delesse à pourvoir [1] ; 2° les chaires de chimie appliquée à l'agriculture, de chimie analytique, de technologie agricole, de botanique, de zoologie, d'agriculture générale, d'agriculture comparée, de sylviculture et enfin d'horticulture, d'arboriculture et de viticulture. Un septième membre de l'Institut, M. Emile Blanchard, grapille celle de zoologie.

M. Emile Blanchard ! Quelques jours après la publication de cet arrêté, je croisai dans la rue un vieillard qu'à l'hésitation de sa démarche on eût pu prendre pour un aveugle. « Voyez, dis-je à mon compagnon de route, ce bonhomme qui a tant de peine à se conduire. C'est un des professeurs de l'Institut national agronomique. — Un

[1] « J'ai montré — disions-nous dans un article ultérieur — le ministre de l'agriculture en passant par où la commission le voulait. Pas du tout. Le ministre n'a pas été aussi passif que cela. C'est lui qui a voulu que la minéralogie fût détachée de la géologie. Il avait quelqu'un à placer. La commission rendons-lui cette justice les avait réunies. Mais il s'est trouvé que le ministre avait promis de donner une chaire au fils d'un de ses collègues à la Chambre. Les élèves de l'Institut agronomique ne pouvaient donc se passer d'un cours de minéralogie ; ils l'ont. »

savant de premier ordre sans doute ? demanda mon interlocuteur ? — Un académicien qui refuse à Charles Darwin la qualité de savant et ne consent à voir en lui qu'un « amateur intelligent » ; un professeur qui, à son cours, disait se frappant la poitrine : « Heureusement, Messieurs, qu'il y a des naturalistes qui n'ont pas d'idées. » J'étais présent. — Mais alors? — Je viens de vous dire qu'il est de l'Institut. Cette chaire nouvelle va élever à 25,000 francs ses émoluments de professeur. »

Revenons à notre arrêté.

Deux chaires (préparez-vous à être étonnés), celles de chimie générale et de zootechnie restent vacantes. Elles seront données au concours ! Pourquoi ces deux chaires-là plutôt que les autres, plutôt que celle de géologie par exemple, pour laquelle le concours avait été expressément demandé ? « Un arrêté ultérieur — dit l'arrêté du 9 octobre — déterminera les formes suivant lesquelles auront lieu ces concours. »

Il ne s'agit pas d'aller chercher midi à quatorze heures. Si les chaires de chimie générale et de zootechnie sont l'objet d'une exception aussi étrange, c'est évidemment parce qu'il ne s'est trouvé dans la commission ni personne qui voulût les prendre pour soi, ni majorité qui s'entendît pour favoriser quelqu'un du dehors. Plus d'appétit, point de neveu, l'intérêt scientifique seul en jeu; de là incertitude. Et c'est alors qu'on s'est dit : Ma foi, tant pis pour ces deux chaires-là, c'est la justice qui en disposera[1].

[1] La justice disposant des chaires données au concours, quelle bonne plaisanterie ! Qui est-ce donc qui nommera les juges ? Les juges n'auront-ils pas la même origine ministérielle que les commissaires à supposer qu'il ne soient pas pris parmi ceux-ci ? Pourquoi donc les juges seraient-ils d'autre farine que les commissaires ?

Cet arrêté du 9 octobre a des lacunes qui prouvent que son rédacteur a su ce qu'il faisait. Croirait-on que l'arrêté omet la meilleure partie des titres des nouveaux titulaires qu'il crée ? Ainsi les professeurs de chimie analytique (M. Peligot) et de génie rural (M. Hervé Mangon) sont très exactement qualifiés par lui de membres de l'Académie des sciences et de la Société centrale d'agriculture, mais il oublie de nous dire qu'ils sont l'un et l'autre professeurs au Conservatoire des Arts-et-Métiers, que le premier occupe une haute position à la Monnaie, que le second est inspecteur général des ponts et chaussées, etc., etc.

Ainsi encore il donne au professeur de physique et de météorologie, M. Edmond Becquerel, la qualité modeste d'*ancien* professeur à l'Institut agronomique de Versailles qui lui appartient sans conteste, mais il a l'air d'ignorer que cet ancien professeur est actuellement titulaire de la chaire de physique au Conservatoire et suppléant à la chaire de physique au Muséum dans laquelle au moment de commencer sa leçon il se vit un jour en présence d'un seul auditeur. C'était dans cet amphithéâtre immense que Cuvier avait rempli !

Ainsi, il reconnaît que le professeur de géologie du nouvel Institut, M. Delesse, est déjà professeur de géologie à l'Ecole des mines, mais il nous cache qu'il est aussi professeur de géologie à l'Ecole normale, etc.

Chacun de ces deux derniers va donc avoir à mener de front trois cours ; celui-ci trois cours de géologie, celui-là trois cours de physique : trois cours appropriés à autant d'auditoires différents, trois cours laborieusement, consciencieusement tenus au niveau de la science. On pourra entendre le premier le matin au Muséum, l'après-midi au Conservatoire et le soir à l'Institut agronomique. On pourra rencontrer le second paissant tour à tour les trois troupeaux dont ce pasteur infatigable a accepté la garde ; car personne n'ignore que la géologie comme la botanique ne s'apprend que sur le terrain. Ajoutez le complément des fonctions obscures, mais lucratives qui vont aussi naturellement à de tels favoris du sort que l'eau à la rivière. Joignez encore un tantinet de travaux originaux. Quels hommes, quels tempéraments, quels cerveaux et quels cœurs ! Heureuse la jeunesse appelée à étudier sous de pareils maîtres ! Heureux leurs jeunes rivaux : ils voient bien qu'il n'y a qu'à travailler pour arriver ! Heureux enfin le pays dont les affaires sont ainsi menées !

Quand la commission, chargée par le ministre de décerner aux plus dignes les emplois de l'Institut agronomique, se les décerne à elle-même, elle n'innove pas ; il y a même un précédent religieux.

Le trône de saint Pierre restait vacant depuis plus de deux années, les cardinaux ne parvenant pas à s'entendre. Pour en finir, ils résolurent de charger l'un d'eux de faire à lui seul un Vice-Dieu. Jacques d'Euse, évêque de Porto, fut ce grand électeur. Il s'élit lui-même : Je me nomme Pape ! C'est Jean XXII.

Ce souvenir est ici d'autant plus à sa place que si la religion catholique, apostolique et romaine disparaissait de la terre, c'est à l'Institut de France qu'on aurait chance de la retrouver. Et c'est tout simple : les privilégiés en quelque genre que ce soit faisant à la religion catholique l'honneur de la regarder comme le plus sûr moyen de conservation et de sauvetage; on les verra tous, les académiciens comme les autres se serrer de plus en plus autour d'elle au fur et à mesure de la grande crue du droit commun.

Si M. le ministre de l'intérieur commandait un buste de Jean XXII à quelqu'un de ses confrères de l'Institut, comme cette œuvre d'art serait bien placée dans la salle de réunion des commissions instituées par son collègue de l'agriculture et des commissions scientifiques en général! Jean XXII fut un inventeur, un découvreur de sources, des sources les plus abondantes que le génie de la fiscalité ait jamais exploitées : il s'agit de sources de revenus. Ah! qu'il a bien fait voir que dans les emplois de l'Institut agronomique, c'était le sou à toucher qui le touchait! Il a certes allumé son contingent de bûchers et comme semeur de zizanie s'est attiré cette sèche réponse de Philippe V : « Saint Père, je vous ferai ardre! (brûler). » Mais là n'est pas son caractère propre; la cupidité fit sa spécialité, cupidité ingénieuse et inventrice. C'est lui qui imagina de taxer les péchés et d'en vendre la rémission à prix de tarif : tant pour l'absolution d'un vol, tant pour l'absolution d'un assassinat, tant pour l'absolution d'un parricide, tant pour l'adultère, pour l'inceste, pour le viol; tant pour la sodomie, la bestialité, etc. Il se fit de la perversité humaine une Californie; tout vice lui fut d'argent, et tout crime fut d'or. La fameuse *Taxe de la Chancellerie romaine* est son œuvre. Il laissa tant en espèces monnayées qu'en bijoux, une valeur de vingt-cinq millions de florins d'or, somme immense pour le temps. C'est lui qui cercla d'une troisième couronne la tiare pontificale. C'est sous son règne que furent condamnées les *erreurs* d'Armand de Villeneuve qui soutenait déjà que les chrétiens n'étaient plus chrétiens que de nom par le culte extérieur et qu'ils iraient tous en enfer. Et on n'était encore qu'au quatorzième siècle. Les académies n'étaient même pas inventées.

CHAPITRE VII

TRAITS DE MŒURS CONTEMPORAINES

Extrait d'une lettre :

« A M. FRANCISQUE SARCEY

« Mon cher confrère,

. . . .
. . . .
. . . .

« A... est un très haut fonctionnaire de l'ordre scientifique et administratif, plusieurs fois professeur, membre de l'Institut, etc.; il occupe un rang élevé dans la Légion d'honneur et dans je ne sais combien d'ordres étrangers ; un *prince de la science* enfin ! Je le connais personnellement et vous le connaissez au moins de nom. A... s'est purement et simplement approprié deux mémoires que leur jeune auteur (je pourrais le nommer) lui communiquait. Il a mis son nom sur ces mémoires, les a présentés à l'Académie comme étant de son cru, les y a lus en séance publique, les a fait insérer *in extenso* dans le recueil de la compagnie, et il les compte depuis ce temps parmi ses titres scientifiques.

« J'ai exposé ce cas par écrit à M. Jules Simon, ministre de l'instruction publique, à qui j'ai offert d'en fournir la preuve; par malheur ces choses-là n'intéressent point le ministre de l'instruction publique M. Jules Simon.

« B..., savant officiel, passe pour avoir fait beaucoup d'expériences et écrit nombre de mémoires. La vérité est que son incapacité comme expérimentateur et comme écrivain passe toute limite; c'est la nullité absolue. Si B... devait être enfermé tout seul dans un laboratoire jusqu'à ce qu'il eût fait de ses mains l'expérience la plus simple du monde et la première venue de celles qu'on lui attribue, entendez-moi bien: IL N'EN SORTIRAIT JAMAIS. Et s'il devait être enfermé tout seul dans son cabinet de travail jusqu'à ce qu'il eût rédigé un mémoire quelconque, IL N'EN SORTIRAIT PAS DAVANTAGE.

B... expérimente et écrit par l'entremise des *auxiliaires* sur lesquels ses places lui donnent autorité. Du préparateur en titre au garçon de laboratoire, tous ont rang et rôle dans cette exploitation.

« J'ai dit que de ses mains il ne monterait pas le moindre appareil; il ne le manierait probablement pas sans le casser, pas plus qu'il ne serait capable d'écrire sans ratures la suscription d'une lettre. Mais il ne se commet pas avec les appareils. A l'inverse d'un photographe célèbre, *l'illustre* savant n'opère jamais lui-même. Si ses expériences prenaient une voix, parodiant la naïveté que l'auteur des *Misérables* met dans la bouche d'une petite orpheline, elles pourraient assurer que celui dont elles sont l'œuvre n'était pas là quand il les a faites.

« Après avoir fait en l'absence du maître des expériences qu'il ne contrôle jamais personnellement, et qu'il serait absolument incapable de contrôler, les préparateurs de B..., véritables Maîtres-Jacques de la science, s'en vont chez leur patron rédiger ses mémoires.

« Ils y vont, entendez bien, en dehors des heures de laboratoire, les seules qui soient payées, non par le professeur, mais par l'établissement auquel il les emprunte. Ils y vont le matin avant leur journée, le soir après celle-ci et quelquefois y demeurent tout le jour, sans recevoir jamais de gratification ni d'indemnité d'aucun genre. J'en sais qui sont restés dans le cabinet de B.., de 8 heures du matin à 6 heures du soir sans manger; sans que B..., qui les quittait pour aller prendre ses repas, parût soupçonner que ceux dont le cerveau travaillait pour lui avaient comme lui un estomac à satisfaire. En dehors du temps qui leur est payé, les uns pourraient donner des leçons, les autres trouveraient à faire de petits travaux ; ils doivent renoncer à ce complément de ressources. Notez que ces jeunes gens gagnent de 1.200 à 1.500 francs par an ! J'en sais un qui, ayant réclamé la disposition de ses matinées, fut congédié. Il a raconté que, rentrant chez soi le soir, il trouvait des épreuves à corriger dont le travail devait être pris sur son sommeil. Un autre, fils d'un homme dont le nom figure dans l'histoire parlementaire de 1848, faisait d'humbles écritures qui lui aidaient à soutenir sa mère; il a dû cesser d'en faire. Je pourrais les nommer tous; c'est P..., c'est B..., c'est D..., c'est G. ., c'est M..., tous ces « nègres blancs, » comme l'un deux se qualifiait lui-même, viendraient témoigner, moins le premier qui est mort, mais à sa place se lèveraient vingt anciens camarades, alors étudiants comme lui et qui furent témoins de ses souffrances,

« Eh bien! ce n'est encore rien. B... dispute impitoyablement à ces pauvres jeunes gens les misérables avantages qu'il pourrait leur procurer sans préjudice pour lui, sauf le déplaisir de faire même *gratis* quelque bien à ceux qu'il exploite; il les leur fait attendre, il les leur rogne autant et aussi longtemps que possible. J'ai là-dessus des détails répugnants. Un de ces auxiliaires qui, d'un rang inférieur, s'est élevé par son intelligence à la place qu'il occupe, reçoit chaque mois à cause de cette origine, quelques francs de moins que s'il était entré de plain-pied dans sa place. Un autre, dont B... a tiré des services tels que le mot exploitation n'est plus le terme propre, n'a obtenu qu'en l'absence de son maître, la petite augmentation à laquelle il avait droit, etc., etc.

« Je viens de donner à entendre que les auxiliaires surchargés de besogne par B... et si mal récompensés sont détournés par lui, de leurs devoirs. Rien de plus exact, puisque, rétribués pour un service public, ils sont employés à un service personnel. L'un d'eux s'est représenté mettant sous bandes les brochures du professeur, rangeant ses livres et papiers, allant solder ses factures, etc. Pour être souvent plus relevé, l'emploi que B... fait de ces jeunes savants n'en est pas moins personnel. J'ai la liste des travaux faits pour lui depuis plusieurs années; j'y trouve des articles de revue, des biographies, des rapports sur l'Exposition universelle; de tout enfin, excepté ce qui intéresserait l'établissement qui les paie. B... a trouvé ce moyen d'économiser la dépense de serviteurs particuliers. Je vous signalais tout à l'heure une exploitation; c'est maintenant une malversation. Chaque mois B... prend dans la caisse de telle institution scientifique une somme destinée à des employés de cette institution et il la remet à des secrétaires et à des domestiques dont il économise les appointements et les gages. Ce que devient le service public, vous le devinez ; d'autant que certains collègues de B... en agissent un peu comme lui, car il n'a pas créé le genre ; peut-être l'a-t-il exagéré. Mettre l'Etat au pillage n'a jamais passé dans un pays de bureaucratie pour acte de malhonnêtes gens. Mais naturellement la maison où fleurissent de telles probités n'est pas très florissante elle-même ; les travaux urgents sont en souffrance, toute amélioration est ajournée : le public se plaint, les journaux critiquent, l'étranger se rejouit. L'établissement se retranche derrière l'insuffisance de son personnel et l'exiguïté de son budget. B... n'est pas le dernier à invoquer cette excuse.

« J'ai raconté par écrit le cas de B... à M. Jules Simon, ministre de l'instruction publique ; par malheur ces choses-là n'intéressent point le ministre de l'instruction publique M. Jules Simon.

« C..., troisième prince de la science ; encore un cumulard par conséquent, membre d'une foule d'ordres de chevalerie non conquis sur les champs de bataille, ainsi qu'on va le voir.

« C... se trouvait dans une ville de l'Est au début de la guerre, et quoique ses emplois soient à Paris nous ne nous étonnions pas de son absence : il est né dans cette ville, y a sa famille et ses biens, et elle était menacée ; quatre raisons pour ne pas la déserter.

« Aussi, voyant l'ennemi s'en approcher, C... se *replia-t-il en bon ordre* sur Paris.

« Comme l'ennemi l'y suit, C... se replie de nouveau. Il abandonne sans laisser d'instructions les inappréciables collections dont la garde lui est confiée, espérant bien que derrière lui se trouveront des gens assez amis du devoir pour faire le sien ; ce qui est arrivé. Il part le 12 septembre sans dire adieu à personne, arrive à la gare d'Orléans trois heures avant le départ du train et ne s'arrête que dans les Pyrénées.

« Un moment fut où l'on put croire que les *francs-fuyards* auraient à rendre compte de leur lâcheté. Sous l'empire de cette idée, les collègues de C... firent courir le bruit qu'ils l'avaient chargé d'une mission; obligeant *alibi* suggéré par l'esprit de corps et monté après coup par des camarades.

« C... ne rendrait sans doute pas de points à B... au jeu de l'exploitation, c'est impossible; mais il n'en accepterait pas non plus de lui. Aussi sa fuite eut-elle un résultat singulier. Son préparateur devenu libre par cette absence même de s'occuper du service de la maison, auquel il appartient, imagina d'en profiter pour exécuter un travail toujours différé depuis nombre d'années. Les galeries et magasins souffrent à l'exès de l'embarras des richesses. Telle sorte d'échantillons remplit un nombre incroyable de tiroirs d'objets identiques qui, inutiles et gênants ici, seraient une richesse pour une foule d'établissements d'instruction entièrement dénués d'articles de ce genre. Le préparateur sollicita des collègues de son maître et en obtint l'autorisation de désencombrer les magasins en formant le plus grand nombre possible de collections d'étude pouvant servir à propager en France le goût et la connaissance des sciences. Cette vaste entreprise fut conduite avec activité jusqu'à la fin du siège.

« Paris capitule : les Prussiens poussent jusqu'à la place de la Concorde, et C... fait sa rentrée dans sa principauté scientifique. Son premier soin est d'arrêter les préparatifs de cette grande confection de collections d'étude. Il n'avait pas encore eu le temps de signaler autrement son retour, que le 18 mars arrive. Aussitôt C... se replie en bon ordre, comme il s'était replié le 12 septembre, comme il se repliera à la prochaine invasion du choléra, si cette nouvelle épreuve nous est réservée.

« Le danger passé, C... revint. Il se rappela alors, ou on lui rappela (cette dernière version doit être la bonne et vous allez être de mon avis) qu'il avait un cours à faire et il le fit... en... sept leçons, et quelles leçons, grand Dieu ! J'en atteste les décavés et désabusés des deux sexes, qui viennent tuer là leur temps sans valeur. Il fit en tout sept leçons et une promenade dans la banlieue, ce qui, en mettant la course à 500 francs (bon prix, n'est-ce pas ?), met la leçon d'une heure à 1,000 fr. et la minute à 16 fr. 66. Eh bien ! C... a fait, comme professeur, des opérations bien plus belles.

« Partout ailleurs que chez les savants de l'Etat, l'action de donner sept quand on fait payer vingt — car C... doit vingt leçons — est qualifiée d'un mot sévère. Je ne le répéterai pas.

« Et quand je dis que C... doit vingt leçons ! Je devrais dire qu'il a fait depuis longtemps réduire à vingt sa dette qui était de quarante. Son prédécesseur, que j'ai suivi, faisait quarante leçons ; ses confrères sont censés en faire autant. Vous venez de voir comment il a rempli cette fois les clauses de son concordat. Chaque année il escamote quelques leçons. En 1867, il les escamota toutes sous prétexte d'Exposition ; personne ne parut s'en apercevoir, ni le directeur des lieux où C... professe, ni le ministre, ni le public. C'est ce qui me faisait dire qu'il a vu des années meilleures encore que celle-ci.

« J'ai raconté par écrit le cas le G... à M. Jules Simon, ministre de l'instruction publique ; mais, par malheur, ces choses-là n'intéressent point de ministre de l'instruction publique M. Jules Simon.

« Si D... n'était pas D..., il eût pu être B... Comme B.. Il a de commun avec Mme Benoîton, d'être toujours sorti ; toujours sorti au moment où ses découvertes se font. Aussi incapable que B... de contrôler celles qu'il signe et dont rien ne lui garantit l'exactitude, sinon la capacité et la conscience de ses préparateurs, il a imaginé de les employer à se contrôler les uns les autres ; et les doutes qu'il ne peut s'empêcher de concevoir sur la valeur de résultats acceptés, les yeux fermés, de gens qui ne furent pas payés pour le bien servir, ces doutes font qu'il emploie successivement tous ses auxiliaires à répéter les expériences auxquelles il doit sa renommée, qui publiées depuis longtemps, sembleraient ne devoir plus l'occuper. Je connais un homme qui a été chargé de refaire les principales d'entre elles, dont plusieurs excessivement coûteuses et non exemptes de danger ; — coûteuses non pour le professeur, soyez tranquille, mais pour l'Etat, et dangereuses, rassurez-vous, pour le préparateur seulement qui les a refaites un nombre de fois invraisemblable.

« Or, d'après ces expériences fastidieusement reproduites, les grandes découvertes anciennement annoncées par D... dont elles ont fait la gloire et à qui elles ont plus que d'autres contribué à ouvrir les portes de l'Institut : ces découvertes n'existeraient pas : la transformation du... en... serait une fiction ; celle du... en...

une illusion... ; la production de la... par le... une hallucination. Et vous ne doutez pas que je ne puisse séance tenante remplir tous ces blancs.

« Furieux contre l'expérimentateur intègre qui lui annonçait non les résultats désirés, mais les résultats obtenus, et qui froidement, imperturbablement, faisait table rase de tout le passé de son patron au moment même où ce patron était obligé de s'avouer qu'il n'a plus d'avenir, D... s'est dispensé de faire connaître ces résultats à l'Académie ; il les a soigneusement gardés pour lui. Possible que l'homme destiné à les faire connaître, soit moi !

« J'ai raconté ce cas par écrit à M. Jules Simon, ministre de l'instruction publique ; par malheur ces choses-là n'intéressent pas le ministre de l'instruction publique M. Jules Simon.

« E... est un grand professeur, je devrais dire un gros professeur, car c'est le nombre de ses places et le chiffre de ses traitements que j'ai en vue. E... ignore d'ailleurs à fond des parties essentielles de la science qu'il enseigne. Imaginez un botaniste qui, menant ses élèves herboriser, serait absolument incapable de leur donner les noms de séries entières de plantes ; voilà E... Représentez-le-vous donc, tantôt confessant son ignorance à tel élève qui le questionne, tantôt répondant par un nom en l'air, ou enfin éludant, par une marche oblique, l'approche de qui vient le consulter ; figurez-vous les élèves que ce jeu ne saurait tromper, qui souvent le provoquent à dessein, toujours s'en amusent : vous avez une idée parfaitement exacte de E... comme professeur, de l'utilité de son rôle et de la dignité de son attitude.

« Je sais bien que ce que je vais dire est invraisemblable, mais j'en affirme sur l'honneur la plus rigoureuse exactitude. E..., qui est membre de l'Institut, demandait un jour à son préparateur si les polypiers et les rayonnés ne formaient pas deux classes différentes. « M. X... lui disait-il une autre fois, ne classe-t-on pas aujourd'hui les rudistes parmi les polypiers? » Or, il n'est pas de commençant en zoologie qui ne sache d'une part que les polypiers sont des rayonnés, lesquels constituent un des embranchements du règne animal, et que d'autre part les rudistes sont des mollusques.

« J'ai de vive voix touché un mot du cas de E... à M. Jules Simon, ministre de l'instruction publique, mais ces choses-là n'intéressent pas le ministre de l'instruction publique M. Jules Simon.

« F... est conservateur d'un grande collection. Il a tout pouvoir pour l'agrandir par voie d'achat ou d'échange. Un budget est dans ce but à sa disposition. Imaginez un bibliothécaire qui emploierait partie de ses fonds à acheter plusieurs centaines d'exemplaires d'un même livre. Ainsi procède F..., avec cette seule différence que ce ne sont pas des livres qu'il collectionne. Qui administrerait ainsi pour le compte d'un particulier serait immédiatement cassé aux gages ; qui administrerait ainsi sa fortune personnelle se verrait interdire à la demande des siens ; mais c'est d'une parcelle de la fortune de l'État qu'il s'agit : celui qui la gaspille avec cette inintelligence peut la gaspiller impunément! C'est un personnage et qui fût monté bien plus haut encore sans l'accident arrivé à l'Empire l'année dernière. Pensez-vous qu'il coure aucun risque de descendre sous la République actuelle ?

« Du reste, je dois avouer que je n'ai signalé le cas ni par écrit ni de vive voix à M. Jules Simon ; je crois savoir que ces choses-là n'intéressent pas M. le ministre de l'instruction publique.

« Mais, cher confrère, j'abuse, je le crains, de votre bienveillante attention. Que voulez-vous ? le sujet est si riche ! Je m'arrête. Maintenant vous allez me demander les noms des savants que je viens de vous faire entrevoir. Mais je connais mon métier ; permettez que je renvoie la réponse à un prochain numéro.

« Cependant, si vous étiez pressé, vous pourriez vous renseigner auprès de M. le ministre de l'instruction.

« Ce que je puis vous assurer, c'est que la réponse que j'ajourne vous jettera dans le plus grand étonnement et paraîtra plus extraordinaire que tout ce que je viens de vous raconter.

« Agréez, cher confrère.....

« VICTOR MEUNIER[1] »

France scientifique, 15 octobre 1871.

CHAPITRE VIII

ET VERS LE MÊME TEMPS...

Et vers le même temps, dans un élégant passage d'un discours prononcé à la séance inaugurale de l'Association scientifique de France, M. de Quatrefages comparant le savant au soldat : « Le travailleur scientifique est donc aussi un soldat, — disait-il. — Qu'il se place à ce point de vue, et lui aussi connaîtra les ardeurs de la lutte, les enivrements du triomphe. Plus heureux que le guerrier, *il n'aura pas au-dessus de lui un général en qui se résume l'honneur du succès dû à tous.* QUELQUE MINIME QUE SOIT SA PART DE GLOIRE, ELLE LUI REVIENDRA TOUT ENTIÈRE. »

« A preuve, n'est-ce pas, M. de Quatrefages, à preuve — écrivions-nous — le soin avec lequel votre collègue, M. X..., tient dans l'ombre le nom du jeune chimiste qui lui fournit ces savantes analyses des fers d'Ovifak, dont le susdit M. X... s'attribue bravement le mérite devant l'Académie.

« Quand parut son premier mémoire sur ce sujet : Voyons, lui dis-je, ce mémoire est l'œuvre d'un chimiste, vous ne l'êtes pas, de qui est-il ? Certes je n'attendais pas de réponse ; mais je ne m'attendais pas non plus à le voir commettre presque aussitôt la récidive que constitue son second mémoire. Eh bien ! ce qui m'étonne davantage encore, c'est que ces choses-là puissent se faire au su et au vu de travailleurs comme vous et comme quelques-uns de vos confrères, M. Chevreul entre autres, dont on exaltait si solennellement il n'y a que peu de jours, l'élévation morale.

« Comment ! il est à votre connaissance et à la leur que le savant dont il s'agit a toujours travaillé comme dans le cas précité ; que cet expérimentateur n'expérimente jamais lui-même, et que même la malice de ses exploités a fait endosser à son innocence expérimentale la responsabilité de grandes découvertes qui n'ont que le défaut de ne pas exister ; comment ! un de ses anciens préparateurs, M. Desgraviers, dont j'ai esquissé la déplorable histoire, raconte à tout le monde que, pour reconquérir les bonnes grâces de son maître, furieux de voir s'évanouir entre les mains de son préparateur la grande découverte que M. X... passe pour avoir faite d'une décomposition mécanique du feldspath, qui devait fournir à l'industrie une source de potasse, il fut sur le point de fourrer dans les liqueurs qui s'obstinaient à rester neutres, autant et plus d'alcali que la gloire de M. X... ne pouvait exiger qu'il y en eût ; comment ! vous savez tout cela, et tout cela continue d'être possible, et vous venez nous dire qu'en France le travailleur scientifique recueille toujours la part de gloire à laquelle il a droit. Ah ! monsieur ! monsieur !

« Les indulgents, qui sont souvent des indifférents, feront honneur de votre tolérance à l'esprit de corps. Mais il est un corps qui vaut bien l'Académie et le Muséum, et envers lequel des gens comme vous et beaucoup de vos collègues ont aussi des devoirs : c'est le corps des honnêtes gens. En tout cas, un pays où les choses que je viens de laisser entrevoir obtiennent la complicité tacite des Quatrefages, des Frémy, des Decaisne, des Chevreul, ne va pas reprendre son rang scientifique parce qu'on aura fondé cette foire annuelle de découvertes dont la création est un des buts de votre Association. »

Je trouve dans une lettre à Mlle Voland (1761), une histoire bien plaisante à la lecture, attristante à la réflexion. Comme on ne saurait se plaindre d'avoir du Diderot à lire, je ne m'excuserai pas de la longueur de la citation :

« Le comte de Lauraguais a laissé là Mlle Arnould... Une folle vanité l'agite et le promène de Paris à Montbard, de Montbard à Genève. Il est allé là avec un rouleau de beaux vers tout faits par un autre, mais qu'il refera à côté de Voltaire, pour lui persuader qu'ils sont de lui. C'est une singulière créature. Il s'est attaché deux jeunes chimistes. Un jour, il s'éveille à quatre heures du matin, il va les éveiller dans leur grenier, il les prend dans son carrosse. Les chevaux les avaient conduits à Sèvres, qu'ils n'avaient pas encore les yeux ouverts. Il les fait entrer dans sa petite maison; quand ils y sont, ils leur dit : « Messieurs, vous voilà ici; il me faut une découverte; vous ne sortirez pas qu'elle ne soit faite. Adieu, je reviendrai dans huit jours; vous avez des vaisseaux, des fourneaux et du charbon; on vous nourrira : travaillez. » Cela dit, il referme la porte sur eux, et le voilà parti. Il revient; la découverte s'est faite; on la lui communique, et, au même instant, le voilà convaincu qu'elle est de lui; il s'en vante; il est tout fier, même vis-à-vis de ces deux pauvres diables à qui elle appartient, qu'il traite avec mépris comme des sots, et qu'il fait mourir de faim. Encore s'il disait : « Vous avez du génie et point d'argent; moi, j'ai de l'argent, et je veux avoir du génie; entendons-nous; vous aurez des culottes, et j'aurai de la gloire. »

Ce qu'il y a de douloureux dans ce comique, c'est que cette histoire d'ancien régime est une histoire du nôtre. Lauraguais existe. C'est à croire aux revenants. Il n'y a de changé que le nom. Son cas a fait naguère quelque bruit sans lui faire aucun tort. C'est que non seulement Lauraguais est encore possible, il est devenu légion. Les légionnaires se soutiennent. Différence unique d'aujourd'hui à 1761 : Lauraguais, devenu membre de l'Institut, fait payer les culottes par l'Etat.

Et voilà le progrès !

A quand la république scientifique ?

TROISIÈME PARTIE

L'ACADÉMIE ET LES ACADÉMICIENS

CHAPITRE PREMIER

L'ACADÉMIE DES SCIENCES DEVANT LES MALHEURS DE LA PATRIE

M. Elie de Beaumont, secrétaire perpétuel pour les sciences mathématiques, dépouille la correspondance. Il lit une note de M. le lieutenant-colonel du génie Laussedat, professeur à l'Ecole polytechnique, note relative à un projet d'appareil pour l'observation du prochain passage de Vénus[1]. Les détails n'arrivent qu'imparfaitement aux auditeurs; mais à un certain moment on entend que M. Laussedat exprime cette opinion : que nous avons succombé parce que le niveau des études sérieuses a baissé chez nous. Ici, le savant secrétaire pour les sciences physiques, M. Dumas, assis au bureau à côté du secrétaire de semaine, interrompt

[1] En 1874.

son confrère : « Il ne faut pas lire ces choses-là, en public, » lui dit-il.

M. ELIE DE BEAUMONT. — Non ! Que voulez-vous ; on me remet au dernier moment des pièces dont je n'ai pas le temps de prendre connaissance. Si j'avais connu celle-ci, je n'aurais pas lu ce que je viens de lire. (*S'animant*) : Il n'y a de mal à dire, ni de l'Académie, ni des savants en aucun temps. On a toujours travaillé ici avec la plus grande activité, et même pendant le siège. (*S'adressant au président :*) On mettra dans le *Compte rendu* ce que la lettre de M. Laussedat contient de scientifique. »

Ainsi, en face de nos désastres, la science officielle, ayant fait son examen de conscience, reconnaît qu'elle n'a rien à se reprocher. C'est absolument comme le comité d'artillerie et comme celui du génie. La magistrature est exactement dans le même cas. Il en est de même de cette administration publique que le monde nous envie. De même de l'Université, du Gouvernement de la Défense nationale, de MM. Ducrot et Trochu, qui jamais n'ont été plus satisfaits d'eux-mêmes. Mais cela étant, comment explique-t-on que nous sommes tombés, et, ce qui est bien plus important, comment comprend-on que nous puissions nous relever ?

Un instant après, M. Elie de Beaumont, mentionnant une lettre sur l'artillerie, déclare que l'Académie s'intéresse très vivement à cette spécialité militaire, — « elle l'a prouvé pendant le siège, » ajoute-t-il.

Il ne faut pas déprécier le rôle de l'Académie pendant le siège, mais il ne faudrait pas non plus l'exagérer. Tâchons donc d'êtres justes et vrais. Cela devrait être toujours facile à des savants. L'Académie est restée à son poste en un moment où beaucoup de gens, y compris un certain nombre d'académiciens, désertaient le leur; c'est un mérite relatif que nous n'avons pas été le dernier à reconnaître (*National* du 8 juin 1871), mais ce n'est pas un titre de gloire.

Continuant en ces temps extraordinaires son petit train de vie habituel, l'Académie a vu naturellement la composition de ses séances refléter les préoccupations du moment; comme la parole était au canon, l'Académie a reçu nombre de communications relatives à la balistique, et c'est ainsi qu'elle a prouvé que l'artillerie l'intéressait. On a écrit[1] qu'on avait vu alors soixante Archimèdes s'assembler tous les lundis à l'Institut. Quelle amère moquerie, si ce n'eût été une flatterie extravagante!

Est-ce pour avoir assisté régulièrement dans Syracuse assiégé aux séances hebdomadaires d'une société savante ou parce qu'il éleva son génie inventif à la hauteur des dangers de la patrie, qu'Archimède s'est fait un nom immortel? Aux moyens d'attaque immenses et nouveaux déployés par les Romains, il sut opposer des moyens de défense plus nouveaux encore, puisqu'il les improvisait sur l'heure, et plus puissants aussi, puisqu'il obligea l'ennemi découragé à transformer le siège en blocus. Quelle occasion pour cinq douzaines d'Archimèdes que cette infâme année 1870! Quelle occasion horriblement belle de renouveler ces miracles de la science et de l'invention exaltées par le patriotisme! Est-ce là ce que nous avons vu? Plutarque dit que toute la population de Syracuse n'était que le corps, et qu'Ar-

[1] Le Dr Grimaud, de Caux. Voir plus loin au chapitre des *Séances solennelles*, l'article : « La Rente de M. Grimaud, de Caux. »

chimède seul était l'âme. L'âme de Paris était dans sa population méconnue, trahie, diffamée.

« Ne cesserons-nous donc pas, — s'écriait Marcellus, — de guerroyer contre ce géomètre qui surpasse les géants mythologiques aux cent bras ? » Mais la Prusse s'est-elle jamais regardée comme étant en guerre avec l'Académie des sciences? Le nom d'Archimède était devenu un objet d'épouvante pour le soldat romain; l'Académie peut-elle se flatter d'avoir seulement appris le sien aux soldats allemands? Supprimez Archimède, le siège de Syracuse est raccourci de trois années; supprimez l'Académie, vous rayez de l'histoire de Paris l'honnête exemple d'une compagnie qui n'a pas manqué à son devoir. Soixante Archimèdes! Accordez donc cela avec l'écrit dans lequel un membre de cette Académie, M. Pasteur, a cherché, sans le trouver d'ailleurs, pourquoi, dans la dernière guerre, la France n'a pas produit un homme.

Comment M. Elie de Beaumont, qui sait par expérience personnelle ce que c'est que le travail, peut-il dire qu'on a toujours travaillé à l'Académie? Quoi! se rendre tous les lundis vers trois heures à l'Institut, signer en arrivant le registre de présence, adopter le procès-verbal de la séance précédente; une fois sur deux (tous les quinze jours), assister au dépouillement de la correspondance, sans en entendre un traître mot; ne prêter le plus souvent aucune attention aux communications purement scientifiques et être tout oreilles aux questions de personnes; écourter la séance publique qui est principalement consacrée aux premières, afin de pouvoir allonger la séance secrète où les secondes peuvent prendre leurs aises; nommer pour l'examen des mémoires envoyés par les savants du dehors, des commissions qui n'examineront rien, enfin, entre cinq et six heures, s'en aller dîner : voilà ce que M. Elie de Beaumont appelle travailler avec la plus grande activité! Mais qu'appelle-t-il vivre de ses rentes?

CHAPITRE II

LES FONDS DE L'ÉTAT ET LES SAVANTS OFFICIELS
OU
LE BALLON DE M. DUPUY DE LÔME

M. Dupuy de Lôme est directeur du matériel au ministère de la marine, membre de l'Institut, conseiller d'État. Sa gloire se fonde sur la savante part qu'il a prise à la ruineuse et décevante création des navires cuirassés. Il fut Danaïde sous l'Empire et de première classe, je veux dire que personne ne s'employa plus activement à jeter dans le tonneau sans fond des dépenses improductives les millions faits de nos gros sous. Aussi personne n'entra-t-il plus avant dans la faveur impériale.

A tous ces titres, dès qu'il plut à M. Dupuy de Lôme de s'occuper de la direction des ballons, il n'eut qu'à le dire pour voir s'abaisser les obstacles qui d'ordinaire se dressent hauts comme des montagnes et nombreux comme les arbres d'une forêt devant le commun des inventeurs.

Cela lui plut le 10 octobre 1870, jour où il entretint l'Académie non point précisément d'une invention faite par lui, — car il a mis fort peu du sien en cette affaire, — mais d'un projet de construction aéronautique auquel il s'était arrêté. Et quand je constate qu'il n'a fait ici qu'une petite dépense d'imagination, ce n'est pas dans une intention de reproche, car j'ai toujours pensé et j'ai plusieurs fois écrit que la constitution de la navigation aérienne au moyen d'aérostats est aujourd'hui moins affaire d'invention qu'affaire de pratique : que tous les éléments nécessaires à un commencement de réalisation existent et qu'il ne s'agit que de les mettre en œuvre : commencement modeste naturellement, comme sont souvent les débuts de ce qui est appelé à fournir une très longue carrière.

Il n'est personne, parmi ceux qui ont fait quelque étude de ce sujet, à qui nous ayons la prétention d'apprendre en quoi consistait la mémorable expérience faite le 24 septembre 1852 par un ingénieur alors jeune, pauvre, inconnu, et qui depuis s'est corrigé de ce que cet ensemble de traits caratéristiques pouvait avoir de défectueux.

Pour les personnes moins au courant, nous rappellerons que ce jour-là M. Henri Giffard, partant de l'Hippodrome, conduisit à une hauteur de 1,800 mètres, — vingt-sept fois celle des tours de Notre-Dame, — un aérostat de forme allongée, la seule qui soit propre à la direction, et mu par une machine à vapeur. Long de 44 mètres, ayant 12 mètres de diamètre au milieu et terminé en pointe à ses deux extrémités, l'aérostat contenait 2,500 mètres cubes de gaz. Il était muni d'une hélice et d'une voile faisant office de gouvernail. La machine à vapeur était de trois chevaux.

5 h. 15 m. du soir sonnaient au moment du départ. Le vent soufflait avec une assez grande violence. L'habile et courageux expérimentateur n'essaya pas de lutter directement contre ce vent, mais il opéra avec le

plus grand succès diverses manœuvres de mouvement circulaire et de déviation latérale. « L'action du gouvernail se faisait parfaitement sentir, — a-t-il écrit, — et à peine avais-je tiré légèrement une de ses deux cordes de manœuvre, que je voyais immédiatement l'horizon tournoyer autour de moi. » Il descendit très heureusement dans la commune d'Elancourt, près Trappe. A dix heures, il était de retour à Paris.

Or dix-huit années s'étaient écoulées depuis cette grande expérience, quand M. Dupuy de Lôme, persuadé que personne encore n'avait réalisé le projet d'un aérostat capable de se mouvoir horizontalement, en vertu d'une force propre, et que même personne encore n'avait poussé assez loin l'étude d'aucun projet de ce genre pour qu'on pût « le considérer comme fondé sur des calculs suffisamment approchés de la vérité ni sur des dispositions praticables sans trop de difficultés ; » M. Dupuy de Lôme, dis-je, proposa quoi ? de construire un aérostat de forme oblongue et terminé par deux pointes, long de 42 mètres et d'un diamètre de 14 mètres, mu par une hélice et muni d'une voile faisant office de gouvernail ! Chose curieuse qu'après cette rencontre nez à nez avec M. Giffard, M. Dupuy de Lôme ait ignoré l'existence de son devancier au point de ne pas le nommer.

Ce n'est pas qu'entre l'invention de l'ingénieur civil et la proposition de l'académicien il y ait identité. Non. Ainsi, M. Giffard faisait mouvoir son hélice par une machine à vapeur qui, dès cette époque, ne pesait, chaudière comprise, que 5 à 6 kilogrammes par force d'homme ; M. Dupuy de Lôme revient à la force humaine. De plus, pour maintenir le ballon sans cesse gonflé, nonobstant les dépenses de gaz, et afin de pouvoir opérer un grand nombre de montées et de descentes alternatives sans en perdre, M. Dupuy de Lôme emploie un organe qui n'existait pas dans l'appareil de M. Giffard : c'est une poche pneumatique établie à l'intérieur de l'aérostat, poche dans laquelle on refoule l'air pour descendre et d'où l'on soutire de l'air pour monter. Hâtons-nous de dire que cette poche n'est, pas plus que le reste, de l'invention de M. Dupuy, et qu'après avoir été proposée par le général Meusnier, elle a été employée par les frères Robert dans leur célèbre ascension du 15 juillet 1784.

La communication de M. Dupuy de Lôme reçut naturellement de l'Académie l'accueil dû à la haute situation de l'auteur. Si quelqu'un accusait la savante compagnie de porter un intérêt excessif à l'aéronautique, l'Académie, pour se laver de ce reproche, n'aurait qu'à invoquer ses *Comptes rendus*. Mais quelle importance le sujet a pris à ses yeux, le jour où un de ses membres est venu le ressasser devant elle ! L'Académie fut tout oreilles et le journal de ses séances s'ouvrit tout grand à des mémoires, qui dépassent de beaucoup en étendue les limites réglementaires.

Membre de l'Institut, directeur au ministère de la marine, etc., etc. (voir plus haut), M. Dupuy de Lôme était en droit d'attendre du gouvernement un accueil non moins empressé le jour où il aurait quelque chose à lui demander ; aussi n'a-t-il eu qu'un signe à faire pour obtenir le décret suivant :

« Le Gouvernement de la Défense nationale, » vu les propositions faites par M. Dupuy de Lôme, membre de l'Institut, membre du conseil de défense; pour la construction de ballons susceptibles de recevoir une direction, et spécialement applicables aux correspondances du gouvernement avec l'extérieur ;

« Considérant que ces travaux sont d'un grand intérêt pour la défense nationale, — décrète :

« ARTICLE PREMIER. — Un crédit de 40,000 francs est ouvert au budget extraordinaire du ministère de l'instruction publique pour être affecté à la construction des ballons.

« ART. 2. — M. Dupuy de Lôme est chargé de l'exécution et de la direction des travaux, auxquels il imprimera toute l'activité possible.

« Paris, 28 octobre 1870. »

(*Suivent les signatures.*)

On voit qu'en ouvrant à M. Dupuy de Lôme le crédit demandé, le gouvernement avait exclusivement en vue l'intérêt de la défense. Il est évident, en effet, que les travaux de l'académicien-ingénieur perdaient tout ce qui pouvait les recommander au gouvernement du 4 Septembre s'ils n'aboutissaient qu'après que l'investissement de Paris aurait cessé. M. Dupuy de Lôme l'avait parfaitement compris, puisque, dès sa première communication à l'Académie, il se montrait animé du « désir d'arriver, dans les circonstances présentes, à une application aussi prochaine que possible » ; désir patriotique qui explique les proportions modestes du projet auquel l'auteur s'était arrêté.

Ajoutons qu'en un temps où la fabrication des ballons avait pris une si grande activité, il semblait qu'une quinzaine de jours dût suffire vu l'urgence, à la construction d'un appareil qui ne contenait rien de nouveau.

Or, tout le siège de Paris s'écoula sans qu'on entendît plus parler du ballon de M. Dupuy de Lôme. Et aujourd'hui encore, plus de sept mois après le siège, nous n'avons aucune nouvelle de ce ballon.

Le gouvernement n'a pas eu l'idée d'en demander, ou si, par impossible, il l'a fait, il n'en a rien laissé transpirer au dehors.

C'est un exemple de la facilité avec laquelle les moyens d'action dont le budget fait les frais, moyens si souvent refusés au mérite, sont accordés à la position. C'est un exemple du laisser-aller que, dans les hauts emplois, on peut mettre à s'acquitter de ses devoirs envers l'Etat. C'est un témoignage enfin de l'indulgence des gouvernements pour cette sorte de manquements commis par cette sorte de personnages.

Trop souvent les affaires publiques sont ainsi conduites. Presque jamais les affaires de la science ne le sont autrement.

Et il n'en faut pas davantage pour expliquer notre infériorité scientifique à l'égard de l'Allemagne, infériorité qui, répétons-le, avait précédé notre infériorité militaire, dont elle est une des causes incontestables.

C'était donc un fait utile à noter comme attestant la nécessité d'une grande et radicale réforme. (*France scientifique*, 10 septembre 1871.)

M. Dupuy de Lôme étant mort, *Ignotus*, qui ce jour-là eût dû signer *Ignarus*, a consacré au célèbre ingénieur un article, premier-Paris, dont les lignes suivantes sont extraites :

« Dupuy de Lôme s'enferma dans Paris. Il fut nommé membre du conseil de défense. C'était Archimède enfermé à Syracuse. Malheureusement pour la cité — et heureusement pour la science — le général Trochu ordonna (c'est le mot exact) à Dupuy de Lôme de découvrir la direction des ballons, dont Paris avait besoin.

« Alors le savant n'eut que cette pensée fixe. Il avait obéi à l'ordre — avec d'autant plus de mérite qu'il croyait peu à la possibilité de diriger les aérostats. Ce savant qui trouve ce qu'il ne croyait pas encore est un fait étrange dont j'ai la preuve !

« Il ne put terminer son ballon pendant le siège. Les pigeons furent les seuls émissaires qui purent revenir à Paris.

« Après le siège, en mai 1872, le ballon, sorte de poisson avec vessie intérieure, étant terminé, Dupuy de Lôme en fit lui-même l'essai. La réussite ne fut pas complète.

« Cependant le célèbre savant avait enfin déterminé le principe de la direction des ballons. Il s'agissait désormais de trouver un moteur plus puissant et léger que la manivelle maniée par huit marins.

« M. Jamin (de l'Académie des sciences) vient de démontrer que les capitaines Renard et Krebs ont appliqué le principe trouvé par Dupuy de Lôme. »

Voilà comme on écrit l'histoire... dans les journaux !

On ne l'écrit guère autrement à l'Académie.

Le 24 décembre 1887, le secrétaire pour les sciences mathématiques lisait en séance publique l'Eloge historique de Dupuy de Lôme.

Je constate avec regret, mais sans surprise, que l'injustice de celui-ci envers son prédécesseur dans la carrière aéronautique, n'est pas complètement absente du travail de M. Bertrand. Le nom de Giffard n'y est pas omis ; mais on va apprécier le caractère de la mention qui en est faite. Il s'agit de savoir à quelle force M. Dupuy de Lôme, chargé de la création d'un ballon dirigeable pouvant mettre la ville assiégée en communication avec le dehors, s'adressera pour mouvoir ce ballon : « Le vent ? — demande M. Bertrand : — C'est l'adversaire à vaincre. La vapeur ? Le foyer est un grand péril. L'inventeur Giffard a osé le braver. La tentative a fait frissonner son courage ; il ne l'a pas renouvelée. Faut-il se contenter de la force humaine et ramer dans les airs ? C'est une faible ressource. Dupuy de Lôme s'en contenta. On fera mieux, sans doute, et de brillants succès en promettent de plus grands encore ; mais les ingénieux auteurs de tentatives nouvelles s'inclinent loyalement devant leur illustre prédécesseur. »

Ainsi Giffard, qui trois ans après l'expérience rappelée plus haut, la renouvela, parti cette fois de l'usine à gaz de Courcelles, avec un ballon de même forme que le précédent, mais, cubant 3,200 mètres, n'est cité que pour avoir eu l'idée de recourir à une force dont l'emploi constituerait un grand péril. Ce péril serait-il donc plus grand que celui qui à bord des navires à vapeur résulte du voisinage de la sainte-barbe et du foyer des chaudières ? Il est si grand, d'après le secrétaire de l'Académie, que Giffard après l'avoir couru une fois n'aurait pas osé s'y exposer de nouveau, ce qui est une erreur de fait, comme on vient de le voir. D'ailleurs, ceux qui connaissent la question n'ignorent point que l'application de la vapeur à la navigation aérienne ne cessa jamais d'être l'objet des études de cet illustre ingénieur. La considération du danger étant absolument nulle en tant que fin de non-recevoir opposée au progrès, vu que le danger est fait pour être affronté par le courage et conjuré par la science ; nous sommes persuadé que l'avenir justifiera la confiance du premier inventeur de la navigation aérienne dans l'emploi de la vapeur. La tentative de M. Dupuy de Lôme substituant à cette force celle des bras fut un pas en arrière. Si « les ingénieux auteurs de tentatives nouvelles s'inclinent loyalement devant M. Dupuy de Lôme », ils font là, sans y penser, une sévère mais juste critique de l'attitude que leur prédécesseur a gardée vis-à-vis du sien.

Continuant, M. Bertrand fait honneur à M. Dupuy de Lôme de l'hélice que des aéronautes avaient, il est vrai, essayée, le secrétaire perpétuel en convient, « mais sans en calculer la puissance ni le rendement », ajoute-t-il, oubliant évidemment quel ingénieur fut Giffard. Je rapporterai à ce sujet que M. Mondot de la Gorce, ingénieur en chef des ponts et chaussées, trouvant chez moi le premier mémoire de Giffard, que celui-ci venait de m'apporter, en interrompit le parcours pour me dire : « Il sort de l'Ecole, n'est-ce pas ? » comprenant l'Ecole polytechnique. En quoi d'ailleurs M. Mondot de la Gorce se trompait.

Enfin M. Bertrand écrit ceci : « Dupuy de Lôme, retrouvant une idée ingénieuse et complètement oubliée de Meunier, utilisa dans les ballons l'admirable principe de la vessie natatoire. » L'idée ingénieuse de Meunier complètement oubliée ! Mais M. Bertrand ignore donc que plus de vingt ans avant que Dupuy de Lôme s'occupât d'aéronautique, M. Edouard Marey-Monge, dans ses belles *Etudes sur l'aérostation*, avait tiré de l'oubli, puisque oubli il y a, tout le travail de l'illustre défenseur de Mayence, faisant même graver plusieurs des planches qui l'accompagnent. La conception du ballon compensateur était vulgaire parmi les aéronautes. Ce n'est pas elle non plus qui coûta cher à M. Dupuy de Lôme. Quant à son ballon à rames, commandé dans l'intérêt de la défense, M. Bertrand ne dit pas qu'il ne fut expérimenté que longtemps après la guerre, en février 1872.

Parlant des résultats de l'expérience :

« On fait mieux aujourd'hui, » écrit l'historien académique, qui oublie de reconnaître qu'on faisait déjà mieux vingt ans auparavant.

« On fera mieux encore, ajoute-t-il ; mais le nom de Dupuy restera le premier. » Où met-il donc le nom de Giffard ? Il le met en oubli.

Et il termine par cette formule : « Le ballon de Vincennes est la galère de la marine aérienne. » Une galère venue après le bâtiment à vapeur ! Progrès à reculons. Le seul qui touche l'Académie parce qu'il est l'œuvre d'un de ses membres.

M. Dupuy de Lôme affectant d'ignorer son prédécesseur, son initiateur, son maître, n'innovait pas... Ce qu'on va voir par l'article suivant.

L'académicien... *paré des plumes*... d'un enfant.

Personne n'ignore aujourd'hui que l'*Épinoche*, vulgairement *savetier*, petit poisson très commun dans nos cours d'eau, fait son nid comme un oiseau. D'autres poissons en font autant, mais l'épinoche est le premier chez qui une industrie si supérieure à celle dont les habitants des eaux passaient pour capables a été constatée. Le mâle et la femelle, en bons conjoints, s'emploient de concert à cette construction et plus tard veillent sur les œufs, puis sur les petits, avec une vigilance égale à celle des emplumés.

Le plus joli peut-être n'est pas encore là. Cette découverte fut l'œuvre d'un enfant de dix ans qui barbotait avec les camarades dans un ruisseau d'eau vive, aux environs d'Avesnes (Nord), lorsqu'elle se présenta à lui. Bien des académiciens laissèrent échapper de pareilles occasions, qui ensuite ont formulé des réclamations de priorité contre des observateurs plus attentifs. Le galopin fut tout de suite de ces bons observateurs. Il ne lui suffit même pas d'avoir vu, il voulut revoir ; ni d'observer, il expérimenta. Ayant, au moyen de petits murs en argile et de deux petites grilles, établi dans le ruisseau habité par les épinoches une réserve de un mètre carré environ où la circulation de l'eau se faisait librement, il y mit une vingtaine de ses écaillés et eut la joie de voir un nid s'édifier sous ses yeux.

C'était en 1815. L'enfant devint homme, l'homme fut professeur à l'école vétérinaire de Lyon, puis inspecteur général des écoles vétérinaires. C'était F. Lecoq, frère du célèbre naturaliste Henri Lecoq, professeur à la Faculté des sciences de Clermont-Ferrand, qui a fait à cette ville le legs princier de sa maison, de ses jardins, serres et collections. Celui qui écrit ceci s'honore d'avoir connu les deux frères.

Eh bien ! vous ne savez pas encore le plus... — comment dirais-je ? vous qualifierez vous-mêmes — de l'affaire.

Ce n'est qu'en 1844 que F. Lecoq publia ses observations. Jusque-là tous ceux à qui il avait eu l'occasion d'en parler avaient pris la chose de même, personne n'y croyait, chacun en faisait des gorges chaudes. Du reste, la découverte était, après vingt-sept années, aussi neuve que le premier jour ; et si elle ne s'était pas améliorée en vieillissant, car l'auteur n'y avait rien ajouté, elle n'avait rien perdu de sa valeur, car nul encore ne s'était avisé de la refaire.

La Société d'agriculture et d'histoire naturelle de Lyon en eut la primeur (2 mars 1844). Elle en ordonna l'impression et Adrien de Jussieu présenta l'un des exemplaires à l'Académie des sciences de Paris. Le *Siècle* lui fit les honneurs de son feuilleton. En échange, la *Démocratie pacifique* la qualifia d' « ébouriffant canard », et prit d'autorité la décision suivante : 1° le savetier n'est ni monogame, ni polygame, étant dépourvu, comme tous les poissons, des organes indispensables au mariage ; 2° le nid, si la femelle s'avisait d'en construire, n'aurait aucune utilité, puisque l'éclosion des œufs ne serait pas hâtée par l'incubation ; 3° tous les poissons fluviatiles sont plus ou moins *filiovores*, par conséquent, le savetier n'élève pas de famille.

M. Coste fut mieux inspiré. Il répéta l'observation de Lecoq et l'ayant reconnue vraie,.... se l'appropria.

Deux ans après la présentation à l'Académie par Jussieu du mémoire de Lecoq, sur la nidification de l'épinoche, Coste lisait devant la même Académie son mémoire sur le même sujet. Des observations de son prédécesseur pas un mot ! Pas un mot de l'enfant qui lui avait ouvert la voie ! Coste aimait tant la gloire que les lauriers de cet enfant l'eussent empêché de dormir, aussi le supprima-t-il.

« C'est en 1846 seulement — écrivait Lecoq dans une lettre adressée au *Courrier de Lyon* — que M. Coste publia ses observations faites d'après la connaissance qu'il avait eue des miennes, et, chose étrange, la *Démocratie pacifique*, oubliant son précédent article, n'eut plus que des éloges pour cette *récente* découverte.

« A partir de ce moment et malgré ma réclamation près de l'Académie, la nidification des épinoches devint la propriété exclusive de M. Coste ; ses observations, beaucoup plus complètes, j'en conviens, et plus exactes dans certains points que celles de l'*enfant de dix ans*, furent partout reproduites. Mais, par suite d'une distraction que chacun appréciera à son point de vue, toujours le nom du véritable auteur de la découverte a été oublié dans les nombreux journaux ou recueils qui en ont offert les détails à leurs lecteurs.

« J'ai pensé, Monsieur le rédacteur, que vous me permettriez d'user de la publicité de vos colonnes pour réclamer encore une fois mes droits à la priorité d'une découverte que je qualifierais moi-même de très infime s'il pouvait y avoir quelque chose de petit en histoire naturelle. »

F. Lecoq avait cependant ouvert à Coste, aussitôt après la publication du mémoire de celui-ci, une voie de résipiscence : « Cette omission ne peut tenir, lui avait-il écrit, qu'aux coupures qu'a dû faire subir à votre mémoire le rédacteur du bulletin. »

Et Coste de répondre : « Comme vous l'avez compris, cela tient tout simplement aux coupures qu'a fait subir le rédacteur du bulletin. Je me propose d'insérer votre travail tout entier dans le mémoire plus étendu que je vais imprimer. »

Il avait prié Lecoq de lui communiquer ses observations et de lui envoyer quelques épinoches dans l'alcool :

« Vous m'excuserez, Monsieur, si je prends ainsi la liberté... C'est pour rendre hommage à l'exactitude de vos observations que je prends cette liberté. »

Mais aucune de ces promesses ne devait être tenue. Elles dataient de vingt-six ans que Lecoq écrivait : « J'ai attendu en vain, et j'attends même encore le mémoire où justice devait m'être rendue. »

Il ajoutait que bien que, tous les recueils — le *Magasin pittoresque* entre autres — qui s'étaient occupés de la nidification de l'épinoche, en eussent attribué la découverte à Coste, celui-ci n'avait jamais répudié cette gloire mal acquise. Mais il faut convenir qu'en la répudiant, Coste se fût montré bien peu conséquent avec lui-même.

Il persévéra invraisemblablement dans son *omission*, et quoique ce ne fût pas un ennemi de la propriété, jamais Lecoq n'en put obtenir la reconnaissance publique de la sienne.

Si l'académicien pensait ne pouvoir être dépossédé de cette propriété que par lui-même et qu'au cas où il ne la répudierait pas, on ne la lui contesterait point, l'académicien ne se trompait pas. Il en eut la jouissance indiscutée sa vie durant, il y mourut en paix et il y a même été enterré, puisqu'elle ne cesse d'être sienne dans aucun des livres nouveaux qui en parlent.

Et maintenant, comment qualifierez-vous ça ? Avez-vous trouvé ? Moi je trouve ça..... très ordinaire.

Ici, comme en toutes choses, la vérité finira par être reconnue. Ne doutons jamais du triomphe définitif du bien. Mais rendons-nous compte de la force des institutions qui nous régissent : tant qu'une Académie tiendra dans ses mains le présent et l'avenir de tous ceux qui, en France, s'occupent de science, il sera difficile qu'un académicien ait jamais tort.

On lira avec plaisir l'aimable lettre qu'à l'âge habituel de morosité F. Lecoq m'écrivait en une circonstance que cette lettre précise suffisamment :

« *Versailles, le* 17 *décembre* 1876.

« Monsieur,

« Le « gamin de dix ans » qui découvrait en 1815 les nids d'épinoches comptait entrer bientôt dans son soixante-douzième printemps, lorsqu'en lisant aujourd'hui un de vos articles dans le *Journal de la Jeunesse*, il a découvert qu'il n'était plus de ce monde.

« N'est-ce pas bien cruel à vous, Monsieur, de sacrifier ainsi de propos délibéré un homme que vous avez si généreusement défendu autrefois contre le plagiat éhonté d'un académicien trop célèbre.

« Il espère cependant que vous voudrez bien lui continuer vos bons offices, en le ressuscitant, ne fût-ce que pour lui permettre d'employer les quelques jours qu'il peut compter encore, à relire vos ouvrages et à vous exprimer de nouveau sa vive estime pour votre personne et pour vos savants travaux.

« F. Lecoq. »

Une histoire, dit-on, en amène une autre. Celle de Coste me rappelle la suivante :

Cuvier et Dutrochet.

Au commencement de l'année 1814, Dutrochet présenta à l'Académie des sciences des recherches comparatives sur l'œuf de la brebis, celui des oiseaux et celui des reptiles dont il démontrait l'étroite et mutuelle ressemblance quant aux dispositions principales.

Ces recherches furent honorées d'un rapport de Cuvier, rapport partiel : Cuvier coupa en deux le travail de Dutrochet, où ce qui vient d'être dit de son but montre assez si tout se tenait; et réservant, prétendait-il, pour un mémoire en préparation sur les œufs des quadrupèdes, le compte rendu de ce qui avait trait à la brebis, il s'occupa exclusivement des reptiles et des oiseaux.

Ce mémoire achevé, Cuvier l'apporta et le lut à l'Académie, et qu'on se figure le genre et l'excès de la surprise de Dutrochet :

« L'auteur (Cuvier) avait oublié — dit-il — d'y parler de mes recherches qui avaient été l'occasion des siennes et qui avaient établi déjà l'analogie de structure entre l'œuf des quadrupèdes et celui des oiseaux.

« Comme la priorité de cette découverte aurait pu m'être contestée, je réclamai auprès de l'illustre naturaliste, qui reconnut franchement mes droits dans la lettre que je reproduis ici. »

Suit une lettre de Cuvier secrétaire perpétuel, datée du 30 janvier 1816 et adressée au rédacteur de la *Gazette de Santé* qui avait donné l'analyse des deux écrits précités du savant naturaliste : son *Rapport* et son *Mémoire*. Cuvier l'en remercie : « mais vous avez oublié — ajoute-t-il — de faire remarquer ce que je disais expressément dans le second, qu'il n'était qu'une suite et un développement de ce que M. Dutrochet avait dit sur l'œuf de la brebis. Comme il pourrait résulter de cette omission que l'on m'attribuerait des observations qui appartiennent à ce savant distingué, je vous prie de vouloir bien rétablir les faits. M. Dutrochet a constaté dans ce qu'il a dit de l'œuf de la brebis, les détails d'analogie que je n'ai fait que suivre dans l'œuf des autres quadrupèdes. »

Mais c'est la suite qu'il faut voir ! Rendons la parole à Dutrochet :

« Le mémoire (de Cuvier) sur les œufs des quadrupèdes a été imprimé dans les *Mémoires du Muséum d'histoire naturelle*, t. III, p. 98. Mais son auteur a complètement oublié d'y faire mention de mon travail sur l'œuf de la brebis, quoiqu'il parle de ce même œuf et en donne la figure. C'est sur ses propres observations seulement qu'il y établit l'*analogie* et la presque identité de structure entre l'œuf des quadrupèdes et celui des oiseaux[1]. »

Résumons :

1° Cuvier, chargé de rendre compte d'un travail plein d'unité, le scinde arbitrairement en deux, pour en mettre dans l'ombre la partie la plus importante, dont il promet de s'occuper dans un mémoire en préparation.

2° Il *oublie* cette promesse, mais non son mémoire, qui paraît sans qu'aucune mention y soit faite de cette partie ajournée qui y passe d'ailleurs tout entière ; en fait, il s'en approprie les résultats.

Si Dutrochet eût été exploitable, Cuvier comptait une découverte de plus à son actif. Mais Dutrochet réclame. Sur cette réclamation :

3° Cuvier s'en prend à un journal qui, en reproduisant son mémoire, aurait sauté une phrase où les droits de l'inventeur étaient *expressément reconnus*.

[1] *Mémoires pour servir à l'histoire anatomique et physiologique des végétaux et des animaux*, par M. H. Dutrochet. Paris, 1837, t. II, p. 284-85, en note.

Et 4°, quand il publie lui-même son mémoire, cette phrase si expressive n'y brille absolument que par son absence!

Est-ce assez complet ?

Ainsi, quand Coste mettait le boisseau sur la priorité de l'enfant de dix ans auteur d'une découverte charmante, découverte mère — combien a-t-elle fait de filles ? — et refusait même de prononcer le nom de cet intéressant auteur ; quand Dupuy de Lôme procédait exactement de même, mais avec plus d'éclat encore, envers son prédécesseur en matière de direction aérienne, envers Giffard, dont sa plume n'a jamais non plus écrit le nom, etc., etc. : ils ne faisaient que suivre l'exemple du grand Cuvier !

Puisque tels sont les grands, jugez de la petitesse du monde où nous vivons!

CHAPITRE III

LA GRANDE LUNETTE DU PEUPLE FRANÇAIS

Les édifices ne doivent pas plus que les hommes être jugés sur la mine. A voir la masse imposante et sévère de l'Observatoire, le promeneur se sent pris de respect, et ce n'est qu'un « édifice lourd et inutile »; ainsi qualifié par M. le contre-amiral Mouchez [1].

Son histoire est un excellent exemple de la manière dont se traitaient autrefois les affaires de la science. Nous verrons tout à l'heure si quelque chose y est changé Le même Claude Perrault auquel est due la colonnade du Louvre et qui commença en l'honneur du progrès la querelle des anciens et des modernes, continuée par son frère Charles, l'auteur des *Contes*, en fut l'architecte. C'est à lui que Boileau adresse le vers satyrique : « Soyez plutôt maçon, si c'est votre métier. » Le directeur de l'Observatoire, M. Mouchez, lui reproche de l'avoir été trop : « Perrault... se préoccupa évidemment bien plus de sa gloire d'architecte et des goûts fastueux de l'époque que des besoins de la science... Il crut avoir satisfait à toutes les exigences... en ménageant aux quatre points cardinaux de larges et hautes fenêtres qui s'har-

[1] Dans un *Rapport sur la nécessité de la création d'une succursale de l'Observatoire en dehors de la ville*, rapport adressé au conseil de l'établissement.

monisaient parfaitement du reste avec les grandes lignes de l'édifice. Il ne voulut tenir aucun compte des avis de Cassini et des savants pour lesquels il travaillait, fâcheuse tradition qui s'est beaucoup trop conservée de nos jours. »

C'est ce que j'allais dire. J'allais demander si cette histoire ancienne différait en quoi que ce soit de la nôtre. Perrault, dit-on, se tenait aucun compte de l'avis des savants pour lesquels il travaillait ! Mais n'est-ce pas aujourd'hui même qu'un architecte, M. André, membre de l'Académie des beaux-arts, construisant, au Muséum d'histoire naturelle la nouvelle galerie de zoologie, opposait aux critiques des savants pour l'usage desquels cette galerie est édifiée [1], la fin de non-recevoir que voici : « Qu'est-ce que vous diriez, leur demandait-il, si j'émettais un avis sur vos travaux zoologiques ? Chacun son métier. Je suis architecte ; vous ne l'êtes pas, laissez-moi faire. » En effet, on le laissa construire cette énorme carrière de pierres de taille !

Qu'y avait-il de changé aux us et coutumes du temps de Claude Perrault quand, sous l'Empire, le nouvel Hôtel-Dieu fut construit en dépit de l'opposition unanime du corps médical ?

Qu'y a-t-il de changé maintenant qu'un professeur au Muséum, M. G. Pouchet, signale comme la première des causes de la gêne croissante de cet établissement, dont le budget ne fait qu'augmenter : « le luxe insensé des constructions nouvelles, cette *maladie de la pierre de taille* qui est une des plaies de notre enseignement supérieur ? »

Le même Muséum, dont le budget est de 918,442 francs

[1] Et plus particulièrement à H. Milne-Edwards.

(personnel, 300,000 fr.; matériel, 618,442 francs), et qui se plaint de n'avoir que 4,000 francs à mettre aux acquisitions annuelles de la ménagerie, a eu le crédit de faire jeter pour 7 millions de pierres dans la construction de cette *Bastille des empaillés* (la susdite galerie de zoologie). Voilà comme les intérêts de la science sont administrés! Exactement comme au temps de Claude Perrault.

Qu'on aille voir la nouvelle École de médecine, si l'on a besoin d'un supplément de preuves.

« Ce sont les architectes — écrit la *Revue scientifique* — qui s'imaginent qu'il faut à tout prix édifier des monuments massifs, coûtant des prix énormes, aussi riches en pierres de taille que les cathédrales du quatorzième siècle. Leur opinion n'est pas désintéressée; mais il faudrait savoir y résister. »

Mais qui résisterait? Les loups ne se mangent pas. Comme contribuable j'appelle loups les bénéficiaires d'abus. Tout privilégié est tendre aux abus par instinct de conservation personnelle. Le même savant recueil se montre très touché de ce que le Muséum est une institution autonome. Mais l'autonomie dans le privilège en est l'aggravation. C'est dans la science comme dans la société : pour que les abus cessent, il faut que le gouvernement passe aux mains du peuple ou de ses élus agissant au grand jour, sous ses yeux. Dans l'espèce, le peuple c'est la corporation compétente. Revenons à l'Observatoire.

« Les plans et les dispositions de cet Observatoire furent si mal adaptés à leur but que depuis deux siècles qu'il existe, à l'exception de quelques travaux faits sur la tour de l'Ouest, on n'a jamais fait dans cet édifice une seule observation astronomique. C'est dans le jardin et dans les pavillons-annexes, successivement construits depuis lors, qu'on a établi les instruments et le directeur lui-même, car le monument est d'une telle inutilité que ne contenant guère qu'une grande et haute galerie, et les deux salles octogones des tours à chaque étage, il ne peut même pas offrir un seul logement convenable pour le personnel. » (Mouchez.)

Ainsi, voilà un édifice qui fait honneur au goût de l'architecte, on en vante les grandes lignes ; à sa science, il y déploya une rare connaissance de la coupe des pierres, ni bois ni fer n'entrèrent dans la construction ; ainsi voilà un édifice qui fait partie de la gloire d'un grand règne, qui a coûté de grosses sommes à un peuple déjà épuisé que ses maîtres conduisaient à la plus extrême misère ; voilà un édifice qui compte encore parmi les monuments dont la cité tire vanité et auquel il ne manque absolument qu'une toute petite qualité, du genre de celle qui faisait défaut dans la jument de Roland, de pouvoir servir à l'usage auquel il était destiné ou même à un usage quelconque ; qui n'a jamais servi à rien, qui n'a été, suivant la prophétie de Rœmer, qu'un *observatoire de parade !* C'est pour l'érection d'un observatoire de parade que la nation s'est saignée de tout ce que cet inutile établissement a coûté ! Il n'est pas seulement inutile, c'est une gêne, un obstacle. Lisez plutôt ceci :

« Ce gros bâtiment avait d'ailleurs — c'est toujours M. Mouchez qui parle — le très grave inconvénient d'encombrer le terrain déjà beaucoup trop restreint,... de masquer une grande partie du ciel... et de créer par son inégal échauffement pendant le jour une inégalité de température troublant très sensiblement l'atmosphère ambiante. C'est pour obvier à ces divers inconvénients que Le Verrier, reprenant une proposition déjà faite par Cassini IV, avait demandé à raser l'édifice de manière à n'en conserver que le premier étage. »

Voilà comment la science et le pays peuvent être servis par un gouvernement fort et sous le règne des princes du savoir, sous celui d'un Jean-Dominique Cassini, le plus célèbre et le plus heureux des savants de son temps et qui n'avait pas brigué la direction de l'Observatoire, mais que le gouvernement de la France avait sollicité d'accepter cette direction. Dès lors, comment ne pas se dire qu'il y aurait lieu d'essayer dans la science de ce qui a si bien réussi en politique, c'est-à-dire de la participation du peuple entier au gouvernement des intérêts généraux ? On en sera bien plus sûr encore quand on aura vu que non seulement une aristocratie scientifique est impuissante à empêcher le mal (j'entends celui qui ne lui profite pas), mais qu'elle ne sait pas faire le bien.

Négligeant l'administration trop courte pour compter de M. Delaunay, M. l'amiral Mouchez a succédé dans la direction de l'Observatoire à Le Verrier, qui avait succédé à Arago. Les règnes de ces deux derniers embrassèrent ensemble une période de plus de quarante années. Comme ils comptent l'un et l'autre parmi les plus illustres savants du siècle, s'il y a pour la science un bon gouvernement possible autre que le démocratique, ce fut pour l'Observatoire un bonheur que d'être placé pendant si longtemps sous l'autorité de ces deux grands hommes. Eh bien ! le directeur actuel confesse qu'il n'en a pas été ainsi, et il en donne une explication bien simple, qui disculpe également Arago et Le Verrier et n'incrimine que notre organisation scientifique :

« La vie de ces deux savants a été, en effet, presque

entièrement absorbée par les magnifiques travaux personnels qui immortaliseront leurs noms dans l'histoire de la science, l'un en physique et électricité, l'autre en mécanique céleste ; ils n'ont donc guère pu accorder l'un et l'autre au service des observations astronomiques, unique raison d'être d'un observatoire, tout l'intérêt qu'il mérite... »

Faisons ici une pause. Est-ce assez clair ? Ainsi l'expérience a montré là que mettre d'autorité de grands hommes de science, de vrais grands hommes, pour cela seul qu'ils sont de grands hommes, et en vue de les honorer ou de s'honorer d'eux, à la tête de services publics, comme il est à peu près inévitable sous un régime de privilège, ce n'est pas agir au mieux de l'intérêt de ces services. Qu'est-ce donc quand on y place de faux grands hommes, ce qui est bien plus fréquent ? Il fallait un homme de labeur, ce fut un génie qui l'obtint : exprimerait un abus moins criant, mais presque aussi préjudiciable que l'abus dénoncé par Figaro. Quand M. Thiers replaça Le Verrier à l'Observatoire, il obéit sans doute à ses instincts autoritaires, les grands noms dont l'autorité s'entoure faisant partie du faste au moyen duquel s'entretient son prestige ; mais il crut aussi faire acte de patriotisme : l'Observatoire allait resplendir aux yeux de l'étranger, de toute la gloire dont rayonnait le nom de Le Verrier !

M. Thiers ne prévoyait pas, et peut-être ne se fût-il pas soucié de prévoir, qu'ainsi dirigé l'Observatoire aurait moins de fond que de brillant, qu'ainsi compris l'éclat de l'Observatoire serait en grande partie un trompe-l'œil dans le genre de ceux qu'un favori, pendant le voyage de la grande Catherine en Tauride, multipliait sur la route de sa souveraine ; que l'étranger ne s'y tromperait pas longtemps, mais que le peuple français y serait pris et se flatterait d'être encore le premier sur un point où il n'aurait cessé de descendre. C'est ce que M. Mouchez va nous montrer, quand nous aurons dit qu'Arago et Le Verrier, après les préoccupations de leur génie, avaient contre eux en tant que directeurs de l'Observatoire, l'exiguïté des ressources :

« Il en est résulté que, par suite des nombreux progrès qui s'accomplissaient à l'étranger, notre matériel scientifique s'est trouvé bientôt inférieur à celui des grands observatoires et que notre personnel astronomique, pour des raisons inutiles à rappeler, est tombé lui-même dans une situation trop secondaire. Pendant ce demi-siècle, la France, tout en se maintenant au premier rang dans l'étude théorique de l'astronomie par les beaux travaux de Le Verrier, a perdu une grande partie de la supériorité incontestable qu'elle avait eue aussi jusque-là dans la science et la pratique des observations astronomiques. »

Lors de l'exposition de 1885, Le Verrier acheta d'un constructeur anglais les verres de l'objectif d'une lunette de 0 m. 74 d'ouverture, qui devait être la plus puissante qu'on eût encore vue. Que de fois a-t-il été question à l'Académie de cette fameuse lunette !

Eh bien, quand en 1878 (faites attention aux dates) M. Mouchez devint directeur de l'Observatoire, cette lunette âgée alors de vingt-trois ans était à peine commencée !

Et notez ceci : « Pendant ces vingt-trois années perdues, plusieurs grands observatoires étrangers et même de simples amateurs d'astronomie avaient fait construire des lunettes presque aussi puissantes sinon supérieures :

il suffit de citer celles de de Newal, de Vienne, de Washington, etc. »

L'Observatoire, qui en 1855 paraissait en mesure de prendre les devants sur tout le monde, s'était donc laissé rattraper, même devancer, avant d'avoir seulement bougé.

Raison de plus pour le nouveau directeur de se mettre en route sans retard, quoiqu'il fût assez attristant de se dire que, même achevé, l'instrument ne pourrait plus nous assurer la supériorité que nous lui eussions due naguère. En effet, Poulkova sera l'année prochaine[1] en possession d'une lunette de 80 centimètres d'ouverture ; bien plus, et j'emprunte ces détails au rapport de M. Mouchez, l'observatoire particulier de James Lick, aux Etats-Unis, va en voir une de 1 mètre; enfin en France même, l'observatoire de Nice, construit aux frais de M. Bishoffsheim, en aura une avant peu qui dépassera de 2 centimètres la grande lunette de l'Observatoire, laquelle ne portera jamais, hélas ! qu'à l'Observatoire le nom de grande lunette.

Or un travail de polissage révéla dans l'objectif acheté en 1855 par M. Le Verrier tant de défectuosités qu'il devint nécessaire d'en faire couler un autre.

D'ailleurs la future grande lunette ne pouvait être logée à l'Observatoire d'alors. Il lui fallait une tour et une coupole de 20 à 22 mètres de diamètre, pour laquelle il n'y avait point de place dans le jardin. Heureusement, au sud de l'établissement, s'étendait un terrain vague appartenant à la ville. On l'obtint de la double libéralité du conseil municipal qui restreignit ses prétentions autant que possible et de l'Etat qui satis-

[1] Ecrit en 1884.

fit à ces prétentions en même temps qu'à toutes les demandes d'appropriation ultérieures. Quoique tout le monde fût d'accord sur l'acquisition, les formalités n'en demandèrent pas moins trois années, à partir de 1879. En 1882, enfin, le monde entier, qui nous envie notre administration, apprit avec une stupéfaction jalouse que l'Observatoire entrait *déjà* en possession des terrains annexés !

Mais, tant il est vrai que les limites du surprenant ne sont pas encore connues, apprêtez-vous, après ce qui précède, à être surpris.

Il n'était pas entré dans les prévisions de l'Observatoire que les terrains vagues et les simples magasins existant au débouché de la rue Saint-Jacques et sur la place du même nom et par dessus lesquels ses lunettes n'ont aucune difficulté à regarder le ciel, pourraient, un jour ou l'autre, comme toutes les constructions basses possibles et comme tous les terrains non batis imaginables, être, ceux-ci occupés et celles-là remplacées par des maisons égales en hauteur aux *columbaria* parisiens nouveau modèle, bien faites en conséquence pour masquer l'horizon sud.

Les mêmes qui prévoient les éclipses, les comètes et les étoiles filantes n'avaient pas prévu cela ! Ni pendant tout le temps qu'ils caressèrent le rêve d'agrandissement à la fin réalisé par la ville et par l'Etat, ni au cours des formalités qui retardèrent de trois mortelles années leur entrée en jouissance, cette vulgaire éventualité ne s'était présentée à l'esprit de ces hommes célestes. Par conséquent l'idée n'avait pu leur venir de dire au conseil municipal et au gouvernement rivalisant de sacrifices dans l'intérêt de l'Observatoire : « Vous savez, ces sacrifices-là, — nous autres, si nous avons les pieds sur terre, nos regards sont ailleurs — ces sacrifices n'auront d'intérêt qu'autant qu'à la concession des terrains vous joindrez la garantie en bonne et due forme de la vue qu'ils ont sur le ciel; sinon non! » Cette idée ne leur était pas venue.

Si bien que l'annexion enfin consommée et la place même disposée pour recevoir « notre grande lunette », qui jusqu'ici n'a de grand que l'attente; lorsque des propriétaires voisins de l'Observatoire vinrent l'avertir qu'ils traitaient de la vente de leurs terrains et immeubles à une compagnie « s'occupant de construire de grandes maisons à bon marché » : les bras lui en tombèrent; une éclipse manquant à l'appel ne l'eût pas surpris davantage. Qu'on n'aille pas croire que je brode. Sans doute, voilà une partie du *Rapport au Conseil* devant laquelle il est malaisé de garder tout son sérieux; mais si je la lis en riant, je la lis exactement.

Revenu de sa stupéfaction, l'amiral mit le cap sur l'administration de la ville. Un court et large boulevard ouvert dans l'axe de l'Observatoire pouvait tout sauver. L'idée fut accueillie. Etudes faites, c'était une dépense de six à huit cent mille francs. La ville consentit à en faire la moitié pourvu que l'Etat fît l'autre. Mais — à notre tour d'être étonnés — c'est plus que M. Mouchez ne consentirait à lui demander : « Le prix de notre grande lunette est déjà fort élevé, » écrit-il; et tout de suite : « Cette exigence, très fondée d'ailleurs, ne nous permet plus de nous occuper de terminer cet instrument. ».

Alas! poor grande lunette!

D'autant plus que l'horizon sud sauvé, il resterait un autre obstacle. Car c'est en présence de deux obstacles que la possession des terrains si longtemps convoités a mis inopinément l'Observatoire. On connaît l'un, je défie bien qu'on devine l'autre. Car, assurément, si vous deviez acheter des terrains à bâtir dans des quartiers sous lesquels, comme sous celui de l'Observatoire, s'étendent de vastes cavernes creusées de main d'homme, vous ne concluriez pas le marché avant de vous être rendu compte de l'état du sous-sol. Par où tout le monde eût commencé, l'Observatoire vient de finir.

La pensée que le terrain, dont l'acquisition fut son idée fixe, pourrait être impropre aux constructions qu'on se proposait d'y établir, ne s'était pas présentée non plus à ces esprits hantés de tant de vues sublimes! Et figurez-vous l'écuyer qui, ayant acheté un cheval sans le voir, au moment de monter en selle, s'apercevrait que ce cheval marche sur trois pieds; c'est exactement l'Observatoire devant son terrain, car voici le deuxième obstacle qui s'oppose à l'établissement de la « grande lunette » française. « Le deuxième obstacle *que nous venons* de rencontrer.., consiste dans les nombreuses galeries de carrières et de catacombes dont *on vient* de constater l'existence jusqu'à une profondeur de 25 ou 30 mètres ».

Vous avez bien lu ; *nous venons, on vient;* la découverte est d'hier. Rappelons qu'il s'agissait de construire là pour le service de « notre grande lunette » une tour et une coupole de 20 à 22 mètres de diamètre. D'après la découverte qu'on *vient* de faire, cette tour nécessiterait donc de très coûteuses substructions pareilles à celles de cette église consacrée à une superstition qui est un comble, église insolemment construite au point le plus élevé de cette ville capitale de la libre-pensée.

« Cette fâcheuse circonstance suffirait à elle seule,

dans les conditions actuelles, à s'opposer à l'établissement de notre grande lunette. — MOUCHEZ. »

Et de deux !

Pauvre, pauvre grande lunette commencée en 1855 ! Et pauvre, pauvre peuple français, dont c'est la grande lunette[1] !

[1] 25 mars 1884.

CHAPITRE IV

L'ACADÉMIE

Parmi les personnes qui ne suivent que de très loin le mouvement scientifique, ou qui même ne le suivent pas du tout, pensant qu'il y a quelque chose de plus urgent et de plus radical à faire que de pousser à la constitution de la doctrine scientifique, de multiplier à l'infini les applications des sciences et de répandre dans les masses les connaissances et surtout l'esprit scientifique ; parmi ces personnes-là, c'est une opinion accréditée que l'Académie forme le point central vers lequel convergent, à peine nées, toutes les découvertes et inventions qui se produisent dans le monde entier. Ces découvertes prendraient la peine de venir chez nous y faire vérifier leurs titres, et ce n'est que munies d'un laisser-passer signé de nous qu'elles pourraient honnêtement circuler dans la république des sciences.

La croyance à cette sorte de gravitation universelle, flatteuse sans doute pour un patriotisme exclusif et par conséquent mal entendu, suppose une ignorance parfaite de l'universalité et de l'intensité du travail scientifique actuel. Nulle Académie ne saurait remplir la millième partie du rôle qu'on attribue si libéralement à la nôtre, et dans aucun pays civilisé, nulle société savante, ni la Société royale de Londres en Angleterre, ni l'Académie royale de Berlin en Prusse, ni l'Académie impériale de Vienne en Autriche, etc., n'a la prétention de remplir, même à l'égard de ses seuls nationaux, la fonction qu'on s'imagine que l'Académie de Paris remplit à l'égard du monde entier.

En réalité, celui qui se bornerait à lire les *Comptes rendus* de l'Académie n'apprendrait presque rien de ce qui se fait à l'étranger, et il saurait bien peu de chose de ce qui se fait chez nous. J'ai en ce moment, sur ma table, les Recueils des Académies ou Sociétés savantes de Bordeaux, de Toulouse et du Havre; j'y trouve nombre de travaux pleins d'intérêt, dus aux Abria, aux Joly, aux Victor Raulin, aux Baudrimont, aux Lavocat, aux Bazin, aux Filhol, etc., dont l'annonce n'a pas même été transmise à l'Académie. Que serait-ce si j'étendais cette revue à la France entière? Non cependant que la vie scientifique approche en province du degré d'activité qu'on doit lui souhaiter; tout le monde sait trop bien le contraire. La désuétude où tombe l'Académie a une autre cause.

Créée à une époque voisine de l'origine des sciences modernes, l'Académie répond par sa constitution à leur état primitif d'indivision. Résultant de la juxtaposition de onze petites sociétés (sections de mathématiques, de physique, chimie, mécanique, botanique, etc.) formées chacune d'une demi-douzaine de membres, l'Académie suffirait aux besoins restreints d'une époque où les spécialités naissantes auxquelles ces sections correspondent n'auraient pas encore pris assez de développement, pour éprouver le besoin de se constituer en sociétés indépendantes, et où de plus ces spécialités ne seraient pas assez généralement cultivées, pour que de telles sociétés pussent recruter un personnel suffisant.

Il en fut ainsi au début. En sommes-nous toujours là? Non. Aujourd'hui chacune des branches de science primitivement entées sur le tronc académique jouit d'une existence propre; chaque rameau est devenu arbre, chaque arbre est devenu forêt.

D'immenses travaux accomplis dans toutes les directions ont conduit les savants à se spécialiser de plus en plus. La science a subi la loi de la division du travail, et ce nouvel état de la connaissance a nécessité la création d'une multitude de sociétés particulières. C'est ainsi que nous avons les Sociétés de biologie, d'anthropologie de météorologie, de botanique, zoologique, chimique, de géographie, des ingénieurs civils et tant d'autres.

Ce sont les actes de ces sociétés que doit consulter celui qui veut ne rester étranger à aucune manifestation importante du mouvement scientifique. Et si l'Académie demeurée semblable à elle-même quand autour d'elle tout a changé, n'est pas complètement désertée au profit des sociétés nouvelles qui seules sont en harmonie avec le présent, l'explication de ce fait est facile à donner et n'a rien de scientifique.

Pourquoi, par exemple, un botaniste, ou un chimiste ou un géologue quand il a une découverte à communiquer non point au monde savant, mais au monde particulier des botanistes, des chimistes ou des géologues, le seul que la découverte en question puisse intéresser; pourquoi ce savant, au lieu de porter sa découverte à la Société de botanique, de chimie ou de géologie, où elle ne trouverait que des gens capables de l'apprécier, la porte-t-il souvent encore à l'Académie des sciences?

A l'Académie, sur soixante-cinq membres, il court la

chance d'en intéresser, combien ?... six. Et il a la certitude d'en laisser indifférents, combien ?... cinquante-neuf. Et c'est à ce résultat qu'arrive invariablement, inévitablement tout membre de l'Académie qui vient faire part à ses collègues du résultat de ses travaux. De bonne foi, quel plaisir voulez-vous que les pisciculteurs et les cryptogamistes de l'Académie trouvent à la parole du laborieux et savant géomètre qui, il y a quinze jours lisait un Mémoire *sur la construction des coniques qui satisfont à cinq conditions* ? Il n'y a pas lieu de s'étonner, que dans cette assemblée de personnes parlant des langues différentes, et ne se comprenant pas les unes les autres, l'attention générale soit chose si rare. Aussi, qu'il appartienne à l'illustre corps, ou qu'il lui soit étranger, tout lecteur, sachant bien qu'on ne l'écoutera pas et que sa lecture n'est qu'une formalité qui lui ouvre l'accès des *Comptes rendus* ne fait-il aucun effort pour être entendu. Et nulle part on ne lit plus mal qu'à l'Académie.

Pourquoi donc le savant que nous avons pris comme exemple va-t-il encore à l'Académie au lieu de prendre le chemin d'une société spéciale ? Est-ce à cause des cinq ou six savants compétents qu'il est assuré d'y rencontrer ? Non, car il les rencontrerait également à la société spéciale dont ils font partie et il y trouverait, en outre, une vingtaine ou une centaine d'autres savants non moins compétents. Est-ce parce qu'il veut obtenir un rapport ? La société spéciale pourrait le lui faire. D'ailleurs l'Académie n'en fait guère. Et montrât-elle plus d'empressement à remplir cette partie de sa tâche, les demandes se multipliant en raison de son zèle, elle serait bientôt dans l'impossibilité d'y répondre ; autant vaut qu'elle commence par où il lui faudrait finir.

J'en reviens à ma question : Pourquoi ?

Il faut avoir la franchise d'y répondre, car il y a le plus grand intérêt scientifique et il y a un intérêt social à se rendre compte de la situation.

Je réponds :

Parce que l'Académie, tant en raison des privilèges dont elle est investie que de l'influence personnelle dont ses membres jouissent auprès des dépositaires de l'autorité est, sauf en des circonstances exceptionnelles, l'unique canal des grâces auxquelles peut prétendre un savant qui a sa position à faire ou à améliorer.

Quel que soit l'objet ou frivole ou solide, qu'il propose à son ambition, dans tous les cas bien modeste, ce savant n'arrivera à rien sans la protection, ou du moins sans le consentement d'académiciens; quelque chemin qu'il prenne, à quelque porte qu'il frappe, il se trouvera en présence d'académiciens.

Indépendance et suicide, ces deux mots sont pour lui synonymes. Voilà pourquoi il s'efforce d'attirer sur soi les regards de l'Académie. Il va, non pas au savoir, mais au pouvoir.

Certes l'Académie est composée de savants éminents qui sans doute ont des égaux dans toutes nos provinces, mais qui n'ont de supérieurs nulle part. Mais faites qu'aucun travailleur n'ait rien à attendre de ces savants ni rien à en craindre, qu'il n'ambitionne que leurs applaudissements et ne redoute que leurs critiques; faites que toute communication d'un savant à ses confrères ne soit qu'un apport de lumières et que le mérite démontré devienne la seule condition de l'avancement : aussitôt vous verrez chacun se diriger, selon sa spécialité, qui vers la Société de chimie, qui vers la Société de botanique, de zoologie, de géologie, composée d'hommes préparés à l'entendre, disposés à le faire, que sa parole intéressera et qui pourront l'éclairer.

Ces sociétés, pour la plupart languissantes, et dont la prospérité serait un des premiers intérêts de la science, ne prendront donc tout leur essor que lorsqu'aura cessé l'autorité extra-scientifique de l'Académie : de sorte que l'Académie entrave doublement le progrès et parce qu'elle ne fait rien, et parce qu'elle empêche de faire. Ce n'est pas qu'en dehors des sociétés spéciales il n'y ait point de place pour une société générale embrassant comme l'Académie est réputée le faire, l'ensemble du travail scientifique. Loin de là ! Rappelons-nous le mot de Leibnitz : l'Unité dans la Variété ! Les sociétés spéciales répondent au second terme de la formule, le premier précise le but auquel tendrait la société dont je parle. Ce n'est pas le moment d'indiquer le rôle social qu'elle aurait à remplir[1]. Disons seulement que, se proposant de fondre ce que l'Académie juxtapose, elle différerait beaucoup de celle-ci.

Ce que je viens de dire de la nature des liens qui rattachent le peuple de la science à l'Académie est si vrai, que voici un fait d'observation générale : tout chercheur qui peut se passer de la protection des académiciens a cessé de briguer l'approbation de l'Académie. Tels sont les inventeurs : ils ont absolument désappris le chemin de l'Institut. J'étonnerai sans doute bien du monde, en disant qu'il n'est pas une invention sur cent parmi celles qui depuis un quart de siècle ont modifié si profondément nos conditions matérielles d'existence, dont l'auteur ait eu l'idée de solliciter le jugement de l'Aca-

[1] Nous l'avons fait dans notre *Apostolat scientifique*, t. I, de nos *Essais scientifiques*; nous y reviendrons dans la seconde série du présent ouvrage.

démie. Mais chacun peut aisément se procurer la preuve de ce que j'avance.

Avez-vous vu qu'on ait seulement informé l'Académie de la création des moteurs à gaz, par exemple, ou d'aucun des perfectionnements apportés aux anciens moteurs? qu'on l'ait entretenue d'aucune de ces admirables machines-outils qui ont porté si haut la puissance de l'atelier industriel et qui bientôt peut-être auront porté au même degré la puissance de l'atelier agricole? qu'on lui ait parlé de tant d'innovations réalisées dans nos moyens de transport, dans l'architecture navale, dans la télégraphie? Lui a-t-on demandé son avis sur l'application de l'air comprimé au percement des tunnels et sur l'emploi de la vapeur en agriculture? L'a-t-on avertie de l'invention des moissonneuses? Sait-elle que la machine à coudre existe[1]?

[1] *Opinion Nationale* du 12 mars 1864. — *Science et Savants en* 1864, p. 235.

CHAPITRE V

LE SUCCESSEUR D'ARAGO A L'ACADÉMIE

« Je ne le croirais pas si je n'en étais témoin ! » nous disait, au sortir de la dernière séance, un habitué des lundis académiques[1].

C'est à regret que j'entretiens le public de ces misères, mais l'Académie est une de nos sources d'informations; or, cette source, chaque jour plus avare de ses dons, menace de nous les retirer tout à fait.

Entendons-nous : l'Académie n'a pas cessé d'être hospitalière aux journaux. Une place, est réservée à chacun de nous, une des meilleures même, si la disposition de la salle permettait qu'il y en eût de bonnes. Mais cela n'empêche pas que, pendant une très grande partie de la séance, et pendant celle qui devrait être la plus instructive, puisqu'elle est la plus riche en renseignements, les journalistes, quoique assis en face du bureau et de la tribune (il faut dire que celle-ci leur tourne le dos), savent aussi peu ce qui se dit en leur présence, que s'ils restaient à la porte.

Je n'ai pas besoin de protester de mon respect pour la personne de M. Elie de Beaumont, et de ma considé-

[1] Notre ami le docteur Maximin Legrand.

ration pour ses travaux. Mais il ne s'agit ici, ni de l'homme, ni du savant ; il n'est question que du secrétaire perpétuel de l'Académie des sciences.

Sa fonction est d'une importance sans égale. C'est par lui que chaque semaine l'Académie, réunie en séance publique, est informée du contenu des communications, jadis si nombreuses et si variées (car c'est le secrétaire qui fait l'Académie), qui continuent de lui arriver de quelques parties de la France et du monde. Par habitude, encore maintenant, cela s'appelle *dépouiller* la correspondance, mais les changements amenés par le temps ont donné à cette expression le sens d'une antiphrase ; elle était vraie à la lettre du vivant d'Arago.

Arago ! quel souvenir pour les anciens ! Savoir encyclopédique, talent incomparable d'exposition, sentiment profond de l'importance de son rôle académique, respect du corps auquel il parlait, conscience scrupuleuse dans l'exercice de ses fonctions, popularité immense, autorité du caractère, la voix, le geste : Arago avait tout, c'était l'idéal du secrétaire perpétuel.

Arrivé au palais Mazarin longtemps avant la séance publique, il lisait attentivement, annotait toutes les pièces de la correspondance. Quand, à trois heures, il prenait place au bureau, son thème était fait, sa leçon apprise ; car, c'était un enseignement véritable et souvent de l'ordre le plus élevé. Méthodiquement classées et groupées de manière à former une suite, un ensemble, soit qu'elles se complétassent ou, se fissent opposition, les pièces de la correspondance devenaient tour à tour l'objet d'explications plus ou moins étendues, toujours lumineuses.

Habituellement quelques mots d'introduction : « On sait,... l'Académie se rappellera... » Puis l'attention éveillée, et l'esprit de l'auditoire mis sur la voie, Arago arrivait au fait exposé avec une clarté transcendante, singulièrement flatteuse pour les assistants qui, se voyant de niveau pendant un instant avec tant de sciences mises successivement à leur portée, pouvaient se faire la douce illusion d'une compétence quasi-universelle.

Quelle fête pour l'esprit ! et comme elles étaient bien employées ces deux heures que chaque semaine une foule trop nombreuse pour la salle des séances venait passer à l'Académie ! (Aujourd'hui, la salle des Pas-Perdus n'a plus de trop-plein à recevoir.) Et malgré cette affluence, quelle silence dans l'enceinte savante ! Cynéas eût cru voir un maître vénéré au milieu de ses disciples,

Ce n'est plus cela.

On dit souvent, nous avons répété nous-même, que le secrétaire actuel pour les sciences mathématiques a toutes les qualités de son emploi, moins une seule, la dernière de toutes en dignité, quoiqu'elle soit la première en utilité; qu'en un mot, il ne lui manque que la faculté de se faire entendre. Non ! nous n'avons pas dit toute la vérité, et il faut s'en expliquer une fois pour toutes.

Les difficultés trop souvent insurmontables que MM. les secrétaires perpétuels éprouvent à déchiffrer les lettres dont ils ont à rendre compte; la surprise qu'il leur arrive de témoigner à mesure que le sens de certaines d'entre elles se dessine dans leur esprit : tout atteste qu'au moment où ils en donnent lecture à l'Académie, ces lettres ont souvent pour eux, comme pour l'Académie elle-même, l'attrait de l'inconnu. Ils les apportent décachetées, mais fussent-elles encore revêtues de tous les sceaux de lettres chargées et recommandées, ils n'en ignoraient pas davantage le contenu. Un passant qui entrerait penserait s'être trompé d'Académie et prendrait M. le secrétaire perpétuel pour un paléographe déchiffrant un palimpseste.

Aussi, faut-il entendre les doléances, fort justes d'ailleurs, de M. Flourens sur les déplorables habitudes calligraphiques de certains correspondants : « Je ne la lirai pas (disait-il le 7 décembre d'une lettre de M. de G... qu'il avait vainement essayé de lire), elle est trop mal écrite pour cela ; — j'entends matériellement, — pas de ponctuation ! cela n'est pas travaillé, un vrai griffonnage ! Franchement, c'est se moquer de l'Académie que de lui adresser un pareil chiffon ! »

Quand, par exception, MM. les secrétaires perpétuels, ayant, avant la séance publique, jeté un coup d'œil rapide sur les pièces de la correspondance, croient pouvoir, au moment d'en rendre compte, s'en fier à leur mémoire, alors, autre inconvénient ! « M. L..., disait M. Flourens le 14 décembre, écrit une lettre qui n'a pas d'objet bien déterminé. Il critique diverses choses que je trouve bonnes, entre autres ce que j'ai dit dernièrement..., etc. » Or, la lettre de M. L... n'avait qu'un objet parfaitement déterminé, celui de hâter le travail d'une commission à l'examen de laquelle a été renvoyé un galvanomètre inventé par ce correspondant.

Du reste, le plus ordinairement, MM. les secrétaires se bornent à lire les titres des documents qui leur passent par les mains, à moins que, par amitié pour un des auteurs, il n'ajoutent quelques mots de complaisance, comme lors d'une communication récente, dont un journal scientifique rendait compte en ces termes : « M. Flourens présente une note de M. Hugo Schiff sur la *crinoline*, et la déclare très intéressante. » C'est *quinoline* qu'il eût fallu dire, mais, comme l'a fait observer un autre journal scientifique : Crinoline ou quinoline, M. Flourens est-il plus compétent dans un cas que dans l'autre? Réduite à ces proportions, la lecture de la correspondance n'est plus qu'une vaine formalité, comme la lecture du procès-verbal.

Si c'était tout ! Du moins aurions-nous une nomenclature des Notes et Mémoires présentés à l'Académie. Mais il y a M. Elie de Beaumont, dont la double vocation, aussi franchement accusée dans un cas que dans l'autre, était de continuer Léopold de Buch et de ne pas succéder à Arago. Réglementairement, ses fonctions alternent avec celles de M. Flourens. Mais, après avoir été suppléé pendant quatre mois par son honorable collègue, il le remplace à son tour en ce moment, et sa quinzaine, au lieu de revenir deux fois par mois, revient maintenant tous les huit jours.

Or, l'éclipse de la correspondance, qui n'est jamais que partielle avec M. le secrétaire pour les sciences physiques, est toujours totale avec M. le secrétaire pour les sciences mathématiques. C'est qu'une chose, qui laisse seulement à désirez chez le premier, manque totalement à l'autre : un rien qui dans l'espèce est tout : la voix !

M. Elie de Beaumont, je suis amené à le dire pour mon excuse personnelle, et je le dis sans hésitation, parce qu'il n'y a rien en tout ceci qui puisse nuire à son immense et juste renommée, ni diminuer la considération à laquelle il a droit; M. Elie de Beaumont prend, pour communiquer à l'Académie les secrets de polichinelle d'une correspondance destinée à la publicité, le ton qui conviendrait pour glisser une confidence d'Etat dans l'oreille d'un homme considérable.

Encore, n'est-ce pas assez dire : à l'inverse d'Arago,

son successeur ne communique rien à l'Académie, il communique tout à son honorable voisin de droite, au président; se tourne de son côté, lui adresse nominativement la parole : « Monsieur le président, voici une lettre qui... une lettre que..., etc. » S'il arrive à M. Elie de Beaumont de rompre son tête-à-tête avec le président, c'est pour se parler à lui-même; alors il met ses coudes sur la table, et de ses deux mains tient verticalement, à la hauteur de son visage, une lettre derrière laquelle il disparaît et sur laquelle viennent expirer, à moins de six pouces de ses lèvres, les mots qu'il murmure.

D'autres fois, encore, se courbant sur le bureau pour lire sans y porter la main les papiers déposés devant lui, il semble parler par un judas à quelqu'un qui serait sous la table. Mais le plus souvent tout se passe entre le président et le secrétaire. M. Elie de Beaumont entre, au profit exclusif de son voisin, dans les explications les plus circonstanciées : on voit ses lèvres s'agiter, sa main aller et venir sur un plan ou sur une carte. Figurez-vous la contenance de l'assemblée pendant ces apartés des deux fonctionnaires! Cynéas se croirait dans une salle d'études tenue par le plus débonnaire des surveillants.

Soixante académiciens (tous illustres!), un public d'élite, venant s'asseoir là chaque semaine avec la certitude de ne rien entendre de ce qui s'y dira; c'est invraisemblable, et, comme le disait mon interlocuteur de lundi dernier : « Il faut l'avoir vu pour le croire. »

Nulle autre assemblée n'offre rien de pareil, nulle part ailleurs on ne voit un tel écart entre l'homme et la fonction. On ne s'expliquerait pas que l'Académie eût donné un tel successeur à Arago, si on ne savait de longue date qu'à l'Académie, plus qu'ailleurs, on cherche des places pour les hommes et non pas des hommes pour les places. Le dernier des Cassini, que son père n'avait pu faire mordre aux astres, et qui ne fut qu'un botaniste vulgaire, n'a-t-il pas fait partie de la section d'astronomie ? *Ab uno disce plures.* Ah ! Beaumarchais !

Ce qui nous donne le courage d'insister, c'est que le mal véritablement intolérable dont nous nous plaignons, avec tous nos confrères, avec tous les habitués de l'Académie, ce mal ne paraît pas incurable.

Nonobstant la faiblesse de sa voix, M. Elie de Beaumont pourrait, s'il le voulait, rester moins au-dessous (physiquement parlant) de ses fonctions. Il nous le prouve tous les lundis en lisant, à l'ouverture de la séance d'une manière parfaitement intelligible, le procès-verbal de la séance précédente, lecture qui n'est qu'une formalité, car jamais le procès-verbal ne soulève de réclamation, et c'est à peine si deux ou trois mains (celle de M. Elie de Beaumont comprise) daignent se lever pour en approuver la rédaction. Mais, comme s'il avait dépensé toute sa force à cette chose sans intérêt et sans portée, dès que vient l'affaire sérieuse, la correspondance, aussitôt sa voix s'éteint absolument. Si elle se relève de temps à autre, c'est pour donner lecture d'un document officiel, d'une lettre ministérielle, d'un décret impérial, ou transmettre intégralement à l'Académie les formules d'une politesse obséquieuse par lesquelles se terminent les lettres de certains correspondants (on ne sait rien de l'objet de la lettre, on ignore même le nom de l'auteur, mais on sait jusqu'à la virgule comment il salue l'Académie); c'est, en un mot, chaque fois que l'occasion s'offre d'une communication flatteuse pour l'Académie : « L'Académie verra par cette lettre, disait-il il y a quinze jours, quel prix on attache dans toutes les parties du monde à ses suffrages. » Cette lettre venait du gouverneur de la Guyane ; c'était une simple lettre de remerciements ; nous n'en avons pas perdu un mot.

Sans accroître sa dépense hebdomadaire ou bi-mensuelle de force, et rien qu'en proportionnant l'intensité de sa voix à l'importance des choses dont il a pour mission d'entretenir l'Académie, M. Elie de Beaumont pourrait donc se mettre à l'abri des justes critiques dont nous nous faisons l'écho. Peut-être a-t-il ses raisons pour en agir autrement. La pensée nous est venue plus d'une fois qu'il voit à regret la publicité des séances académiques et vise à décourager les curieux. Mais l'Académie, enveloppée dans la commune disgrâce, exclut cette hypothèse.

Si M. Elie de Beaumont ne peut suffire à sa tâche ; pourquoi ne se déchargerait-il pas sur un de ses confrères de la lecture du procès-verbal ? Le règlement exclut-il cet expédient ? Que du moins M. Elie de Beaumont réserve ses forces pour la correspondance, qu'il les applique surtout à la partie utile de celle-ci. Nous ne reverrons pas pour cela les grands jours d'Arago et de l'Académie, mais nous ne perdrons plus absolument notre temps, comme nous le faisons chaque fois que M. Elie de Beaumont est de semaine [1].

[1] 12 mars 1864.

CHAPITRE VI

LES LUNDIS ACADÉMIQUES

Correspondance.

À l'Académie, 14 mars. M. Decaisne, vice-président, préside, le président, M. le général Morin, étant en mission à Vienne. M. Elie de Beaumont rend compte de la correspondance.

M. LE PRÉSIDENT, *agitant sa sonnette :* — « Du silence, messieurs ; je n'entends pas un mot de ce que dit M. le secrétaire perpétuel. »

Qu'on juge de ce que nous devons entendre, nous autres, quand le président, dont le coude gauche frotte le coude droit du secrétaire, n'entend rien du tout !

On n'imagine pas ce qu'est une séance hebdomadaire de l'Académie : un va-et-vient continuel d'académiciens qui entrent, qui sortent, qui voisinent ; le murmure de cent personnes (car le public s'en mêle, et les journalistes en particulier s'y distinguent) chuchotant entre elles, murmure au-dessus duquel détonne de temps à autre l'éclat de voix ou de rire de causeurs qui s'oublient tout à fait. Pas de séance où M. Flourens n'adressât à ses collègues des supplications toujours vaines, bien qu'il sût constamment leur donner un tour ingénieux :

« Messieurs, disait-il un jour, cette lutte du poumon est des plus fatigantes. Ce n'est pas par la force des poumons que nous devons combattre, c'est par les forces intellectuelles. »

Un instant après, M. le contre-amiral Pâris occupait la tribune, et, bien que M. Pâris soit doué d'une belle voix, le bruit des conversations particulières empêchait sa parole d'arriver jusqu'à nous ; à ce moment, M. Flourens se faisait remarquer parmi les causeurs les plus bruyants.

Présentations de mémoires.

M. le baron (*sic*) Cloquet présente, au nom de M. A. Chevalier, un mémoire ayant pour titre : *Le cuivre et les sels de cuivre sont-ils toxiques? Les instruments de cuivre sont-ils dangereux ?* et se garde bien de nous dire en quel sens l'auteur du mémoire résout cette double question. C'est ainsi que les présentations se font d'ordinaire. C'est ainsi qu'un académicien expérimenté arrive à satisfaire tous les goûts : celui des savants étrangers pour la publicité, celui de l'Académie pour les séances courtes.

M. LE PRÉSIDENT. — La parole est à M. d'Abbadie.

M. D'ABBADIE. — J'ai l'honneur de présenter à l'Académie...

Tout en parlant, le membre qui a quitté sa place s'avance vers le bureau, et quand il en est assez près pour que personne autre que le président ne puisse l'entendre, il achève sa phrase d'une voix mourante. C'est encore là une forme de présentation très usitée à l'Académie. Respectons le secret que peut-être M. d'Abbadie a voulu garder.

Rapports.

M. le secrétaire perpétuel épèle péniblement la lettre fort mal écrite d'une personne qui s'impatiente de ne pas voir venir un rapport attendu depuis 1802! Le secrétaire a lu 1802. Mais le bureau s'appliquant à déchiffrer la signature du réclamant, aussi peu lisible que le reste, on s'aperçoit que le mémoire date de 1862 et non de 1802. Personne ne s'était étonné d'apprendre qu'un mémoire déposé depuis soixante-deux ans n'eût pas encore été l'objet d'un rapport.

Si ce n'est celui-là, c'en est un autre.

J'ai pris la peine de relever le nombre de mémoires ou communications que l'Académie a pendant les dix derniers mois renvoyé à l'examen des commissions et celui des rapports qui ont été faits.

Le nombre des mémoires renvoyés est de 386.

Combien croyez-vous qu'il ait été fait de rapports?

Neuf.

Un jour, s'autorisant de sa qualité de doyen de l'Institut, Thénard ne craignit pas de reprocher publiquement à ses confrères la négligence apportée à leurs fonctions de rapporteurs : « Jadis, les choses se passaient autrement, on faisait des rapports très courts, mais on ne gardait pas à perpétuité les travaux en portefeuille ; et lorsqu'il n'y avait pas lieu de faire de rapport, on le disait aussi poliment que possible, mais on ne le cachait pas aux personnes intéressées. »

Jadis! c'est le seul argument que les apologistes de l'Institut puissent désormais opposer aux trop justes reproches auxquels cette vénérable institution est en butte.

M. Regnaud répondit que « les travaux présentés

étaient devenus trop nombreux pour qu'il fut possible de faire tous les rapports demandés; » ce qui est exact. Il y aurait bien, un moyen de résoudre la difficulté et de galvaniser l'Institut. Mais à quoi bon donner à des institutions épuisées les apparences de la santé ? La vie qui s'éteint ici fait-elle défaut ailleurs ? Allons là où elle est. Où est-elle ? Partout, l'Académie à part.

Thénard répliquant à M. Regnault : « On fait moins de rapports à présent, qu'on n'en faisait quand le nombre des travaux présentés était moindre. » C'est un fait, mais que prouve-t-il ? que la vieillesse n'a ni la vigueur physique, ni l'activité intellectuelle de l'âge mûr. On le savait. Qu'on s'y résigne. *Requiescat !*

En pleine démocratie scientifique, l'Institut est une aristocratie ; l'Académie fait de la capacité scientifique un privilège en un temps où la science est dans le domaine public; l'Académie est un anachronisme.

Voulez-vous savoir au juste l'importance du rôle qu'elle joue ? Supposez que la presse organise contre elle la conspiration du silence, que les journaux conviennent de ne plus prononcer son nom, et même de se taire sur toutes les communications qui lui seront faites. Qui dorénavant s'adresserait à elle ? Qui viendrait solliciter d'elle des rapports ? Ceux qui briguent les places dont l'Académie dispose. Et combien cela pèse-t-il dans le mouvement social ?

Maintenant, supposez que les représentants scientifiques de la presse se forment en jury d'examen des découvertes, et qu'appelant à eux tous les hommes compétents, ils s'accordent pour patronner les choses reconnues bonnes. Quel mouvement dans leurs bureaux ! Quel calme à l'Institut !

Qu'est-ce donc que l'Académie et qu'est-ce que la presse ?

Qu'est-ce que le mouvement, et qu'est-ce que l'immobilité ? Qu'est-ce qu'un obstacle et qu'est-ce qu'un moyen ? Qu'est-ce qu'une ornière et qu'est-ce qu'un rail ?

A la même époque, Amédée Latour écrivait dans l'*Union médicale* : « Un esprit chagrin pourrait dire que les corps savants n'ont fait que changer de mode d'exécution des travailleurs. Autrefois ils les étranglaient avec le cordon du rapport ; aujourd'hui ils les étouffent sous le matelas du silence. Il en est qui préfèrent la strangulation. »

La strangulation ne peut être qu'un pis-aller, répliquions-nous. Ce qui serait vraiment préférable, c'est une organisation telle de la société scientifique que toute idée dès l'instant de sa naissance se trouverait exposée au grand jour de la publicité, de la discussion, du contrôle. Réforme que nous réclamons.

Chaque règle a ses exceptions. En décembre 1872, M. de Quatrefages rendait compte à l'Académie d'un mémoire *sur les Limules*, renvoyé huit jours auparavant à son examen. Plus d'empressement eut été impossible, les séances étant hebdomadaires. Voici l'explication de ce beau zèle : c'était celui du favoritisme ; le mémoire rapporté avait pour auteur le fils de H. Milne-Edwards ! On verra mieux plus loin à l'article des prix décernés.

Il est bien fâcheux que notre organisation scientifique ne comporte aucun moyen certain, régulier, avoué de tous et toujours prêt, de déterminer avec précision et dans le délai strictement nécessaire, la valeur de ce qui s'invente et se découvre. Cela est fâcheux pour les auteurs, pour les personnes qui, le cas échéant eussent pu, avec avantage pour elles-mêmes, leur prêter une aide fructueuse, cela est fâcheux pour la science. Que de temps perdu, d'argent gaspillé, de talents rendus inutiles, de jouissances ajournées, de progrès retardés, par l'insuffisance de cette organisation ! On croit que l'une des plus utiles fonctions de l'Académie est précisément d'exercer un contrôle si nécessaire ; vous venez de voir ce qu'il en est.

Lectures.

L'Académie, dit-on aussi, est une tribune où montent chaque semaine plusieurs de ceux qui ont quelque chose à dire au monde savant. Oui, et c'est même l'endroit du monde où on lit le plus mal, parce que le lecteur, surtout s'il n'appartient pas à la compagnie, sait qu'on ne l'écoute pas, et que l'Académie, avare de ses instants, a hâte de le voir finir. Pourquoi donc les savants étrangers à l'Académie tiennent-ils à lui faire entendre leur voix ? Une lecture couverte par le bruit des conversations ne peut être considérée par celui qui la fait comme une publicité donnée à ses travaux. La seule publicité qu'on puisse demander à l'Académie est celle de ses *Comptes rendus*. Pourquoi y tendre par la voie détournée d'une lecture ? Pouquoi? sinon pour la raison qui a été dite ci-dessus[1].

Je suppose ceci : l'Académie décide qu'elle ne se réunira plus, mais que les secrétaires continueront de recevoir les communications qui lui seront faites, et, comme par le passé, en insèreront ce que bon leur semblera dans les *Comptes rendus* ; qu'y aurait-il de

[1] Page 218.

changé? Que les académiciens épargnaient le temps aujourd'hui perdu en réunions hebdomadaires, ce qui prouve que l'Académie n'est qu'une sorte de comité de rédaction et le moins utile, comme le plus imposant des comités.

Elections.

A. — Un acte de népotisme a titre d'exemple

L'Académie compte 65 membres titulaires. La mort en ayant frappé trois, et trois étant malades, il en restait 59 en état de prendre part aux séances, et ce fut le nombre de ceux qui répondirent à l'appel du scrutin. Autant que cela dépendait des académiciens, l'Académie était donc au complet, et c'est ce qu'on n'avait pas vu depuis longtemps.

C'est qu'un grrrand intérêt était en jeu ; une É—LEC—TI—ON figurait à l'ordre du jour! Il s'agissait de combler le vide fait dans la section d'économie rurale par la mort de M. de Gasparin.

Le choix de la compagnie s'étant arrêté sur le fils d'un des anciens et des plus illustres membres de l'Académie, ce résultat, qui était prévu, fut l'objet des critiques de quelques personnes, à cheval sur les principes, et disant : C'est un agronome qu'il faut et non pas un chimiste!

Mais l'élu avait très peu fait en chimie et il était agriculteur autant que chimiste, ce qui réduisait la critique à néant.

Et puis, comme le disait, avec beaucoup de sens, M. l'abbé Moigno : « M. Paul Thénard porte un nom éminemment académique; il est presque l'enfant de la maison...; comment la porte ne lui serait-elle pas ouverte? » N'était-ce pas décisif?

La porte s'ouvrit donc, non toute seule cependant, il fallut pousser.

Deux comités secrets tenus à huit jours de distance furent nécessaires pour arrêter la liste des candidatures. Dans le premier, la section s'était bornée à présenter, sur la même ligne, MM. Reiset et Paul Thénard. Mais, sur les vives instances du parti des polytechniciens, influent et nombreux, un ancien élève de l'Ecole, M. Chambrelent, ingénieur des ponts et chaussées, fut ajouté à la liste ; il y figurait en deuxième ligne. Ce fut l'œuvre du second comité.

Comme il avait fallu deux comités, il fallut deux tours de scrutin. Au dernier, sur 59 suffrages, M. Paul Thénard en obtint 33. Les académiciens auxquels il dut son triomphe se souvinrent apparemment des conseils que son père, qui fut homme de bien autant que grand chimiste, donnait, en une circonstance analogue, à M. le docteur Le Canu, membre de l'Académie qui a rapporté le fait [1].

Un médecin de distinction, neveu de Thénard, se présentait à l'Académie de médecine, où il avait pour concurrent M. le docteur Poiseuille. Bien que l'honorable M. Le Canu fût étroitement lié d'amitié avec le premier, sa conscience lui disait de voter pour le second, « plusieurs fois lauréat de l'Institut » ; il s'en ouvrit à Thénard, qui lui écrivit :

« Je réclame de vous que vous ne suiviez jamais que l'impulsion de votre conscience. Si vous teniez une autre ligne de conduite, je vous aimerais moins.

« Votre voix ne vous appartient pas : elle appartient au plus méritant ; votez donc hautement en faveur de M. le docteur Poiseuille. »

[1] M. Nonat.

Et voilà pourquoi M. Paul Thénard, fils de son père, fut préféré à MM. Reiset et Chambrelent, ce dernier auteur de la transformation des Landes de Gascogne!

B. — Un déni de justice; a titre d'exemple également.

Jusqu'à Jules Guérin, on avait cru que le rachitisme était causé par une mauvaise alimentation, il a démontré que cette maladie est due à une alimentation prématurée, c'est-à-dire non appropriée à l'état des organes digestifs de l'enfant; il l'a démontré en rendant rachitiques de jeunes chiens nourris d'aliments qui eussent convenu à des chiens adultes. Avant ces expériences et les recherches qui les ont complétées, les médecins prescrivaient aux enfants rachitiques une alimentation tonique et fortifiante, qui aggravait le mal, loin de l'atténuer.

Avant lui, on avait, dans certaines difformités du pied et du cou, en vue de redresser les parties déviées, opéré la section d'un tendon, le *tendon d'Achille*, et d'un muscle, le *sterno-mastoïdien*, pratique deux fois séculaire, et qui, depuis deux siècles, était restée stationnaire. On avait coupé ce tendon et ce muscle sous la peau, c'est-à-dire en entamant celle-ci le moins possible, et on avait reconnu, sans en donner l'explication, que tantôt les plaies ainsi faites entraient en suppuration et tantôt guérissaient immédiatement.

Jules Guérin a montré qu'on peut toujours, dans les opérations sous-cutanées, éviter la suppuration; que le caractère essentiel des plaies de ce genre est précisément d'être affranchies de la période pathologique que traversent le plaies ouvertes; que les plaies sous-cutanées s'organisent immédiatement et que leur innocuité est absolue, quels que soient leur siège, leur dimension et la nature des tissus intéressés.

Il a montré que la ténotomie et la myotomie, limitées tant qu'elles furent empiriques à la section d'un seul muscle et d'un seul tendon, s'étendent, étant élevées au rang de méthodes rationnelles, aux tendons et aux muscles du pied, de la jambe, du cou, de l'œil et du rachis, et jusqu'aux ligaments articulaires, et que les muscles les plus forts, des masses musculaires entières, peuvent être impunément divisés.

Sur un sujet atteint d'une difformité générale des articulations, quarante-deux muscles et tendons furent coupés sous la peau, en une seule séance; aucune des plaies ne suppura, le malade n'éprouva pas le plus petit accès de fièvre. Quelques heures après l'opération, il dormait d'un profond sommeil, ce qui fut constaté par un membre de l'Académie des sciences.

Par la section empirique du tendon d'Achille et du muscle sterno-cléïdo-mastoïdien on avait, avec plus ou moins de succès, traité le pied-bot et le torticolis. En possession de la Méthode sous-cutanée, Jules Guérin étendit le bénéfice des plaies faites sous la peau au redressement des déviations de l'épine et aux déviations latérales des genoux (genoux cagneux), aux déplacements de l'omoplate, à la flexion permanente de la main et des doigts, aux luxations congénitales, à la myopie, à la réduction des hernies étranglées, au traitement abortif du phlegmon suppurant, de l'empyème, des abcès froids et des abcès par congestion, des hydarthroses, des coarctations, à la destruction des glandes douloureuses du sein, des tumeurs qui se développent dans l'épaisseur des muscles, etc.

Une commission ainsi composée : Blandin, Paul Dubois, Jobert de Lamballe, Louis, Rayer, Serres et Orfila, ayant été chargée par le conseil général des hôpitaux d'apprécier les résultats des méthodes découvertes et appliquées par Jules Guérin, rendit, après une enquête qui ne dura pas moins de trois années, le verdict suivant :

« En raison des progrès qu'il a imprimés à la science des difformités et à l'art de les traiter, en raison des sacrifices qu'il a faits, en raison de la persévérance avec laquelle il a poursuivi de longues et pénibles recherches, la commission est heureuse de le déclarer : « *M. J. Guérin a bien mérité de la science et de l'humanité.* »

Les difformités ont été, en effet, l'objet particulier de ses études, et la commission académique, sur le rapport de laquelle, comme on le verra plus loin, le grand prix de chirurgie lui fut décerné, eut entre les mains une *Histoire générale et particulière des difformités du système osseux*, comprenant douze volumes in-4° de texte et quatre cents planches.

Mais, comme le disait Jules Guérin : « il n'y a point de science spéciale, il n'y a que des hommes spéciaux ».

Il s'est séparé de ces derniers en montrant dans l'anatomie et la physiologie des difformités, constituées par lui à l'état de sciences, une anatomie et une physiologie comparées véritables, établies au sein même de l'anatomie et de la physiologie humaines ; — en créant, pour l'appliquer à la recherche des causes des difformités, une méthode applicable à toutes les recherches étiologiques ; — en rattachant aux mêmes causes la monstruosité et la difformité ; — en les ramenant l'une et l'autre aux lois générales de l'organisation ; — en s'élevant, par l'étude de la difformité, à la notion de l'organogénie physiologique et pathologique de la fonction; — en retrouvant dans l'histoire des difformités l'histoire de la vie entière; — en étendant enfin à toute la chirurgie la méthode rationnelle qui a pris son point de départ dans le traitement de la difformité.

Habile à découvrir les faits, il ne se contentait pas de les constater. Pour cet esprit, philosophique autant que positif, et philosophique justement parce qu'il était positif dans le sens vrai du mot, les faits « n'ont de valeur véritable, c'est lui qui parle, qu'à la condition d'être éclairés à la lumière des causes. La détermination empirique d'un fait est presque toujours incertaine et stérile; la notion de cause révèle sa nature propre, son étendue et ses attributs; elle dévoile bientôt à l'esprit toutes les conséquences dont il est susceptible ».

Son analyse de la cause est un modèle :

« Dans l'ordre *idéal* — écrit-il — la cause est simple et fonctionne toujours d'une manière absolue. Dans l'ordre *réel*, elle est complexe et fonctionne au milieu de *circonstances* et dans des conditions qui varient. »

Et il distingue : 1° La cause essentielle ou primordiale; 2° les causes secondaires ou adjuvantes, et 3° les causes intercurrentes.

« On le reconnaît, — ajoute-t-il, — la nature ne sépare pas ce que l'esprit divise; mais, à la faveur de ces distinctions, on peut, dans l'évolution des faits, suivre les différentes catégories d'effets en rapport avec les différentes catégories de causes qui se les subordonnent. »

L'art lui livre le pied-bot congénital, fait brut non analysé, non expliqué. Il établit que cette difformité a pour cause une rétraction musculaire produite pendant la vie intra-utérine, sous l'influence d'affections du système nerveux; et le pied-bot expliqué lui donne l'explication de toutes les difformités congénitales. Or, celles-ci une fois ramenées à la rétraction musculaire, la myotomie et la ténotomie, jusque-là empiriques et limitées à la section d'un seul tendon et d'un seul muscle, peuvent être généralisées et élevées à la dignité de méthode.

Pour toutes les formes de pied-bot, l'opération était la même : on coupait le tendon d'Achille. Il distingue et caractérise les innombrables variétés de cette difformité ; il fait voir comment chaque tendon, chaque ligament détermine ou entretient telle ou telle forme de déviation. C'était, suivant la remarque de l'une des commissions de l'Académie, « mettre le doigt de l'opérateur sur la cause à faire disparaître, sur l'obstacle à diviser, sur la direction vicieuse à redresser ». Ceci est donné comme exemple des méthodes d'analyse appliquées par Jules Guérin à tous les cas de difformité.

On avait vu que la division du tendon d'Achille pratiquée sous la peau donnait lieu à des phénomènes très variables. Il explique cette différence de résultats, et de l'explication qu'il en donne naît la méthode sous-cutanée appliquée par lui, comme on l'a dit, à un nombre infini de cas. Parti d'un fait isolé et d'une opération empirique, il s'élève jusqu'aux lois de l'organisation, aboutit à la création d'une méthode opératoire générale, et, par la recherche approfondie des causes, par l'analyse minutieuse des effets, au moyen de règles pratiques rigoureusement déduites de cette recherche et de cette analyse, jette les bases de ce qu'il a pu appeler la *chirurgie de précision* : « C'est, — a-t-il dit, — l'art adéquat à la science ; *la science et l'art étiologiques.* »

En 1833, l'Académie des sciences lui décerne un des prix Montyon pour ses travaux *sur le choléra*.

Quatre ans après (1837), elle lui accorde le grand prix de chirurgie pour ses travaux *sur les difformités du système osseux*. Prix de 10,000 fr. Le concours était resté ouvert pendant sept années. Les juges, pris parmi les membres les plus illustres de l'Académie étaient : Double, Dulong, Larrey, Magendie, Roux, Savart et Serres. Leurs conclusions doivent être rapportées : « Après tant de recherches faites successivement sur le squelette, sur le cadavre et sur le vivant, après un si grand nombre d'observations rigoureusement recueillies et sévèrement interprétées ; après cette foule de faits nouveaux et de vues neuves sur les différentes parties du sujet ; finalement, après de si nombreux, de si beaux et de si féconds résultats introduits dans la science et dans l'art, nul ne s'étonnera sans doute que le prix ait été adjugé à ce remarquable travail. »

En 1852, l'Académie lui décernait un nouveau prix pour la *généralisation de la ténotomie sous-cutanée*.

Enfin, en 1857, il obtenait de la même compagnie un quatrième prix et cette fois, c'est *la généralisation de la méthode sous-cutanée* qu'elle récompensait.

Dès 1833, elle l'avait admis sur une liste de candidats à la section de médecine et de chirurgie.

En 1856, il avait été présenté en première ligne *ex æquo* avec Jobert de Lamballe, qui fut nommé.

En 1867, il avait été présenté en première ligne avec Sedillot. Nélaton, qui figurait en seconde ligne avec Laugier et dont le bagage scientifique était aussi nul que celui de l'enfant qui vient de naître, fut nommé.

En 1868, Laugier, estimable, c'est tout ce qu'on en peut dire, monte au premier rang, Jules Guérin descend au second. Le Verrier s'en étonne dans le *Bulletin de l'Association scientifique* : « Pourquoi ce renversement de l'ordre de mérite des candidats et à si peu de mois de distance, lorsque personne ne peut citer une raison scientifique qui motive cette interversion ? Il sera impossible d'y rien comprendre. » Laugier fut nommé. Un journal médical jugea l'affaire d'un mot : « L'Académie des sciences a fait bourgeoisement une petite élection de famille. »

Le chirurgien Laugier était frère de l'astronome du même nom, membre de l'Académie. Pour faire cette petite élection quand l'occasion se présentait d'en faire une grande, l'Académie s'était déjugée, avait manqué à ses engagements, méconnu les droits acquis. Loin que le candidat qui, en mai 1867, avait occupé le haut de la liste, eût démérité depuis, il avait acquis de nouveaux titres à l'estime de la section et de l'Académie. C'est alors que Jules Guérin nous écrivit la lettre suivante.

« Paris, 25 février 1868.

« Mon cher Meunier,

« Si quelque chose pouvait me faire oublier la blessure, je puis mieux dire, l'offense que m'a infligée l'Académie (des sciences), ce serait votre article publié dans l'*Opinion nationale* de ce jour. Jugez donc de ma surprise : je voulais lire la sentence rendue dans le conflit Kervegen et je suis tombé sur votre article. Je commence par vous en remercier du fond du cœur. On ne peut rien de plus chaleureux, mais aussi de plus cruellement démonstratif. L'Académie y est convaincue de légèreté, d'inconséquence, d'injustice, elle ne vous le pardonnera pas, ni à moi non plus. S'il m'était resté la moindre velléité de me représenter, vous l'auriez étouffée à tout jamais. Vous avez mis vous-même le feu à mes vaisseaux, et je vous l'avoue, je ne ferai rien pour l'éteindre. Le sacrifice est donc fait, je n'appartiendrai jamais à l'Institut, que j'avais pris, depuis trente ans, pour point de mire de toutes mes ambitions. Vous qui êtes philosophe, qui n'avez jamais visé à autre chose qu'à être le défenseur libre et indépendant du vrai et du juste, vous allez prendre mes regrets en pitié. Un ami qui partage avec vous le droit de me dire mes vérités m'a fortement gourmandé de m'être mis sur les rangs, et il a plus applaudi encore à ma défaite. Mais ni lui ni vous n'avez peut-être compris le but de mon ambition.

« Le titre de membre de l'Institut, comme titre honorifique, est d'un faible prix à mes yeux. Quand je le vois conféré à MM. tels ou tels, je suis tenté de dire comme Piron : « Il n'y a pas de quoi ! » Mais, pour un homme discuté, persécuté, pour un novateur tenu en échec depuis trente ans, le titre de membre de l'Institut était une consécration, et la voie ouverte à de nouvelles conquêtes. Mes idées, mes découvertes, mes inventions sont restées, pour la plupart, des lettres-mortes dont l'humanité n'a guère retiré de profit. Mes adversaires ne s'en sont servi qu'à la condition de m'en dépouiller en les déclarant leur bien ou en les attribuant à l'étranger. Or, vous avez eu le courage de le déclarer : bon nombre de mes méthodes sont de nature à accroître les ressources de l'art et à diminuer les frais de l'hospitalité nosocomiale. Eh bien ! j'envisageais mon élection à l'Institut comme le triomphe, comme la consécration des vérités utiles qui luttent depuis un quart de siècle contre l'ignorance et la malveillance. L'Institut est la tribune la plus élevée et la plus retentissante du progrès, c'est donc pour les progrès que je crois avoir réalisés, et non pour ma personne, que j'ambitionnais l'honneur d'entrer au sénat de la science. A ce point de vue, vous me pardonnerez mes efforts et comprendrez mes regrets.

« Qu'ajouterai-je, mon cher ami, à ces explications ? Que votre article est tellement fort, tellement écrasant qu'il aura, je crois, pour effet de provoquer un surcroît de haine et de calomnie. On a dit à propos de l'article que vous avez fait à l'ouverture de la précédente candidature que j'en étais l'auteur. On ne manquera pas de répéter la même chose pour celui-ci. Cette fois la calomnie aura quelque chose de flatteur ; car, je le reconnais, je n'aurais pu faire aussi bien. Votre premier article était un chef-d'œuvre de haute raison, la formule nette et précise du droit et du devoir académiques ; le second est l'application de ce droit, et la condamnation implacable de ceux qui ont forfait à ce devoir. Je ne dis pas, je ne veux pas dire : *de l'Académie;* car, malgré son peu d'importance numérique, la minorité qui m'est restée fidèle me paraît suffire pour représenter le corps qu'ont illustré les Laplace, les Lagrange, les Cuvier, les Geoffroy, les Savart, les Dulong, les Arago, les Serres, dont les noms, comme ceux des chefs de la vieille aristocratie française, couvriront longtemps encore de leurs éclat cette grande et noble famille qui s'en va tous les jours perdant de son lustre.

« Je me plais à vous le répéter, mon cher Meunier, vous êtes du petit nombre des amis qui me sont restés fidèles depuis le commencement de ma carrière. Je m'en glorifie comme de l'amitié des Geoffroy, des Serres. La plume qui a écrit, il y a vingt-cinq ans, votre visite au musée de la Muette et celle qui vient de cl[illegible]e l'histoire de mes infortunes académiques, ne périr[illegible] [illegible]us que les travaux qu'elle a noblement vengés. J'aurais été vous dire toutes ces choses de vive voix et beaucoup mieux que je ne les ai écrites ; mais je veux que ce témoignage, très affaibli de mon amitié et de ma reconnaissance, reste entre vos mains comme un gage moins périssable des sentiments que je vous ai voués.

« Cette lettre ne s'adresse qu'à l'ami : elle perdrait son seul mérite à sortir du cœur dans lequel je la dépose.

« JULES GUÉRIN. »

Nous l'avons gardée pour nous jusqu'après la mort de son auteur survenue le 25 janvier 1886. Elle a paru neuf jours après dans le *Rappel* (du 2 février), sous ce titre : *Une lettre inédite de Jules Guérin.*

Guérin avait failli à sa résolution lorsque s'était ouverte la succession de Sédillot.

« Si l'échec est pour vous — lui écrivions-nous après le vote — la honte est pour l'Académie.

« Vous ferez meilleure figure qu'elle devant l'avenir.

« En attendant, elle démontre contre elle-même l'urgence d'une réforme à laquelle beaucoup de bons esprits sont déjà ralliés et qui fera rapidement son chemin dès qu'un groupe sérieux s'en sera constitué l'organe. »

Guérin, adoptant les principes de réforme démocratique dont nous avons été le constant autant que modeste organe, vint nous dire qu'il entendait faire partie du groupe qui en poursuivrait la réalisation. Nous avions de même l'adhésion de Burq, qui a de son côté développé des idées analogues.

A propos de toute succession académique qui s'ouvre, le minimum de réforme à faire subir à l'Institut pour l'adapter au milieu républicain devrait être itérativement rappelé et opiniatrément réclamé.

Ce minimum comporte trois articles relatifs : 1° au mode d'élection ; 2° à la composition du personnel ; 3° à la nature des travaux.

L'élection. — L'Académie se recruté elle-même. L'Académie est un sénat d'inamovibles. La réforme dont l'application n'a besoin au sénat politique que d'être locale doit être générale au sénat scientifique. Il faut qu'à l'avenir l'Académie procède de l'élection externe, conformément au principe fondamental de notre droit public dont il n'y a aucun motif de s'écarter ici ; on ne peut s'en écarter ici sans le nier partout. Il faut que désormais le suffrage universel des intéressés, des hommes compétents, de la corporation entière, fasse l'académicien. Il faut faire de l'Académie la chambre des représentants élus des savants encore plus aisés à reconnaître que les pauvres dont la détermination des caractères distinctifs fut jadis, à ce qu'on raconte, offerte comme sujet de prix.

Personnel. — L'Académie, à moins qu'elle ne serve à rien ou qu'elle serve à moins encore, devrait comprendre trois sortes de membres :

Les *honoraires* pour la gloire ;
Les *titulaires* pour le conseil ;
Les *adjoints* pour l'action.

L'académicien n'est complet qu'en trois personnes.

3° Travaux. — Pour quiconque a quelque sentiment de l'ordre, le spectacle d'une séance académique est absolument affligeant. Rien de plus qu'un enfilage de choses sans rapports entre elles. Le jeune enthousiaste de science ou de patriotisme qui, sans avertissement, débarquerait là de sa province ou de son ciel serait prodigieusement surpris de ce décousu.

C'est l'incohérence à sa plus haute puissance. Pas un fait, en certains jours, qui soit de nature à intéresser la majorité des assistants. Aussi l'inattention générale est-elle de règle et parfois scandaleuse. Le président néglige ordinairement de réclamer le silence. Les lectures galopées dans le brouhaha ne sont que de simples formalités. L'accueil impoli qui leur est fait est un honneur recherché de ceux qui veulent arriver. Combien de fois m'ont-elles rappelé l'époque et la classe où, récitant nos leçons devant un maître endormi, nous remplacions les mots par un roulement de voix inarticulées, qui berçaient notre juge et le disposaient à la bienveillance. Un lecteur en agirait de même avec l'Académie qu'elle ne s'en douterait pas plus que notre pion. — Réforme urgente : supprimer le comité secret, qui si souvent supprime la séance publique; le supprimer et en verser la matière dans les séances publiques.

Comités secrets.

Dans ces comités, l'Académie dispose sans contrôle, sans appel, sans responsabilité, souverainement, arbitrairement, de tous les intérêts qui lui sont confiés; aussi l'œil du public étant l'œil de la conscience, combien de fois en dispose-t-elle injustement!

Tout ce qui intéresse l'avenir des hommes, le sort des choses, l'honneur scientifique du pays, est réservé à ces comités secrets, résolu à la faveur de l'ombre.

Les places auxquelles l'Académie présente les questions qu'elle pose, les missions qu'elle confie, les prix et récompenses qu'elle décerne, les partages qu'elle fait, c'est dans ces lieux discrets qu'il en est décidé.

C'est là que sont manipulés les legs et reliquats !

Des savants sont gavés, d'autres affamés..

Un tel mode de gouvernement est un outrage à la République. S'il pouvait convenir à la science, il ne conviendrait pas qu'à elle. Si l'administration de nos académiciens pouvait se passer de tout contrôle, il n'y aurait plus qu'à mettre ces impeccables à la tête des affaires publiques et à calquer l'Etat sur leur oligarchie. Mais si au contraire le pouvoir qu'ils exercent ne produit que des résultats déplorables, s'il n'a pas été pour peu dans la « décadence scientifique » qui a tant contribué à nos désastres ; il faut le leur enlever par le moyen du minimum de réformes qui vient d'être indiqué.

Ces choses soient dites pour le cas où l'Institut serait conservé. Il ne pourrait l'être à moins ne pouvant être à moins transformé en institution républicaine. La République ayant, aujourd'hui conscience de sa perpétuité, ne peut tarder longtemps à refaire à son image un atelier social d'autant d'importance que celui de la science. Il est infiniment regrettable de ne voir personne à la Chambre qui, à l'occasion du budget, pose et discute la question de réorganisation scientifique, dont assurément l'immense majorité de nos représentants ne soupçonne même pas l'existence. Et pourquoi ne s'y trouve-t-il point d'acteur pour ce rôle ? Parce que dans le nombre de ceux qui pourraient le remplir, les uns étant de l'Institut, les autres voulènt en être, il n'y a d'indépendance nulle part.

Si j'ai guillemetté, dans l'avant-dernier alinéa, deux mots bien durs pour notre orgueil national, mais que nous ne devons pas lui mâcher si nous nous sentons la force d'en faire une expression de mensonge, c'est parce qu'ils constituent un emprunt. Je les emprunte à la *Revue internationale des sciences biologiques* déjà citée :

Parlant de l'engouement de l'Académie des sciences, pour les découvertes présumées d'un de ses membres, engouement bien des fois signalé par nous :

« Il faut l'avouer, dit la *Revue internationale*, la décadence scientifique de la France est telle que, même le public qui se prétend intelligent et éclairé, est resté de nos jours aussi accessible aux mystifications qu'il l'était du temps de Mesmer.

« Quant à ce public scientifique officiel dont l'Académie des sciences est la représentation très exacte, sa crédulité ne connaît pas de bornes.

« On peut lui adresser les communications les plus abracadabrantes, les inventions les plus stupéfiantes; elle les catalogue avec sérénité dans ses *Comptes rendus* et souvent les recouvre de sa couronne de laurier. Tout y passe : spécialités pharmaceutiques, canards scientifiques, mystifications, etc. Ne sait-on pas l'aventure de cet hygiéniste qui a reçu un prix de 5,000 francs pour avoir *démontré* (*sic*) que le choléra n'est plus contagieux au delà de cent mètres.

« L'admiration que l'Académie professe pour les découvertes du membre dont il s'agit, les éloges multi-

[1] Voir le § 1 du chapitre suivant.

pliés qu'elle fait de ses travaux; les récompenses, les gratifications, les dotations qu'elle accumule sur sa tête ne doivent donc pas être comptés pour rien au point de vue d'où nous nous plaçons, qui est celui de la science pure et de la vérité impartiale. »

CHAPITRE VII

LES SÉANCES SOLENNELLES

ÉLOGES ET PRIX

§ I

ACADÉMIES COMPARÉES

La séance des revenants. — Chinoiseries occidentales. La vente du Dr Grimaud, de Caux. — Le premier prix de M. Alphonse Milne-Edwards.

A peine avions-nous franchi le seuil de l'Académie que nous nous trouvions rajeuni d'une année, ou du moins, — n'exagérons pas, — de deux mois et demi. Expliquons ce phénomène.

Personne n'ignore que l'Académie tient tous les ans une *séance* dite *publique*. (Pourquoi *publique* ? On n'en sait rien ; toutes les séances de l'Académie sont publiques, et même celles du lundi le sont plus que celles auxquelles on réserve cette épithète, puisque aux premières l'entrée est libre, tandis qu'on n'est admis aux autres que sur la présentation de billets.) Cette solennité est consacrée en grande partie à la proclamation des prix décernés.

Or, des prix décernés supposent des commissions qui « commissionnent » et des rapporteurs qui rapportent, ce qui n'est pas encore devenu tout à fait introuvable ; mais la mer à boire pour les commissaires est d'arriver à l'heure. Ils y réussissaient naguère, ils n'y parviennent plus jamais. Quand ils sont prêts, le millésime aux fastes duquel leurs travaux eussent dû s'ajouter n'est plus qu'un souvenir, et l'Académie se réunit solennellement pour délivrer des couronnes de l'an passé, en une séance rétrograde, tenue par un bureau qui n'est plus.

C'est ainsi qu'il nous a été donné d'assister, le lundi 5 mars 1866, à la séance publique de l'année 1865.

Au lieu de : *Séance publique*, qui ne dit rien, pourquoi ne dirait-on pas : *Séance des revenants?*

M. Decaisne, qui n'est plus président depuis le 31 décembre, préside. A sa droite est M. Laugier qui président depuis le 1er janvier, et redevenu, pour la circonstance, ce qu'il était l'année dernière, vice-président. A sa gauche, M. Élie de Beaumont, secrétaire perpétuel.

L'ordre du jour des séances solennelles est stéréotypé. Deux articles, toujours les mêmes, le composent invariablement : 1° proclamation des prix décernés ; 2° lecture de l'éloge d'un académicien mort. L'éloge lu cette année est celui de M. du Trochet ; le panégyriste est M. Coste.

La proclamation des prix décernés a été faite par M. Élie de Beaumont.

Nos aînés dans la civilisation, les Chinois, avaient déjà des sociétés savantes quand l'élite de la nation française ne savait pas encore lire. Le jour où Louis le Pieux, dans l'espoir de retarder la fin du monde, promise à l'Europe épouvantée par la comète de 837, ordonnait la fondation de plusieurs monastères, les astronomes du Céleste-Empire communiquaient à l'Académie des sciences de Péking les éléments de l'astre voyageur. Cette Académie tenait déjà à cette époque des séances publiques annuelles, elle proposait des sujets de prix, décernait des récompenses. La libéralité de quelques amis des sciences l'avait mise en mesure de jouer ce grand rôle. La jeune Europe, croyant innover, n'a fait que de la chinoiserie.

Mais ce qui est exclusivement chinois, c'est le sans-façon avec lequel l'Académie de ce singulier pays distribue les fonds dont elle est dépositaire. L'intrigue, la camaraderie et le népotisme en disposent. C'est la proie des parents, des familiers et des flatteurs ; une prime offerte à la convoitise de quiconque épouse les préjugés de l'Académie, ses rancunes, et de tous ceux qui savent la prendre ; c'est pour ses membres le moyen de rétribuer sans bourse délier les services de leur collaborateurs, de leurs aides, de leurs garçons de laboratoire, voire même les constructeurs qu'ils emploient. On a vu récemment un académicien faire couronner son préparateur pour une découverte micrographique du genre de celles qu'on fait tous les jours ; on l'a vu plus récemment encore faire décerner une somme importante à un de ses serviteurs, qui venait d'inventer je ne sais quelle fontaine que tous les Chinois connaissaient depuis trente années [1]. Autre exemple :

Le *Fils du Ciel* (*Tian-tseu*) avait offert une somme considérable, plusieurs milliers de *liang*, à celui qui ferait

[1] Cet académicien de Péking portait un nom qui eût pu le faire prendre pour un Français, il s'appelait Coste ; c'était un embryogéniste.

quelque grande découverte dans les sciences physiques. Un appareil servant à produire l'électricité, appareil qui n'est, à ce qu'il paraît, ni notre pile, ni notre machine à plateau [1], fut seule jugée digne de cette récompense exceptionnelle. Toutes les parties de cet appareil avaient été inventées par divers physiciens ; un habile constructeur [2], combinant ces éléments, sans d'ailleurs y rien ajouter, en avait fait une machine usuelle. Qui a eu le prix, croyez-vous ? les inventeurs ? Non. Vous pensez qu'au moins on l'a partagé entre les savants et le praticien ? Erreur ! Le prix a été décerné au fabricant envers qui les membres de la commision avaient contracté de vieilles dettes de reconnaissance, qui ont été ainsi acquittées. Cela n'étonne pas en Chine. Cependant, il paraît que, dans sa dernière séance annuelle, l'Académie des sciences de Péking a été décidément au delà de ce que la conscience publique peut supporter.

Il y a, dans la capitale du Céleste-Empire, un vieux lettré, journaliste sans abonnés, mais Chinois dans l'âme ; c'est le Benjamin de l'Académie. Elle lui décerne un prix tous les ans. Que la terre atteindra le solstice d'hiver au 21 décembre, que l'Académie de Péking ne tiendra pas sa séance annuelle à l'époque prescrite par les règlements (car nous n'avons pas non plus inventé cela), et que, le lendemain de cette séance, notre lettré se présentera à la caisse de l'Académie, pour y toucher sa rente : ce sont trois phénomènes dont le retour périodique est également assuré. Il peut, dressant le 1er janvier son budget pour l'année qui commence, inscrire en toute assu-

[1] La bobine d'induction parbleu !

[2] Ruhmkorff.

rance au chapitre des recettes un prix de l'Académie. Un triomphe aussi régulier est sans autre exemple dans les fastes de la science chinoise. Ce lauréat à vie n'a cependant rien découvert, rien inventé ; rien, pas même l'art d'enguirlander l'Académie. Mais comme il l'a perfectionné !

En Chine, ainsi que chez nous, le goût et la culture des sciences se sont fort répandus, et l'Académie qui, il y a mille ans, dirigeait le mouvement, n'y aide pas plus aujourd'hui que la première société savante venue. Mais notre Chinois feint de croire que l'Académie de Péking est le centre du monde intellectuel exactement comme la Chine est le milieu de l'univers, et l'un est en effet aussi vrai que l'autre. Les moindres détails du ménage académique sont mis de niveau dans son journal avec les affaires de l'État. L'historiographe du *grand et souverain empereur* (*ta-hoang-ti*) n'est pas plus attentif aux faits sublimes et aux gestes divins du *représentant du ciel et de la terre*, que cet écrivain aux silences et aux repos de l'Académie ; c'est la matière de ses feuilletons. Son respect pour le règlement de l'Académie va de pair avec celui du *tribunal des rites et des cérémonies* pour le code d'étiquette de l'empire.

Comment va le catarrhe de tel académicien et le ramollissement de tel autre ; les lecteurs que l'Académie lui suppose en seraient avertis jour par jour, s'il avait des lecteurs. Il est de moitié dans tous les préjugés et dans toutes les haines de la compagnie. Il adore ce qu'elle loue, vilipende ce qu'elle condamne. Il est sur le chemin du mandarinat. Du reste, ardent à la défense des *king* : ce qu'on nommerait chez nous un contre-révolutionnaire, et cela achève d'expliquer la faveur dont il est l'objet. C'est à lui que l'Académie de Péking a donné la plus grosse récompense décernée dans sa dernière séance, ce qui a comblé la mesure.

Il faut savoir qu'une épidémie meurtrière a visité il y a quelque temps une des provinces du Céleste-Empire. En Chine, pas plus qu'en Europe, les médecins ne sont avares de dévouement. Nombre d'entre eux quittèrent la capitale pour courir au secours de la province ravagée. Le lettré dont nous nous occupons se transporta également sur les lieux. Ses confrères aussitôt arrivés se mirent aux ordres de l'administration hospitalière ; lui, point. Quelques-uns expérimentèrent avec succès des traitements curatifs nouveaux ; lui, point. Plusieurs firent connaître des moyens préservatifs précieux ; lui, point. Nombre d'entre eux furent rudement atteints par le fléau dans l'exercice de leur mission de charité ; lui, point. Il y en eut qui succombèrent ; je n'ai point à dire qu'il ne fut point de ceux-là. Qu'était-il donc allé faire dans cette province? Ouvrir une sorte d'enquête sur les débuts et sur la marche de l'épidémie. Et comme les médecins chinois sont divisés sur quelques-uns des caractères essentiels de cette maladie, il avait, dans une vingtaine de pages, défendu, sans la démontrer, l'opinion qui lui paraissait d'accord avec les faits.

Or, à quelque temps de là, l'Académie tint sa séance solennelle, dont la distribution des prix fait, pour ce peuple enfant, le principal intérêt. L'épidémie, à peine disparue, avait laissé de trop douloureux souvenirs pour que cette Académie oubliât, dans la distribution des récompenses, les médecins à qui le fléau a fourni l'occasion de montrer leur courage et leur abnégation. Qui va-t-elle distinguer? Ceux au dévouement desquels de nombreux malades doivent leur guérison? Non. Ceux qui ont fait connaître de nouvelles méthodes curatives ou préventives ? Non. Ceux qui ont failli payer de la vie leur amour de la science et des hommes ? Non. L'Académie ne les connaît point. L'Académie n'a remarqué que son enfant gâté, l'auteur de cet opuscule historique et critique que vous savez. Il n'y a, selon l'Académie, qu'un médecin qui ait fait preuve de courage, et c'est celui-ci ; de dévouement et de science, et c'est encore lui.

Cette fois, le corps médical s'est ému ; on a trouvé que l'Académie allait trop loin.

C'était, du reste, à ce qu'il paraît, l'opinion de quelques membres de l'Académie. Ils auraient voulu que revenant sur sa décision, elle diminuât de moitié la somme accordée. Battus sur ce point, ils demandèrent que la récompense ne fût pas qualifiée de prix ; ce qui fut convenu. Ils auraient même voulu qu'on ne la mentionnât pas en séance, ce qui ferait croire que l'Académie de Péking a des fonds secrets.

La conclusion de tout cela est que les Chinois généreux qui voudront consacrer une partie de leur superflu à l'encouragement des sciences devront faire leurs générosités sans intermédiaires. On cite d'illustres Chinois qui sont morts sans avoir obtenu aucune récompense de l'Académie de Péking, et des Chinois vivants que l'absence de moyens de travail empêche de servir la science. Cela n'arrivera plus si les Montyon de Chine prennent l'habitude de faire leurs affaires eux-mêmes. Mais ai-je beaucoup de lecteurs sur les rives du Tchi-li ? Dans le doute, je n'insisterai pas davantage.

D'autant que le conseil que je viens de donner serait sans objet en France où je rentre maintenant. En France tout se passe constamment selon l'équité et pour le plus grand bien de la science et des savants. Et si l'on veut savoir jusqu'où nos académiciens poussent la loyauté dans la distribution des récompenses, on va l'apprendre.

L'Académie des sciences (de Paris) avait annoncé qu'elle distribuerait le grand prix des sciences physiques au « travail ostéologique qui aurait contribué le plus à l'avancement de la paléontologie française ». Comme il n'y a qu'une paléontologie, et qu'elle profite de tout progrès en quelque lieu qu'il s'accomplisse, on peut se demander pourquoi, en fait, le programme excluait du concours tous les paléontologistes étrangers. J'insiste. Le programme explique que plusieurs groupes d'animaux vertébrés fossiles n'ont pas encore été assez étudiés, et que même la squelettologie des groupes correspondants d'animaux vivants n'est pas assez avancée pour les besoins de la paléontologie. — Pour le dire en passant, ce sont surtout les oiseaux que ce passage vise. — De ces prémisses chacun conclura que toutes les découvertes relatives aux oiseaux fossiles, en quelque lieu de la terre qu'elles soient faites, doivent être également les bienvenues. Pourquoi alors le programme soustrait-il à la concurrence des savants étrangers les Français sinon même le Français qui pourraient ou pourrait briguer ce prix de 3,000 francs? Peut être le saura-t-on tout à l'heure.

Autre question : Par qui ce programme avait-il été rédigé? C'est ce que nous réservons pour le mot de la fin.

Les juges du concours furent au nombre de cinq dont trois professeurs au Muséum, à l'un desquels échut la mission de rapporteur : c'était M. de Quatrefages.

Il expose qu'un seul concurrent s'est présenté et que la commission est unanime à lui donner le premier rang, c'est-à-dire à le juger digne du prix. Il analyse ensuite le travail de ce concurrent sans concurrence ; après quoi, il conclut en ces termes :

« Le pli cacheté annexé au mémoire dont il vient d'être rendu compte ayant été ouvert, on a lu... le nom de M. Alphonse Milne-Edwards. »

Sent-on bien tout ce qu'il y a d'antique dans ce fait récent ?

Considérez que le père de M. Alphonse Milne-Edwards, savoir M. Milne-Edwards, est à l'Académie le collègue des cinq juges de son fils ; qu'il est au Muséum le collègue de trois d'entre eux ; que le rapporteur, qui est un de ces trois, son voisin et son ami de vingt-cinq ans, a pu faire sauter le futur lauréat sur ses genoux ; et il a fallu que ces juges et que ce rapporteur ouvrissent le pli annexé au mémoire soumis à leur examen, pour savoir de qui est ce mémoire !

L'ayant rédigé à l'insu de tout le monde, et fait recopier par une main inconnue, car son écriture eût trahi l'incognito que sa délicatesse lui imposait de garder, un soir, rasant les murs, enveloppé d'un manteau couleur de muraille, et son grand feutre rabattu sur un faux nez à moustaches, M. Edwards fils était allé déposer son travail au secrétariat de l'Académie, entre les mains de M. Pingard, qui l'a vu naître et qui ne l'a pas reconnu, et le rapporteur l'a ouvert (le manuscrit), l'a étudié et discuté avec ses collègues, sans avoir le moindre soupçon de son origine !

N'est-ce pas admirable ? Et vous représentez-vous le coup de théâtre quand « le pli annexé au mémoire ayant été ouvert on a lu le nom de M. Alphonse Milne-Edwards » ? Etonnement général, mitigé par une incrédulité unanime :

— Comment dites-vous ?

— Allons donc !

— Vous voulez rire!

— Il y a erreur!

— Alphonse nous l'eût dit.

— Milne-Edwards nous en eût parlé.

Il fallut bien se rendre à l'évidence.

— Quels hommes! disaient les membres de la commission en s'en allant; c'est du père et du fils qu'ils parlaient.

— Délicatesse admirable!

— Désintéressement prodigieux!

— O vertu!

— O grandeur!

— Et qu'on vienne nous dire que l'âme n'est pas inpendante du corps!

Puis, la première fois que le rapporteur rencontra le lauréat :

— Comment, c'était toi?

— Mon Dieu, oui, monsieur de Quatrefages.

— Sais-tu qu'auprès de toi le jeune Caton n'eût été qu'un *corvus pica*[1]?

— Vous avez toujours été si paternel pour moi, tous ces messieurs de la commission sont si bons... j'ai craint...

— Tu es bien le dernier à qui j'eusse attribué ce travail; je t'ai connu si jeune! Tu sais, moi, je te vois toujours avec tes pauvres petites jambes nues à l'anglaise, et mordant dans un tranche de plum-pudding. Enfin, c'est égal, j'ai beau t'aimer, je te dois justice comme aux autres; tu as mérité le prix, tant pis, tu l'auras.

— J'en serai fier. En entrant dans la carrière scientifique, je me suis fait le serment de ne rien devoir à la faveur; tout pour la justice, par la science et pour la France; on ne manque pas à un serment comme celui-là.

[1] Une pie.

— D'autant que tu as de qui tenir.

Voilà ce qu'on a voulu nous faire croire....

Ah! j'oubliais. Vous demandiez par qui avait été rédigé le programme du prix proposé aux seuls savants français et brigué par le seul M. Alphonse Milne-Edwards. Il faut bien que je le dise :

Le programme du prix proposé par l'Académie des sciences à M. Edwards fils avait été rédigé par M. Edwards père.

Voir aux *Comptes-rendus hebdomadaires des séances de l'Académie des sciences*, t. LX, page 297, la preuve de ce que j'avance.

§ II

BIS REPETITA PLACENT

OU

Le second prix de M. Alphonse Milne-Edwards.

Voilà donc ce qu'on a voulu nous faire croire, et, comme cette plaisanterie a très bien réussi, on l'a renouvelée, et c'est ce qui me fait invoquer cet adage latin qui ne souffre point d'être répété ici.

Cette fois, il ne s'agit plus d'un grand prix des sciences physiques, mais d'un prix Bordin ; le nom ne fait rien à la chose, c'est toujours un prix de 3,000 francs.

La question mise au concours était :

« Faire connaître les ressemblances et les différences qui existent entre les productions organiques de toutes espèces des pointes australes des trois continents de l'Afrique, de l'Amérique méridionale et de l'Australie, ainsi que des terres intermédiaires, et les causes qu'on peut assigner à ces différences. »

Elle avait d'abord été proposée pour 1871, mais personne ne s'étant présenté pour la résoudre, elle fut prorogée à 1873, et, comme l'Académie n'a pas tenu de séance annuelle en 1873, « à cause de la difficulté du temps, » d'après son président, M. Faye (les temps ont bon dos!), le résultat du concours n'a été proclamé qu'en 1874.

Deux mémoires ont été présentés. La commission chargée d'en rendre compte se composait de MM. Milne-Edwards, de Quatrefages, Elie de Beaumont, Brongniart et Roulin. Quoique M. de Quatrefages fût absolument le seul qui eût qualité pour rapporter un pareil concours, — M. Milne-Edwards, avec la meilleure volonté du monde, ne pouvait s'en charger, — M. de Quatrefages n'est pas cette fois le signataire de ce nouveau rapport. Il aura été de notre avis sur les récidives. Ce rapport a paru aux *Comptes rendus* sous la marque modeste du dernier bibliothécaire de l'Académie [1], laquelle avait à la fin récompensé les bons services de cet honorable fonctionnaire, en l'admettant parmi ses membres libres. Mais il n'est plus là pour répondre de son œuvre. Le reste se devine.

L'un des deux mémoires a été tout de suite éliminé. Quoique tous les commissaires se fussent accordés à voir dans ce travail « le fruit de longues et patientes recherches », il a été éliminé pour cette raison que, le programme des concours portant que les mémoires devaient être déposés à l'Institut avant le 1er janvier 1873, celui-ci n'est arrivé au secrétariat qu'en août de la

[1] Le docteur Roulin.

même année ; et il n'y aurait absolument rien à dire si l'Académie n'arrivait elle-même avec plus d'une année de retard au rendez-vous auquel elle ne permet point que les autres ne se présentent pas à l'heure! Quant au second mémoire, il a été naturellement jugé digne du prix par « l'unanimité des quatre membres qui seuls ont pris part aux délibérations », et — racontons rapidement un dénouement qui n'a plus l'intérêt de la nouveauté, — le pli cacheté annexé au mémoire ayant été ouvert, on y a lu... le nom de M. Alphonse Milne-Edwards.

Les *Comptes rendus* nous apprennent d'ailleurs ceci, où se trouve la nouvelle plaisanterie, bien meilleure encore que la première :

« Au moment, disent ces facétieux *Comptes rendus*, où la commission s'est réunie pour prononcer son jugement sur les mémoires qui lui étaient soumis, et que ses différents membres avaient d'abord examinés séparément, M. Milne-Edwards lui a écrit que des raisons particulières l'engageaient à s'abstenir de prendre part à ses délibérations, et il n'a assisté à aucune de ses séances. »

Ainsi, les membres de la commission n'ont point connu les motifs que M. Milne-Edwards a eus de s'abstenir, ils ne l'ont pas questionné à ce sujet, ou, questionné par eux, il a refusé de répondre, et nul n'a rien pénétré de ce qu'il a voulu tenir secret. On n'a pas su que M. Alphonse Milne-Edwards briguait le prix, et son travail a été pesé dans la même balance que celui du premier venu.

Voilà ce qu'on nous déclare par la note ci-dessus. Ainsi, en cessant d'assister aux séances de la commission, M. Milne-Edwards a cessé d'exercer aucune influence sur ses délibérations. Voilà ce qu'on prétend nous persuader. Ah ! le bon billet qu'a La Châtre ! et c'est ce qui m'ennuie que ces hommes austères nous traitent comme la courtisane traitait cet imbécile.

M. Faye, dans une allocution prononcée en séance annuelle, a rappelé que « les académiciens décernent des prix, mais n'en reçoivent pas », on voit que cette règle n'est pas sans compensations possibles pour les pères de famille que la compagnie compte dans son sein.

§ III

L'ACADÉMIE ENCENSÉE PAR ELLE-MÊME

M. Faye ne sait pas si le siècle de Victor Hugo est un siècle littéraire. Ces paroles, sortant de la bouche officielle du fonctionnaire chargé par l'Académie de brûler l'encens en public sous le nez de l'Académie, méritent d'être rapportées : « Je ne sais si, dans l'histoire, le XIXe siècle sera compté pour une grande époque de littérature ou d'art, de philosophie ou de religion, de morale ou de caractères élevés... » Si l'Académie ne sait rien de tant de choses essentielles, comment donc, mon Dieu ! aiderait-elle au relèvement de notre pays ? Mais, en compensation de toutes ces ignorances, le panégyriste de l'Académie sait que, non contente de présider comme toujours (à ce qu'il dit) au progrès de la science pure, elle dirige aujourd'hui toutes les grandes applications scientifiques. Vous ne vous en doutiez peut-être pas. Voici comment l'immodestie académique essaie de nous en convaincre :

« N'est-ce pas l'un de vous, dit l'orateur de cette société d'admiration mutuelle, qui a fait de l'Afrique une île, parce qu'elle gênait le commerce du monde ;

un de vous qui à lui seul a fait la carte des régions les moins accessibles de ce continent ; un de vous qui, par l'application d'une découverte française, a sauvé les membres de tant de blessés à la dernière guerre ; un de vous qui a éclairé et développé toute l'industrie des corps gras ; un de vous qui a créé de toutes pièces notre flotte cuirassée ; un de vous qui a préservé de la peste le cheptel de la France, une valeur de plusieurs milliards ; un de vous qui a doté l'industrie d'un nouveau métal et d'un foyer de chaleur à qui rien ne résiste ; un de vous enfin qui, en ce moment même, dirige avec tant de succès les travaux destinés à préserver nos plus riches récoltes d'un ennemi invisible, mais déjà presque victorieux. »

Non.

Non, ce n'est pas un académicien qui a détaché l'Afrique de l'ancien continent. Quand, par ce travail herculéen, M. de Lesseps signalait son nom à la Clio de ce grand XIXe siècle, il n'était pas de l'Académie. Lui eût-il appartenu, qu'importerait ? Le génie qu'il a mis au service de sa grande œuvre n'était pas le génie de la science, c'était celui des affaires. Il pouvait être aussi de la garde nationale, qui n'a point songé à rien réclamer de sa gloire.

Non, ce n'est point un académicien qui a dressé sur les lieux la carte des régions éthiopiennes ; non, ce n'est pas un académicien dont les découvertes ont donné naissance à l'industrie des corps gras ; non, ce n'est pas un académicien qui a créé cette puissante source de chaleur à laquelle on fait allusion : ni M. d'Abbadie, auteur de ces cartes, ni M. Chevreul, auteur de ces découvertes, ni M. Ch. Deville, auteur avec M. Debray de cette création, n'étaient, lorsqu'ils les firent, membres de l'Institut. Non, non, ce n'est pas un membre de l'Académie qui a créé, de toutes pièces ou autrement la flotte cuirassée, et je ne sais jusqu'à quel point une Académie des sciences qui aurait trempé dans cette invention devrait s'en montrer fière.

Disons-en autant des moyens à l'aide desquels nos bêtes bovines ont été préservées de la contagion du typhus. Ceci est, en effet, l'œuvre d'un académicien [1]. Vous savez comment on a arrêté la maladie : en tuant les malades. Qu'en l'absence de moyens curatifs, on ait dut en agir ainsi, soit ; mais que la science ait rien à voir dans un expédient motivé par l'ignorance générale, et qu'une Académie des sciences en tire vanité, on ne l'eût pas imaginé. Si Desgenettes, obéissant à Bonaparte, eût empoisonné les pestiférés de Jaffa, à coup sûr, ni la chose n'eût été considérée comme médicale, ni l'Académie de médecine n'en eût revendiqué la gloire.

Quant à la chirurgie conservatrice, est-il possible que l'Académie soit, pour le plus déterminé de ses apologistes, une matière si ingrate qu'il lui fasse honneur des services que, dans la dernière guerre, un des siens, chirurgien de notre armée [2], a pu rendre en appliquant, comme tous les chirurgiens, les plus précieuses ressources de son art? Si c'est ainsi qu'on démontre que l'Académie tient la tête, comment démontrerait-on qu'elle suit la queue?

J'oubliais le dernier trait, ce compliment tiré à bout portant sur le secrétaire de l'Académie, M. Dumas, « qui dirige avec tant de succès », d'après le président d'icelle, la guerre publique contre le phylloxera. Il y a donc eu

[1] M. H. Bouley.

[2] M. Larrey.

des succès remportés sous la conduite de M. Dumas? Que nos viticulteurs seraient heureux d'en apprendre la nouvelle! Peut-être est-ce sous la direction de M. Dumas que M. Planchon, qui n'est peut-être même que le prête-nom de l'académicien, a découvert le phylloxera vastatrix; que M. Faucon a découvert presque tout ce qu'on sait des mœurs de cet insecte; que le seul moyen radical de destruction jusqu'ici connu, la submersion, a été trouvé; que le vignoble du Mas de Fabre, près d'Avignon a été ressuscité d'entre les morts; que la greffe Fabre et que les greffes Provins, de M. Bouchet, ont été imaginées et qu'elles sont expérimentées, etc., etc... Moi qui croyais que, jusqu'ici, le chef-d'œuvre de l'Académie en cette matière était cette proposition d'arrachage à l'occasion de laquelle les journaux spéciaux lui ont si vivement reproché de s'être fourvoyée dans une question qui échappe à sa compétence?

Nous résumions, ces jours-ci, les derniers travaux d'un des principaux délégués de l'Académie [1] sur le terrible puceron de la vigne, dont en six mois d'études il a si peu avancé l'histoire. Qui songerait à lui en faire un reproche? Mais on ne peut cependant pas non plus en glorifier l'Académie.

C'est ainsi que, sans se soucier des regards du public fixés sur lui, M. Faye, passait solennement la rhubarbe à ceux qui, une autre fois, lui passeront le séné.

Non, l'Académie n'a pas changé — en bien — depuis le temps où elle entravait de tout son pouvoir la naissance de la navigation à vapeur, où elle niait la réalité et la possibilité de la chute des pierres célestes, etc., etc.

« N'est-ce pas l'un de vous, — pourrait dire un orateur sévère, mais véridique, — n'est-ce pas l'un de vous

[1] M. Balbiani.

(Pouillet) qui s'est prononcé contre la télégraphie électrique ; un de vous (Babinet) qui voulait qu'on se hâtât d'utiliser pour la détermination des différences de longitude entre l'Irlande et Terre-Neuve le câble transatlantique impropre, selon lui, à tout autre usage ; un de vous (Elie de Beaumont) qui a étouffé pendant seize années la question de l'homme fossile, dont il a, jusqu'à la fin, refusé d'accepter la solution universellement reconnue ; un de vous (M. Milne-Edwards) qui a fait passer à l'Angleterre, patrie de ses pères, le sceptre de la zoologie jusqu'à lui tenu de génération en génération par des mains gauloises ; un de vous (le même) qui s'est opposé aux découvertes d'Erenberg sur l'organisation des infusoires ; un de vous (toujours le même) qui a rendu la vie si dure à cet infortuné Gratiolet ; un de vous (M. Dumas) qui a barré à Laurent le chemin du Collège de France ; un de vous (le même) qui, dans un rapport officiel, a poussé le délire de la courtisanerie jusqu'à mettre Napoléon III au nombre des grands électriciens ; un de vous (M. ...) qui a prosterné la science française aux pieds de ce malfaiteur couronné ; un de vous (M. Le Verrier) qui a inventé et mis en pratique ce principe des *découvertes administratives*, en vertu duquel le public eût dû ignorer toujours les noms de MM. Borelli et Coggia à qui les planètes et les comètes dénichées par eux n'eussent dû mériter que des gratifications, des pourboires ; un de vous (M. Dupuy de Lôme) qui, avec un crédit de 40,000 francs à lui ouvert par le Gouvernement de la Défense nationale, n'a pu terminer en temps patriotiquement utile cet aérostat à rames, mesquin diminutif de l'aérostat à vapeur inventé vingt ans auparavant et construit à ses frais par M. Giffard, que son fier copiste a complètement oublié de nommer ; un de vous (M. Chasles) et avec lui les plus considérables d'entre vous se sont laissé mettre dedans par un Vrain Lucas; un de vous...? »

J'en remplirais un volume.

« Ce n'est pas un de vous — pourrait encore dire le même orateur — qui a inventé la machine à coudre; ce n'est pas un de vous qui a donné le caoutchouc à l'industrie; ce n'est pas un de vous qui a donné la charrue à vapeur à l'agriculture; ce n'est pas un de vous qui lui a donné la moissonneuse ni la faucheuse... » Mais les 99 centièmes au moins des pages ajoutées par notre époque à la grande encyclopédie du travail y passeraient.

Dire que l'Académie « marche en tête des grandes applications scientifiques! » Comment l'ose-t-on? Cette Académie qui, dans sa dernière séance annuelle, au chapitre des prix pour 1872, déclare, à propos du prix de mécanique de la fondation Montyon, qu'elle ne connaît pas d'invention qui vaille *quatre cent vingt-sept francs* (car telle est la valeur de ce prix et ce n'est pas la première fois qu'il n'y a pas lieu de le donner, rien au contraire n'est moins rare)! Dire que cette Académie-là marche à la tête des grandes applications; comment l'ose-t-on? Et comment ose-t-on parler de « son énergie scientifique » et identifier cette prétendue énergie avec celle du pays à la face même du public qui, convié en décembre 1874 aux deux séances solennelles de 1872 et 1873, a sous les yeux la preuve irrécusable, et depuis longtemps superflue, que la compagnie qui se loue elle-même avec tant d'impudeur et se fait de la ruine de nos vignobles un prétexte à réclames, n'a plus même le degré d'activité nécessaire pour remplir ses plus simples devoirs réglementaires?

Je crois en avoir déjà fait la remarque : par ces éloges

à outrance qu'en toutes circonstances depuis la guerre elle se fait décerner publiquement, l'Académie témoigne qu'elle a conscience de la part de responsabilité que nos désastres font peser sur elle comme sur tous les corps qui, dans leurs voies respectives, ont eu la direction du pays ; mais elle témoigne aussi par là que ces prodigieuses catastrophes ne l'ont pas encore, hélas ! amenée à résipiscence.

L'objet particulier du panégyrique dont nous venons de relever quelques traits seulement était de fortifier cette assertion que l'Académie fait le plus équitable emploi des ressources pécuniaires que les fondateurs de prix ont mises entre ses mains. J'ai cité précédemment la règle ainsi formulée par M. Faye : « Les académiciens décernent des prix, mais n'en reçoivent pas, » et j'ai montré que, nonobstant cette règle, un prix peut fort bien servir à faire bouillir une marmite académique. Les reliquats et les virements sont une autre manière possible d'appeler les membres de la compagnie au partage des fonds qu'elle distribue. Un prix n'est pas décerné : *reliquat ;* le ministre autorise l'Académie à disposer de ce *reliquat :* virement. Or, un académicien qui ne peut recevoir un prix peut toucher un reliquat ! Nous avons pu nous méprendre tout à l'heure sur les motifs pour lesquels l'Académie n'a pas décerné le prix de mécanique pour 1872 ; peut-être n'a-t-elle voulu que faire un *reliquat.* Dix prix cette année n'ont pas été décernés : *reliquats*, *reliquats* et *reliquats !* Enfin, des académiciens peuvent palper en leur nom personnel et sans changement d'étiquette les prix décernés par les sociétés savantes où des membres de l'Institut ont la haute main, et c'est ainsi que la Société d'encouragement, présidée par l'inévitable M. Dumas, de l'Institut, a délivré, il n'y a pas longtemps, à M. Pasteur, de l'Institut, ce prix d'Argenteuil, valeur douze mille francs antérieurement octroyé à M. Chevreul, prix que le fondateur n'avait sans doute pas destiné à d'aussi gros personnages.

M. Faye assure que l'Académie est heureuse d'aider, même d'aider d'avance, à tous ceux qui sont capables de bien faire ; c'est le côté de ce qui se dit. Côté de ce qui se fait : au lendemain de la guerre, quand le relèvement de la France eût dû être le seul objet des pensées de tous, un prix fut décerné à un savant étranger sans que des Français qui l'avaient brigué et qui, par Uranus ! n'en étaient pas indignes, pussent obtenir que leurs travaux fussent rapportés ou que seulement le rapporteur leur donnât aucun signe de vie. Dans une autre circonstance, un Français, M. Cornu, mieux en Académie que les précédents, ayant cru tenir la solution d'une question d'optique, cette question fut proposée comme sujet d'un grand prix de sciences mathématiques... à lui destiné. Personne autre ne se présenta, on s'y était attendu ; mais M. Cornu avait manqué sa solution, et comme il renonçait à la chercher, le prix fut retiré. Nous sommes sous le règne absolu de la faveur, et le mérite même ne réussit que par elle.

Il en sera ainsi tant que l'Académie des sciences, qui se recrute elle-même, ne procédera pas du suffrage universel.

Mais nos pères ont bien pris la Bastille !

M. Dumas est aujourd'hui la plus haute expression du savant officiel, le type accompli du savant gouvernemental. Il porte partout avec soi son ancienne qualité d'homme d'État, et son extérieur prouve même que l'état a été bon. C'est un homme qui a toujours charge d'âmes et de peuples. Comme la déesse, on le reconnaît à sa démarche... pour un ancien ministre et un ancien pharmacien. A titre d'ex-membre des conseils du parjure et du meurtrier, il sent le besoin d'une religion pour le peuple; et quand il prononce un éloge historique, ce qui lui est arrivé trois ou quatre fois, on peut dire qu'il officie académiquement. Ajoutons que son dernier éloge [1] est en littérature ce qu'est en politique un discours ministre, l'ambition présente de l'auteur étant d'entrer à l'Académie française. Espérons que la vieille dame ne le laissera pas sécher sur pied. Cette noble ambition de M. Dumas donne la clef de son discours moins scientifique que littéraire, moins littéraire que réactionnaire.

Style et pensée : « Les désœuvrés que le sort a favorisés dès le berceau, et qui n'y voient qu'un moyen de jouir, ignorent ce que leur réserveraient le noble culte du savoir et l'enseignement désintéressé de la jeunesse. Les peuples attendent cette aristocratie nouvelle... »

Genève en a joui de cette aristocratie, grâce à son Académie : « Etroitement unie à l'Eglise, se recrutant elle-même comme établissement d'instruction supérieure, elle (l'Académie) avait la haute main sur toutes les écoles du canton. Elle constituait un Etat... dans l'Etat Les professeurs à peine rétribués, obligés à des dépenses bien au-dessus de leurs faibles émoluments, avaient recherché le prestige du professorat, véritable magistrature, et non pas ses profits matériels. Le caractère politique du haut enseignement attirait vers lui les membres des familles riches du pays... et c'est ainsi que

[1] *Arthur-Auguste de la Rive.* Eloge prononcé dans la séance publique annuelle de l'Académie des sciences du 28 décembre 1871.

l'Académie de Genève, donnant à nos grands centres universitaires un exemple qu'ils n'ont pas compris, gardait son rang parmi les plus renommées de l'Europe. »

Telles sont, en 1874, les pensées de celui en qui se résume le mieux l'esprit de l'Académie des sciences ; qu'on juge par là de ce que le pays peut attendre de celle-ci. « Beau idéal du gouvernement, » d'après M. Dumas, « la constitution de l'Angleterre, son parlement et son aristocratie. » Français idéal, d'après le même, M. le précédent duc de Broglie, père du président actuel de l'Académie dont M. Dumas brûle d'obtenir les faveurs. « Lorsque vous m'aurez fait voir un duc de Broglie, anglais ou allemand, je commencerai à douter de la supériorité morale, intellectuelle et politique de la France ; » M. Dumas s'approprie ces paroles. « Puissent-elles, s'écrie-t-il, rester à la fois comme une consolation et comme un avertissement ! »

Qui pense et parle ainsi entrera un jour ou l'autre à l'Académie française. Et c'est alors que M. Faye ne doutera plus des mérites littéraires du siècle :

Le siècle de M. J.-B. Dumas !

§ IV

LES BRONGNIART PAR M. DUMAS [1]

Comme les athlètes antiques dans les courses aux flambeaux (*quasi cursores...*) ou comme les écoliers au jeu de *petit bonhomme vit encore*, les bollandistes de la classe des sciences, ses secrétaires, se repassent

[1] Prononcé le 23 avril 1877.

la flamme ou l'étincelle cendreuse de l'éloge académiques, toujours identique dans ses caractères essentiels. Et ce n'est pas quand l'orateur officiel traite comme cette fois de son beau-père et de son beau-frère qu'il ira maltraiter ses héros et violer la convention d'après laquelle tout immortel mort est un homme achevé.

L'idée de faire d'un éloge deux panégyriques est peut-être une innovation, timide d'ailleurs (à l'Institut). Il y eut un temps où l'on pouvait voir le fils d'Alexandre Brongniart et ses deux gendres, MM. Audouin et J. Dumas, siéger à l'Académie avec le chef de la « dynastie » pour employer une expression favorite de M. Dumas qui, la voyant sans emploi en politique, lui a donné les invalides de la science. Il eût donc pu réunir toute la famille dans son éloge d'aujourd'hui. Du moins y montre-t-il, par ce qu'il fait aux autres, ce qu'il voudrait qu'on lui fît à lui-même :

« La vie de notre confrère M. J. Dumas — pourra dire un panégyriste à venir — n'a pas été fertile en incidents ; demandant au travail seul des succès légitimes, il a ignoré le bruit ; insouciant de la fortune, cherchant le bonheur dans l'étude, il n'a connu que le milieu paisible de la famille ; mais il peut être offert comme modèle à quiconque préfère aux applaudissements de la foule le souvenir de la postérité et les sympathies de l'assemblée d'élite, qui se réunit autour de nous pour glorifier les services et pour honorer la mémoire de ceux qui ne sont plus. »

C'est ainsi que, décalquant le nouvel éloge de M. Dumas, un futur perpétuel, pourra faire l'éloge du perpétuel présent quand ce dernier lui aura transmis tout ce qui restera alors du *petit bonhomme*, en y joignant les paroles consacrées : « Jack est en vie, en très bonne santé; s'il meurt dans votre main, prenez bien garde à vous ! » Et ce portrait fantaisiste de M. Dumas sera aussi ressemblant qu'aucun des portraits de convention qu'il a faits.

Cependant, à quoi sert l'histoire ainsi comprise ? Elle sert à mettre le public dedans, et les publicains dessus. C'est pourquoi nous ne sommes pas favorables à ce genre.

Si Cuvier a été l'espèce de révélateur, l'homme infaillible que M. Dumas nous montre, c'est très légitimement sans aucun doute et très heureusement pour nous qu'à l'autorité de son génie s'est ajoutée l'autorité de position qui mit tous ses contemporains dans sa dépendance. Et ce que nous avons de mieux à faire (Cuvier n'étant ici qu'un exemple) est de favoriser l'avènement et le développement des *dynasties* scientifiques en leur votant de bonnes listes civiles.

C'est bien ainsi que l'entend M. Dumas, habitué à voir les listes civiles du côté opposé à celui d'où nous les voyons, nous, qui est le côté où on les paye. Restera seulement à comprendre comment, ayant toujours si bien opéré, nous en sommes venus où nous voici ; à moins que cela ne tienne à l'insuffisance des salaires payés aux dynastes. Je ne m'étonnerais pas que telle fût l'explication de cet « insouciant de la fortune », qu'on a vu refuser d'avance les 300,000 francs promis à qui sauverait la vigne, maintenant sauvée par lui, comme nul n'en ignore !

Mais, est-il vrai qu'aujourd'hui encore les paléontologistes ne fassent qu'emboîter le pas au glorieux fondateur de leur science ; qu'on n'ait « rien ajouté aux règles empruntées à l'anatomie comparée, dont Cuvier avait découvert l'heureuse application; » et qu'il suffise toujours de quelques os isolés pour reconstruire un animal ? Cuvier disait bien plus : « Toutes les fois, disait-il, qu'on a seulement une extrémité d'os bien conservée, on peut déterminer toutes ces choses (la classe, l'ordre, le genre et l'espèce de l'animal) aussi sûrement que si l'on possédait l'animal entier. » Est-ce vrai ? Et le principe dont cette méthode de détermination n'est que l'expression pratique, le principe des conditions d'existence ou de la corrélation des formes « qui servait de guide » à Cuvier mérite-t-il toujours la confiance des paléontologistes ? Est-ce que ce principe et cette méthode qui conduisirent à la découverte de tant de vérités n'en ont pas fait manquer autant qu'elles en ont fait découvrir? Est-ce qu'à la lumière de ce principe et armé du levier de cette méthode on ne devait pas forcément manquer — comme on l'a fait — la découverte des animaux de transition ? Est-ce qu'avec « une extrémité d'os bien conservée » M. Albert Gaudry eût pu reconstruire ce singe le « mésopithèque » qui a la tête d'un semnopithèque et les membres d'un macaque? Est-ce que ces formes intermédiaires niées par Cuvier, incapable de les voir, ne surgissent pas aujourd'hui de partout ? Est-ce que les catastrophes formidables qu'il intercalait entre les faunes anciennes ont des partisans nulle part? Est-ce que l'existence de l'homme fossile dont il a méconnu les preuves remises entre ses mains n'est pas au nombre des vérités les mieux établies ? etc., etc... Que nous voilà loin de ce Cuvier artificiel que dans l'intérêt de ses opinions dynastiques, M. Dumas nous coule dans le moule académique ! Le masque tombe, l'homme reste et le grand homme n'en brille que davantage, car enfin c'est un principe connu : pour faire un grand homme prenez un homme.

Mais, comme de ce grand ouvrier du progrès, les contemporains renouvelant à son préjudice la servile formule : *Le maître l'a dit*, ont réussi à faire un obstacle au progrès ; comme il n'y a pas encore dix ans qu'en pleine Académie l'un des oracles du lieu rappelant l'opinion (l'erreur) de Cuvier sur l'homme fossile, concluait magistralement : « L'opinion de M. Cuvier est une opinion de génie » ; comme les opinions de « M. Cuvier » ainsi représentées ont fait passer de la France à l'étranger la direction de l'histoire naturelle : où M. Dumas ne songe qu'à multiplier les *dynasties*, nous demandons, nous, qu'on fasse la République.

Dans le genre littéraire, académique du moins, cultivé par M. Dumas, on ne sait jamais exactement où la convention cesse, où commence la vérité. Ceci n'est qu'une remarque générale. Dans l'espèce, si Cuvier fut un ardent partisan des cours prévôtales, M. Dumas n'a pas été l'adversaire des commissions mixtes : ces savants-là ne se mangent pas. Ce qui est certain, c'est que les relations de Cuvier avec ses collaborateurs, y compris Brongniart, sont peintes par M. Flourens, dans son *Eloge de Duméril*, tout autrement que par M. Dumas dans son *Eloge de MM. Alexandre Brongniart et Adolphe Brongniart*.

« Cuvier, écrit M. Flourens, a fait concourir à ses vues toutes les existences qui ont été mises en contact avec sa grande existence. » Variante : « Le *Tableau élémentaire* (premier ouvrage de Cuvier) était devenu le *Règne animal;* et il avait ouvert ses pages pour consigner les résultats des labeurs continus de plusieurs existences. » Et M. Flourens énumère complaisamment toutes ces existences concourantes : Duméril, « que distingue sa loyale bonhomie » ; Latreille « qui après Dieu et les insectes n'admire rien à l'égal de Cuvier » ; M. Valenciennes, dont le grand ouvrage sur les poissons « reste aujourd'hui encore l'expression fidèle de la pensée du maître » ; Laurillard, « qui donna sa vie à son protecteur » ; Brongniart, « judicieux et modeste *qui, en laissant* (à Cuvier) *sans conteste, sans humeur, sa large part de gloire, se conserve ainsi tous les privilèges d'une noble amitié* ». — « Au fond, ajoute M. Flourens, Cuvier a très peu écrit, à ne considerer que l'étendue. C'est lui qui a le moins écrit dans son anatomie comparée ; Duméril, Duvernoy, ont fait la plus grande part ; il a rédigé lui-même une partie des mémoires sur les ossements fossiles, mais Laurillard a beaucoup aidé, et Brongniart a été chargé de tout ce qui a rapport à la géologie. »

Vive la République!

Alexandre Brongniart est avec Cuvier l'un des fondateurs de la géologie. Ce grand fait, devenu si vulgaire qu'on ne peut apprendre sans surprise combien l'acquisition en est récente : que les coquilles fossiles sont caractéristiques des couches de terrain qui les renferment et qu'elles donnent le moyen de déterminer l'âge de ces couches ; cette grande découverte, fondement de la stratigraphie, appartient à Alexandre Brongniart. On lisait ces jours-ci dans les journaux : « D'après les médailles ou pièces de monnaie trouvées par les terrassiers, la formation de la butte des Moulins aurait commencé sous Philippe-Auguste ; » les coquilles jouent dans l'histoire de la terre un rôle analogue à celui que ces médailles remplissent ici. Ce rôle, c'est Alexandre

Brongniart qui le leur a reconnu. M Dumas trouve à ce propos une expression heureuse. Ayant comparé les couches de l'écorce terrestre aux feuillets d'un livre : « Brongniart, écrit-il, en a retrouvé la pagination. » Il est juste de dire que Smith l'avait retrouvée aussi de son côté, c'est-à-dire en Angleterre. (Voir d'Archiac ! qui traite la question avec impartialité.)

Adolphe Brongniart a fait pour les végétaux disparus ce que Cuvier avait fait pour les animaux éteints. De fortes études d'anatomie végétale lui permirent de poursuivre ce travail avec succès. Il s'y livrait encore, mais sans hâte, quand la mort est venue le relever de cette douce occupation. De nombreux échantillons de graines fossiles trouvés aux environs d'Autun et de Saint-Etienne formaient alors le sujet de ses études. S'aidant du procédé du lapidaire, car ces graines silicifiées ont la dureté et la fine texture des plus belles agates, il en séparait des lames transparentes où le microscope montre, jusqu'aux plus fugitifs, tous les détails d'organisation observables sur les plantes vivantes. « Personne n'aurait rêvé, dit M. Dumas, que nous verrions un jour, dans l'épaisseur d'une pierre dure et translucide, la sève qui circulait jadis dans les vaisseaux les plus délicats, les grains de pollen s'élançant en dehors des anthères et s'ouvrant, tandis que les premiers linéaments de l'ovule manifestent leur existence... Il n'est pas de spectacle qui m'ait plus profondément ému. »

§ V

CHARLES DUPIN, PAR M. BERTRAND

Le menu des séances solennelles n'est pas varié ; deux services : un éloge, la proclamation des prix décernés. Le dessert fourni par les invités, comme le pain pendant le siège, c'est, lorsqu'ils s'en retournent, l'échange joyeux de leurs impressions. Depuis la guerre, l'usage s'est introduit d'un discours dans lequel l'Académie, fait immodestement son propre éloge par la bouche du président. Dans sa pensée troublée, l'Académie se couvre de cet éloge comme d'un parapluie, je voulais dire d'un paratonnerre. Ce qui trouble cette oligarchie, ce sont, de quelque côté qu'on se tourne, les palpitations et les grondements du suffrage universel à l'horizon de la science.

Par quel miracle l'empêcherait-on d'envahir tout le ciel complètement investi? C'est alors que l'Académie, qui est la négation du suffrage universel puisqu'elle se recrute elle-même, qui est le privilège, qui est le monopole, qui est le bon plaisir, qui détient prisonnières la liberté de la recherche, l'indépendance des opinions, la dignité des caractères, a inventé de faire crier chaque année sous la coupole de l'Institut, devant le soi-disant tout Paris qui vient là tuer deux heures, qu'elle est simplement la meilleure des académies possibles, la première du monde qui nous l'envie, et l'organe le plus essentiel de notre grandeur nationale. Prenons donc bien garde de la casser! C'est ce qu'elle espère qu'on se dira. Vous voyez la malice... et l'aveu qu'elle comporte.

« Si quelqu'un voulait connaître l'histoire des travaux scientifiques accomplis en France, il la trouverait toute faite dans les *Comptes rendus* de nos séances annuelles, dans les discours du président et dans la liste des prix décernés. »

C'est le président de cette année M. Jamin, qui parle, et c'est sa première phrase. On y voit l'Académie tirer à elle toute la couverture. L'Académie de médecine, la Société de biologie, la Société d'anthropologie, etc., ne servent à rien. Moi seul, et c'est assez! Eh bien! puisque les discours du président sont une des trois sources d'où découle toute faite la science française, nous allons donc trouver un tiers de celle-ci dans le discours de M. Jamin.

Cette « revue des événements dont notre Académie a été le théâtre pendant l'année dernière » forme huit pages. Les principaux de ces événements sont nécrologiques. Ils remplissent les trois premières pages et la moitié de la quatrième, consacrée à un chimiste, à un agronome et à un géomètre, qu'on exhume pour faire nombre, puisque l'hommage qu'ils reçoivent est une réédition de celui qui leur a été récemment rendu dans les même lieux. L'orateur nous montre l'un d'eux venant tous les lundis, par une habitude de quarante années, « s'asseoir dans le fauteuil qu'il avait rempli de... sa renommée et de son éloquence »; image renversante et malheureuse dans l'état de l'opinion sur les académies, les académiciens et leurs sièges.

Arrivé au bout de cette répétition, le président fait une véritable trouvaille : « Quand l'année 1882 commença, nous sortions... de l'exposition d'électricité. » Et voilà que cette « revue des événements dont notre Académie a été le théâtre pendant l'année dernière », s'attèle à cet événement de l'année antérieure, grâce auquel nous atteignons le milieu de la cinquième page. Ce n'est pas l'ingéniosité qui manque à l'historien. L'éloge de M. Dumas, amené d'autorité, fait mesure pleine à sa huitième page. Espérons que, lorsqu'il nous promet la prochaine extinction de toutes les maladies épidémiques par décret académique, il est plus sérieux que ne le fut en pareille circonstance ce président d'une des années passées qui annonçait la suppression du phylloxéra par le même M. Dumas.

Dans ces sortes de compositions, la camaraderie, l'esprit de corps, l'utilité académique, l'intérêt de la grande association d'admiration mutuelle priment tout, même les droits de la vérité exposée à bien des amendements, bien des enjolivements, bien des entorses, en vertu du même raisonnement qui, aux yeux des dévots, justifie les fraudes pieuses.

Arago, prédécesseur de M. J. Bertrand dans le poste de secrétaire perpétuel, s'était affranchi de l'antique usage de l'éloge, traité par lui en chose surannée. Il écrivait des notices : *Notice sur James Watt*, *Notice sur William Herschell*, *Notice sur Ampère*, etc., et non des éloges. Il appliquait en fait à l'Académie cette belle parole : Elle rend des arrêts et non pas des services. Le secrétaire actuel, en retirant du *garde-mot*, pour s'en servir, le mot éloge, nous avertit loyalement de nous attendre à la chose, c'est-à-dire à un panégyrique dans la limite éminemment bourgeoise du possible : Dupin n'est pas Trajan. Si M. Bertrand ne dit pas toute la vérité, nous n'aurons pas le droit de lui en faire un reproche : Je ne l'ai pas promise, pourrait-il répondre, et il aurait raison. Il n'a promis que l'*Eloge historique du baron Charles Dupin*.

Ce titre de baron qui étonne, associé à ceux que la science et la mort confèrent, témoigne chez l'auteur d'un véritable souci de l'exactitude permise. M. Ch. Dupin fut baron des pieds à la tête, par la prétention. A l'époque antique où l'Académie admettait les représentants de la presse à prendre connaissance en une salle du secrétariat des pièces mentionnées en séance, M. Roulin nous racontant une visite faite par lui à M. Ch. Dupin, parodiait plaisamment l'affectation de celui-ci à lui donner du *docteur* pour qu'en échange il lui rendît du *Monsieur le baron*. M. Dupin fut baron, autant que savant. Sa baronnie fait partie de sa physionomie. En lui faisant porter son titre dans la mort, M. Bertrand le sert comme sa vie l'exige et témoigne du parti-pris de ne pas le grandir démesurément.

« La mère des trois Dupin » ne trouverait pas son compte d'enfants dans l'œuvre du secrétaire perpétuel. André seul est mentionné auprès de Charles; Philippe ne paraît pas. L'auteur, remontant à leur aïeul, dit académiquement qu'il avait transmis à ses enfants une tradition « de courage sinon d'héroïsme ». La vérité est serrée de plus près dans l'*Histoire d'un crime*. André, plus connu sous le nom de Dupin aîné, était, au 2 décembre président de l'Assemblée nationale.

Envoyé, à dix-huit ans, comme ingénieur de constructions navales sur les chantiers du port d'Anvers, M. Charles Dupin remercie le ministre : « Je ne solliciterai jamais, écrit-il, que des occasions où il y aura des talents à acquérir, des périls à braver et des fatigues à essuyer. » C'était beaucoup promettre. A-t-il tenu? En reproduisant ces paroles, sans commentaires, l'auteur les livre à l'admiration de l'auditoire. Il est dans le vrai en les citant puisqu'elles furent écrites. Il y eût encore été en ajoutant que M. Charles Daupin fut le plus étonnant cumulard de son époque. Mais c'est plus de vérité qu'un éloge n'en comporte. Et voilà la vérité académique!

Après avoir, dès sa jeunesse, fait preuve de génie mathématique, Charles Dupin se retira de la science aussitôt qu'il le put. Il la délaissa dès qu'il eut acquis par elle, en renommée, le moyen de prétendre utilement à autre chose, la réduisant à lui avoir servi de marchepied, l'assimilant à un commerce qu'on ne fait que pour y gagner de quoi ne plus le faire. Exemple funeste qui a trouvé trop d'imitateurs, Cet exemple n'a été donné par personne avec plus d'éclat que par le baron Charles Dupin, parce qu'il n'a réussi à personne plus qu'à lui. Charles Dupin est le saint que dans leurs rêves d'ambition pitoyable doivent invoquer les jeunes savants qui, s'étant fait un nom dans l'invention, s'empressent d'en porter la valeur aux banques ministérielles pour l'y convertir en emplois lucratifs. Personne n'a contribué plus que M. Charles Dupin à faire du fonctionnarisme la destinée du savant français: Grand Saint-Transfuge Charles Dupin, priez pour nous!

Or, voici comment cette évolution du baron est racontée et appréciée dans son *Eloge* :

« Heureusement né pour toutes les études il avait su, dans la diversité des occasions, montrer son savoir, son talent et son zèle. Il aimait les honneurs et pouvait y prétendre. Toutes les voies lui étaient préparées et ouvertes; laissant dans la science une trace ineffaçable, il ne voulut ni l'accroître ni la suivre et se tourna vers les affaires publiques..»

Et c'est tout!

Sous l'influence des pernicieux exemples que de nos jours la jeunesse a reçus trop souvent de ses maîtres, si l'amour de la science baissait chez un des serviteurs de celle-ci, on voit que ce n'est pas à l'œuvre du secrétaire de l'Académie que ce feu sacré pourrait se ranimer.

Voilà M. Charles Dupin dans la carrière des affaires publiques. Une dernière citation achèvera de montrer la valeur morale de l'enseignement qui se puise aux sources académiques :

« Dupin regardait sans se croire ni vainqueur ni vaincu le triomphe des partis et les renversements du pouvoir, toujours prêt à donner au chef de l'Etat, quels que fussent son nom et son titre, et à ses représentants ses respectueux et sincères conseils. C'est là ce qu'on a, très injustement, appelé changer de drapeau, et, plus injustement encore, d'opinion. »

Si l'*Eloge historique du baron Charles Dupin* ne renferme pas de leçons de vertu on y trouve de l'esprit, même de la galanterie. Dupin avait passé d'Anvers à Gênes, de Gênes aux îles Ioniennes. M. Bertrand raconte que, « s'adressant aux beautés sept-insulaires, le jeune ingénieur s'écriait : « Sexe enchanteur! » Et il ajoute : « C'était la rhétorique du temps. Aujourd'hui nous dirions : Mesdames. C'est exactement la même chose. »

Comme nous n'écrivons pas de parti pris le contraire d'un Eloge, nous ne quitterons pas le sujet sans reconnaître que M. Charles Dupin fut en France un des plus actifs promoteurs de l'enseignement populaire. C'est un très grand titre.

§ VI

ELIE DE BEAUMONT

L'*Eloge historique d'Elie de Beaumont* par M. Bertrand, est ce que sont toutes les compositions de ce genre. M. Elie de Beaumont y passe à l'état parfait. L'homme éminent qui a porté ce nom n'était que la chrysalide de celui que M. Bertrand nous montre.

Que le défunt secrétaire perpétuel ait nié toute sa vie l'existence de l'homme fossile, c'est ce dont personne ne se doutera certes en lisant son éloge.

Tout le monde sait que la vocation géologique de M. Elie de Beaumont, si éclatante qu'elle fût, ne dépassait cependant pas en évidence sa vocation de n'être pas secrétaire perpétuel, ce qui fit qu'il le devint pour le malheur de la presse scientifique. Sans s'arrêter à ces misères, voici comment l'auteur du nouveau panégyrique rapporte la promotion de son héros à la dignité dont il s'agit : « La confiance de l'Académie les imposa (les devoirs de secrétaire) à son dévouement; il accepta avec résignation. »

Personne n'ignore non plus que, par ses votes au Luxembourg, M. Elie de Beaumont fut un des auteurs de la guerre de 1870. Ce que cela devient sous la plume de M. Bertrand le voici : « Il a souffert cruellement de nos malheurs publics sans vouloir en accuser ni rechercher les auteurs: il avait accepté une part de responsabilité, et l'inflexible loyauté de son esprit ne lui permettait plus de s'ériger en juge. »

Eloge d'un académicien par un autre ! Laissons les morts enterrer leurs morts.

§ VII

BELGRAND

« La mort nous moissonne plus rapidement qu'autrefois » ; tel est le lugubre début de l'*Eloge historique d'Eugène Belgrand*. Un moment on a pu croire qu'il y avait une épizootie sur les académiciens. Mais la suite nous a enlevé cette illusion. Si l'Académie donne plus de morts que dans les commencements, ce n'est pas que ses membres abrègent leur existence au service du bien public : c'est pour cette raison, bête comme tout, que leur nombre a plus que triplé, ce que n'a pas fait à beaucoup près, malgré ce triplement, la durée de la vie humaine.

Quoi qu'il en soit, les secrétaires ne peuvent plus suffire aux demandes, et rien que dans la division des sciences mathémathiques qui n'est que la moitié de l'Académie, celle-ci étant double comme l'homme, il y a soixante-douze morts en tête desquels Napoléon Bonaparte, membre de la section de mécanique, qui attendent leur éloge historique.

Cela posé, nous espérions que le secrétaire[1] allait conclure à la nécessité de fermer le robinet de l'éloge. Du moins l'aurions-nous espéré si nous n'eussions été là pour entendre celui de M. Belgrand. Cette suppression d'eau claire eût d'ailleurs paru bien étrange à l'occasion de l'ingénieur qui nous a distribué celle que nous buvons.

Dans cette distribution se résume la vie presque entière de M. Belgrand, qui n'a fourni à l'historien ni un

[1] M. Bertrand.

trait de caractère digne d'être rapporté ni même une anecdote quelconque. En échange, voici pour servir à l'histoire des académies et des académiciens un souvenir qui ferait pardonner à M. Bertrand ce nouvel éloge, si M. Bertrand avait besoin de pardon.

Au commencement de ce siècle, un membre de l'Institut, Petit-Radel, se prononçait contre le projet d'une canalisation au moyen de laquelle l'eau se fût portée d'elle-même dans nos demeures. L'inconvénient qu'il y voyait, apprêtez-vous à n'y pas croire : c'était que cette canalisation donnerait une telle facilité pour prendre des bains, « que l'usage en descendrait jusqu'à la classe qui pense le moins à cette délicatesse ». Laissons-le développer son idée : « On a pu remarquer, disait-il, que l'époque où l'usage des thermes s'introduisit à Rome fut celle du développement dans son sein du premier germe de la décadence que le luxe asiatique y avait apporté. »

Quel style ! mais aussi quelles pensées ! Et cette échappée de vue sur la vie privée de l'auteur : le bain qualifié de délicatesse ! N'est-ce pas bien le cas de conclure comme Gavarni : « Ces membres de l'Institut me font toujours rire ! »

§ VIII

BECQUEREL

Dans le discours prononcé par M. J.-B. Dumas à l'inauguration de la statue qui vient d'être élevée à Becquerel père, dans Châtillon-sur-Loing, sa ville natale, se retrouvent les qualités communes à toutes les œuvres analogues de l'auteur : la recherche de l'éloquence quelquefois trouvée, l'étalement des plus beaux sentiments, encore beaux même en simple étalage : mépris du veau d'or, amour exclusif de la science, dévouement aux petits ; la patrie par-dessus tout ; bref, la théorie de toutes les vertus.

Le nouveau discours est principalement en l'honneur de l'invention et des inventeurs. « On perce les montagnes, on plane au-dessus des vallées, on ouvre les isthmes ; » c'est le début d'un brillant tableau qui ne pouvait être brossé d'une main plus compétente. Car si l'amour prêché par M. Dumas n'a pas encore eu chez M. Dumas le caractère exclusif qu'il conseille aux autres de lui donner, cet amour a du moins été une préoccupation constante de sa vie. « A chaque instant, à chaque pas..., l'homme moderne se trouve en présence de l'invention bienfaisante. Il en est enveloppé. Il se sent comme entouré d'une foule de génies appliqués à deviner ses besoins ou ses désirs et à leur assurer entière et prompte satisfaction. » M. Dumas parle donc ici en utopiste, et c'est parce que, les connaissant à fond, il parle selon les faits.

Posé ce qui précède, notre époque a mille fois raison, et c'est la conséquence, déduite par l'orateur, d'associer les inventeurs à l'honneur suprême fait par les anciens aux divinités tutélaires de la cité, quand ils leur consacraient des statues élevées sur les places publiques. « Qu'ils aient été parmi les heureux de ce monde, qu'ils aient souffert de la misère ou même succombé à la tâche, peu importe ! s'écrie M. Dumas ; la postérité n'en veut connaître que les découvertes et leurs conséquences. » Eh bien ! je crois et j'espère que c'est là ce qui trompe M. J.-B. Dumas, à qui cette pensée est chère ; car il y revient deux fois aujourd'hui et il l'a souvent exprimée. Non! la postérité ne sera plus aussi *simpliste* que cela ni aussi oublieuse, et la reconnaissance ne l'empêchera pas d'être impartiale envers ceux dont elle aura reçu des services et de se montrer tendre ou sévère, selon qu'ils auront été victimes ou fauteurs d'iniquités. Non! il ne suffira pas, souhaitons-le, d'avoir été un brillant esprit, un savant consommé, d'avoir attaché son nom à de nombreuses découvertes pour qu'il soit pardonné d'avoir accepté la solidarité du Deux-Décembre et brisé la carrière d'un Auguste Laurent. Non! Eternellement, nous admirerons le génie de Newton et mépriserons son caractère. Nous saurons faire les deux. Autrement qu'éprouverions-nous donc pour les irréprochables, pour les Bernard Palissy, les Christophe Colomb, etc. ? Non! Il y a place sur un même front pour une couronne et pour la marque.

« Notre époque a donc raison — continue M. Dumas. — Il faut honorer l'invention, cette qualité essentiellement française. Il faut signaler les inventeurs au respect. Qu'ils aient été glorifiés de leur vivant ou méconnus; que la fortune les ait favorisés ou qu'elle ait été pour eux une marâtre impitoyable, il faut appeler sur eux les bénédictions de la foule en lui apprenant qu'ils furent les bienfaiteurs du genre humain.

« Ils n'ont pas fait couler le sang ; ils n'ont opprimé personne ; leur gloire est pure et sans tache ; ils ont rendu le travail de l'homme plus léger, plus efficace et chacun de nous plus heureux. »

Qu'on me pardonne un petit mouvement d'orgueil, j'ai cru me relire :

« Leurs travaux n'ont coûté de larmes à personne, ils n'ont point versé de sang, ils n'ont point incendié, ils n'ont point foulé les blés mûrs sous les pieds de leurs chevaux, ils n'ont point travaillé pour un seul peuple, mais pour toute l'humanité, non pour une époque, mais pour tous les temps, et avec eux une longue série de succès n'aboutit jamais à une défaite où s'engloutit le fruit de vingt victoires. »

Ainsi, parlant des inventeurs, nous imprimions-nous dans le feuilleton scientifique de la *Presse*, il y a trente et un ans[1].

Entre autres exemples dont la jeunesse fera bien de s'abtenir, M. Dumas lui donne celui de ces manières de dire :

« Les mortiers des Romains, surpassés de nos jours, assurent à nos constructions une durée impérissable. »

Comme savant, ces choses-là sont sans inconvénient pour M. Dumas. Mais comme membre de l'Académie française !...

Il compromettra la vieille douairière.

Extrait d'une lettre de l'abbé Moigno à l'auteur de ce livre.

(*Non datée.*)

« Mon cher et vieil ami,

. . . .

« Permettez-moi de vous dire combien j'ai été blessé des flagorneries débitées sur le tombeau de Becquerel père. Le trait d'indignation qui s'est échappé de ma plume n'est rien en comparaison des cris de paon que j'aurais voulu pousser. Et cependant Becquerel a toujours été

[1] En octobre 1852; feuilleton reproduit dans notre ouvrage : « *Science et Démocratie* », première série 1865, p. 374 : *A propos de l'expérience aéronautique de M. Giffard.*

bienveillant pour moi. Mais il s'est fait donner par l'Académie plus de quatre-vingt mille francs sur les reliquats des prix Montyon ! Mais, contre tous les inventeurs électriciens, contre toutes les inventions électriques il a maintenu toujours avoir eu la priorité. Mais il jugeait tout autre que son fils indigne de s'asseoir sur un fauteuil académique et il repoussait toutes les élections par le fatal billet blanc, etc., etc.

« Ah ! que n'ai-je le courage, après avoir si bien exposé les défaillances de la science, de publier les défaillances des savants de l'Académie que j'ai vus de si près !

« Mais je me suis trop sanctifié depuis quinze ou vingt ans : je désespère d'obtenir de ma conscience cette autorisation. Comme le monde aurait[1].....,

« Dites-moi si vous n'êtes pas un peu de mon avis. Barral pense comme moi...

« A vous de cœur.

« F. MOIGNO. »

« Quelques lignes sur mon catalogue. »

J'étais si bien de son avis que je l'invitai à surmonter ses répugnances, à ne pas laisser périr avec lui ses souvenirs du monde scientifique, à me les repasser au moins sous forme de notes — comme un soldat blessé repassant ses cartouches à un camarade valide, — notes dont je saurais faire usage dans l'intérêt général, lequel a bien aussi ses droits devant la conscience. Je ne l'entraînai point :

(*Sans date.*)

« Mon cher confrère et ami,

« J'hésite à me lancer dans la biographie des membres

[1] Mots indéchiffrables.

de l'Académie des sciences, parce que je n'en sortirais point. Je ne répondrai donc point à votre appel.

« Daignez accepter et recommander à vos lecteurs le catalogue de mes 4,500 photographies sur verre pour l'enseignement de toutes les sciences...

«..... Ce catalogue est le cent soixantième des volumes grands et petits que j'ai publiés, et toujours à mes frais. Chevreul, qui en mourant laissera neuf millions, deux de plus que Gay-Lussac, a fait imprimer tous ses radotages aux frais de l'Académie à laquelle il a arraché plus de 95 mille francs. Pardon de cette petite médisance académique. Chauffez mon catalogue. Notre amitié remonte bien haut et vous vous rappelez mai 1870.

« A vous de cœur.

« L'abbé F. Moigno. »

§ IX

CLAUDE BERNARD

Du discours prononcé par M. Dumas à l'inauguration de la statue de Becquerel, le discours prononcé par le même aux funérailles de Claude Bernard se rapproche naturellement :

« Messieurs,

« Le conseil supérieur de l'instruction publique réclame une large part dans le deuil qui frappe si douloureusement l'Université, l'Institut et la France. Lorsqu'on voit s'éteindre une des grandes lumières du pays, il perd toujours un des siens. »

Qui cela, *Il?* Le pays? ce serait une Lapalissade. Le conseil supérieur? alors le conseil supérieur de l'Université renfermerait toutes les grandes lumières du pays!

« Claude Bernard a épuisé ses forces à l'étude du grand mystère de la vie, sans prétendre à pénétrer toutefois son origine et son essence. » Si Claude Bernard n'a point eu la prétention de pénétrer l'origine ni l'essence de la vie, et certes il ne l'a point eue, il n'a pas épuisé ses forces à l'étude du *mystère* de la vie; il a étudié les phénomènes de la vie tout simplement. O simplicité! Sainte simplicité!

« Il (Claude Bernard) a fait voir dans le muscle qui se contracte, dans le nerf qui le met en mouvement, dans l'élément nerveux sensitif et dans l'élément nerveux moteur, autant de modes distincts de la vie, pouvant coexister, mais aussi pouvant mourir séparément et comme en détail. » *Pouvant coexister* est joli! La vie du nerf et celle du muscle pouvant coexister; cela s'est vu en effet quelquefois. Pouvant coexister est impayable!

« Quel chimiste n'eût considéré comme un *fleuron* à sa couronne cette *analyse*, par laquelle Claude Bernard découvre dans cet organe énigmatique (le foie) une *source* qui verse sans cesse du sucre dans le sang. »!!! J'en recommande le commentaire à quelque cuistre de l'avenir: « *Ne dites pas* avec M. Dumas, dira-t-il: Quel chimiste, etc., *dites*, etc. »

« S'il était permis d'éteindre, tout à coup, les lumières que la science de la vie emprunte aux travaux de Lavoisier, de Laplace, de Bichat, de Magendie et de Claude Bernard, l'esprit humain reculerait de dix siècles! » Dix siècles! et Lavoisier, le plus ancien des cinq, est né en 1743! Des phrases, toujours des phrases, rien que des phrases.

Si encore elles étaient correctes !

« Ce n'est pas en vain que ce grand spectacle (les funérailles publiques) aura été déployé en face de nos écoles. Une noble émulation, troublant les jeunes âmes qui le contemplent émues, ira réveiller leur ardeur, leur inspirer l'amour de la vérité, l'ambition de la gloire et le dédain de la fortune. » Et si ce spectacle ne suffisait pas à leur inspirer *le dédain de la fortune* prêché par M. Dumas (!), on achèverait de convaincre ces *jeunes âmes émues* en leur offrant comme exemple la vie de ce ministre de Napoléon III.

« Adieu, Claude Bernard..... Du sein de la vie éternelle, dont le secret vous a été révélé désormais, si *votre modestie s'étonne* des honneurs qui vous sont rendus, *votre génie s'en reconnaît digne* et votre patriotisme..., etc. » Pauvre Claude Bernard ! En voilà une situation ! C'est bien la peine de résider dans le sein de la vie éternelle et d'en connaître le secret, pour y rester ainsi divisé avec soi-même.

Nous critiquons sans ménagement ce qui ne pourrait être ménagé sans lâcheté et sans trahison. Vous voyez bien que ce qui manque à ce discours, c'est la chose essentielle, c'est d'être senti. A bas la pose ! A bas l'enflure ! M. Dumas nous en a saturé jusqu'à écœurement. Nous avons besoin de simplicité et de vérité... et de français.

§ X

LE VERRIER. — BALARD

L'Académie des sciences, qui tenait lundi dernier, 10 mars 1879 sa séance publique annuelle de 1878, nous a fait ce jour-là bonne mesure de ses dons. Tous les secrétaires ont donné à la fois : le secrétaire pour les sciences physiques et le secrétaire pour les sciences mathématiques, qui, ensemble, embrassent la nature telle qu'on la voit de dessous la coupole de l'Institut.

Ils ont lu, je copie les titres, l'un, le dernier : l'*Eloge historique de Urbain-Jean-Joseph Le Verrier ;* l'autre : l'*Eloge* (tout court) *de M.* (sic) *Antoine-Jérôme Balard.* Et quoique la différence des formules soit très probablement involontaire, elle est pleine de sens, l'éloge lu par M. Dumas, qui est d'un bon confrère, étant infiniment moins historique que l'éloge lu par M. Bertrand, qui est bien plutôt d'un juge, et M. Balard, malgré les efforts de son panégyrique pour en faire quelque chose de plus, n'étant qu'un simple monsieur, tandis que Le Verrier, malgré les défauts de caractère qui en firent un des êtres les plus désobligeants qu'on pût voir, était un vrai grand homme (de science).

Item on a eu un discours présidentiel de M. Fizeau, qui a exprimé, au nom de l'Académie, le regret de celle-ci « de ne pas décerner autant de prix et de récompenses qu'elle aurait souhaité le faire ». Et en effet, parcourant la liste des *prix décernés*, on tombe d'abord sur les *prix extraordinaires* en tête desquels sont les quatre *grands prix de sciences mathématiques* dont aucun n'a trouvé amateur. Pour le faire court, cinq autres prix sont dans le même cas humiliant. Ensemble, neuf prix en ont été pour leurs coquetteries. L'honorable président croit que c'est la faute à l'Exposition universelle. Mais comme les mêmes choses arrivent tous les ans, les distractions de l'Exposition doivent être pour peu dans le résultat.

Ce qui doit y être pour beaucoup, c'est que les *sujets proposés* étant des devoirs, supposent des élèves, et que s'ils convenaient parfaitement à l'époque où les académiciens exerçaient sur un public encore jeune scientifiquement une tutelle nécessaire et légitime, ils ne conviennent plus aussi bien aujourd'hui, que le temps ayant marché et les gens ayant grandi, les esprits devenus capables de se conduire eux-mêmes ne se laissent plus autant diriger que jadis.

Voilà la cause, une des causes du moins, que sans doute tout le monde voit, sauf l'Académie, qui baisse sans s'apercevoir que tout grandit autour d'elle. La vieillesse est coutumière de cette inadvertance.

Revenons aux éloges prononcés. Il n'est personne qui ne sache que la découverte d'une planète (Neptune) et de celle d'un corps simple (le brome), constituent les principaux titres de la gloire très inégale des deux hommes dont les historiens de l'Académie viennent de célébrer les noms. Mais tandis que Le Verrier fut ce puissant travailleur dont M. Adams résumant la carrière — le même M. Adams qui avait été son rival malheureux dans la recherche de Neptune — a fait ce magnifique éloge reproduit par M. Bertrand : « Un seul homme a eu la patience et la force de parcourir d'un pas assuré le système du monde solaire, en calculant avec la dernière précision les effets innombrables des actions réciproques ; » qui l'aurait cru jamais, s'il ne nous avait été donné de l'entendre ; le panégyriste de l'inventeur du brome est obligé de convenir que la vie scientifique de M. Balard « se concentre presque tout entière dans une découverte considérable accomplie au début de sa carrière » ; aveu qui donne quelque vraisemblance à cette boutade d'Auguste Laurent : « Ce n'est pas, disait-il, M. Balard qui a découvert le brome, c'est le brome qui a découvert Balard. »

Pour le caractère, ni le chimiste, ni l'astronome ne sont à donner en modèle à la jeunesse. Quant à l'astronome, tout a été dit sous ce rapport, et même davantage, comme on le voit, par le journal français qui, se flattant de traduire exactement un passage de l'astronome d'Edimbourg, M. Piazzi Smith, racontait que dans le feu de la discussion il arrivait à Le Verrier d'asséner à son adversaire un coup de poing entre les yeux ; M. Smith avait simplement écrit que, parfois, Le Verrier fermait le poing comme pour frapper un adversaire absent. Quant au chimiste, c'est M. Balard qui, déjà titulaire des deux chaires, à l'Ecole normale et à la Faculté des sciences, disputa, et avec succès, la chaire de chimie du Collège de France à Auguste Laurent qui y avait des droits si éclatants[1]. On chercherait en vain trace de cela dans l'éloge (non historique de M. Dumas). Autant M. Balard avait montré d'égoïsme et de dureté envers ce grand chimiste malheureux, autant on lui a vu témoigner de tendre dévouement à ce prodigieux avaleur de prix, de places, de sinécures, de subventions ministérielles, de gratifications impériales, de récompences nationales et de souscriptions publiques, M. Louis... Gargantua.

Pour ne pas finir sur d'aussi déplaisantes pensées, empruntons au travail de M. Bertrand une jolie anecdote qui nous reporte aux antécédents de la découverte de Neptune. « Je pense, avait écrit Bessel à Humboldt, je pense qu'un moment viendra où la solution du mystère d'Uranus sera peut-être fournie par une nouvelle planète, dont les éléments seraient reconnus par son action sur Uranus et vérifiés par celle qu'elle exerce sur

[1] Voir plus haut l'article consacré à Auguste Laurent.

Saturne. » Cela posé, voici l'anecdote, c'est M. Bertrand qui raconte :

« Dans une conférence publique, à Kœnigsberg, en présence d'un nombreux auditoire, il (Bessel) revenait sur les mêmes espérances en reconnaissant prudemment toutefois que la seule preuve sans réplique serait la production de la planète elle-même. » Mais, ajoutait-il, « on surveille Uranus », et, se tournant vers un jeune auditeur assis près de la chaire, il lui cria : « Courage Fleming ! »

C'est dans ces rôles qu'on aime à voir les maîtres.

§ XI

UN DISCOURS PRÉSIDENTIEL ET L'ÉLOGE DE M. DE LA GOURNERIE

M. l'amiral Jurien de la Gravière, ouvrant comme vice-président de l'Académie des sciences — à défaut du président, M. Henry Bouley, empêché pour cause d'absence, la grande et irrévocable absence ! — la séance publique annuelle du 21 de ce mois[1], a commencé son discours par une phrase dans laquelle il y a beaucoup de vérité :

« Des cinq académies qui composent l'Institut, l'Académie des sciences est peut-être la seule qui se soit vue trop souvent obligée d'ajourner la séance publique qu'elle aurait dû tenir dans l'année. »

Si l'Académie des sciences est la seule, *Nescio ;* si elle a jamais subi d'autre force majeure que celle d'une *pigrite* invétérée, *Nego* ; mais qu'elle ait ajourné plus souvent qu'à son tour, c'est incontestable.

[1] Décembre 1885.

« Cette année nous rentrons dans le rang, » continue l'amiral-président. En d'autres termes, l'Académie arrive dans l'année ! Il s'en faut en effet de dix jours encore que cette année ne soit plus qu'un souvenir. M. Jurien de la Gravière fait honneur de ce beau résultat au défunt président qui ne cessa de stimuler le zèle des commissions. Et il se pose cette question singulière : « Quel intérêt si puissant pouvait donc animer votre président ? » Singulière, car enfin en stimulant le zèle des commissions, M. Bouley suivait l'exemple de tous ses prédécesseurs et faisait son devoir. Mais cette explication est trop simple pour l'orateur ; et voici la sienne : « M. Bouley se sentait mourir et il voulait avoir la joie suprême, avant d'entrer dans l'éternel repos... » de présider la séance publique annuelle de 1885. On n'est pas plus président que cela ! Mais le public pensif de se dire : Si une séance de l'Académie est chose si grande que le désir de vivre assez pour la présider absorbe la pensée d'un homme qui voit la mort venir à soi, qu'est-ce donc que l'Académie elle-même ? Et l'effet est produit ! Louons-nous nous-mêmes, il en restera toujours quelque chose : dans cette maxime, l'Académie résume le code de ses devoirs envers elle-même. M. Jurien de la Gravière n'a fait que la mettre en pratique. Mais la mort est chose trop sérieuse pour que nous approuvions qu'on s'en fasse, même quand on est de l'Académie, un prétexte à réclames.

Au cours de celle-ci, dont notre analyse donne mal l'idée, l'orateur a su nous glisser que l'Europe, l'Asie, l'Afrique, l'Amérique et l'Océanie vivent dans l'attente des séances annuelles de l'Académie des sciences. Nous ne l'inventons pas : « Cette ponctualité qu'on a nommée la politesse des rois et qui ne convient pas moins aux hommes dont le monde attend la parole ; » — c'est bien ce que nous disions. Il faudrait cependant penser au jugement que Le Monde, ainsi mis en cause, portera sur ces choses-là.

Du reste, comment le monde n'attendrait-il pas la parole de nos académiciens : c'est l'Académie qui fait tout !

— Tout ?

— Tout !

« Vos conquêtes, messieurs, ont transformé le monde ... Au siècle de la poudre à canon et de la boussole, vous avez fait succéder le siècle de la vapeur et de l'électricité... »

Tout s'est fait quai Conti n° (?), en face du pont des Arts, sous la coupole de l'Institut. La province ni l'étranger n'y sont pour rien. Il faut bien que cela soit vrai, puisque, dans sa simplicité de cœnr, l'Académie se le fait dire. Car la simplicité de cœur est encore une des vertus de l'Académie. Ecoutez son vice président parlant à sa personne :

« Ce qui fait que vous la trouvez si souvent (la vérité), c'est que vous la cherchez toujours avec un cœur simple « l'esprit de système s'accorderait mal avec la méthode expérimentale qui est devenue votre loi. » Jouffroy (c'est de l'infortuné marquis de Jouffroy, de Jouffroy la Pompe qu'il s'agit), et vous Fulton, et vous Auguste Laurent, et vous Gratiolet, vous Boucher de Perthes, Victor Burq et mille autres, à ne compter que depuis les témoins conspués de la chute météoritique de Lucé ; si nous existons encore pour vous, quelle est votre opinion sur la simplicité de cœur de nos académiciens et leur détachement de l'esprit de système ?

Où la contemplation de l'académicien ainsi compris conduit M. Jurien de la Gravière, on vous le donnerait en mille que vous donneriez votre langue au chat : à voir dans ses confrères de l'Institut la preuve vivante de l'inanité du darwinisme. Il vient de dire à l'Académie que son rôle est de chercher la vérité et qu'elle la cherche avec le cœur que vous savez ; il ajoute maintenant que la poursuite obstinée de la vérité qui est l'unique occupation des académiciens constitue le titre le plus sérieux de notre espèce contre la basse parenté dont le transformisme prétend l'affliger, et voici comme il le prouve : « La sélection n'a pas, que je sache, réussi à créer, depuis que le monde existe, un animal qui cherchât le vrai ; » c'est-à-dire un académicien. Et le brave amiral ne s'aperçoit pas qu'il répond à la question par la question.

Mais il n'a pas encore brûlé tout son encens. A l'âge de l'Académie, on peut, en effet, forcer la dose ; des deux fonctions du nez, l'olfaction n'étant pas celle qui domine : « Heureux, trois fois heureux, ceux qui, arrivés au terme d'une carrière active, ont pu être admis dans ce temple de la sérénité où vous daignez, avec une sûreté de jugement qui ne le cède qu'à votre indulgence, leur révéler chaque jour les causes secrètes des choses ! »

Temple de la Sérénité la salle où se tiennent les comités secrets ! Révélatrice des causes des choses, cette académie d'enregistrement qui si souvent faillit à ce modeste rôle et fit attendre près de vingt ans à la découverte de l'homme fossile son certificat d'existence !

Ensuite il énumère les pertes de la compagnie pendant la présente année. Elles sont nombreuses ; neuf de ses membres l'ont quittée. Le président exprime noblement l'espoir de les retrouver là où leurs œuvres les ont suivis, depuis les moindres actes de charité « jusqu'aux plus sublimes découvertes données, sans compter, avec un désintéressement qui est l'apanage de notre race, à l'humanité tout entière ».

Non! ce désintéressement n'est pas le privilège de notre race. Notre race n'a nul intérêt à ce qu'on ravale ainsi ses émules. Qui peut y avoir intérêt? Satisfait, on le serait à moins, d'appartenir à une race aussi exceptionnelle, l'auditeur et le lecteur de M. Jurien de la Gravière doivent nécessairement conclure que nous n'avons qu'à rester comme nous sommes; illusion profitable à ceux qui ont peur des réformes : c'est la réponse à la question posée. L'amiral pourrait-il citer une nation savante qui ait jamais gardé pour soi ses découvertes et ne les ait toujours données, même les plus sublimes, à l'humanité entière? Est-ce que l'Angleterre, l'Italie ne se sont dessaisies qu'à des conditions quelconques de l'attraction newtonienne et des découvertes de Galilée? Est-ce qu'on se dessaisit en donnant? En science, non. Au contraire. Il n'est pas de meilleur placement des valeurs scientifiques que celui-ci : leur abandon; puisque ce n'est que tombées dans le domaine public qu'elles portent tous leurs fruits. La science ne fait de progrès qu'à la condition de se faire toute à tous. Aucun peuple ne l'a autrement compris. Alors, pourquoi le président de l'Académie dit-il de ces choses-là?

Quant au désintéressement de nos savants, c'est autre chose. Nous avons vécu presque toutes les années que nous comptons sans avoir vu aucun de ces créateurs de richesses, les Gay-Lussac, les Ampère, les Chevreul, les Arago, etc., attendre ni recevoir du gouvernement aucune récompense pécuniaire de leurs bienfaits. Ça, c'est bien un des caractères de notre race. Ailleurs les services analogues se soldaient souvent en argent, ici toujours en honneur. C'est sur ce trait différentiel que le président de l'Académie eût dû insister, car il est visible que nous ne saurions ici prendre exemple sur les autres, comme l'a fait avec tant d'éclat M. Pasteur sans cesser pour autant d'être nous-mêmes.

Cela dit, il passe sa funèbre revue des absents. Tous sont dignes d'apothéose. Il y aurait exagération à dire que l'apothéose d'un académicien n'est à l'Académie qu'un minimum, mais elle y est de rigueur. M. Dupuy de Lôme, qui était entré dans les souliers de Giffard sans le nommer, est présenté comme l'unique précurseur des capitaines Renard et Krebs ; mais puisque c'est l'Académie qui a tout fait !...

L'amiral se borne à reproduire sur trois ou quatre de ses autres défunts ce qui en a été dit de plus remarquable. A la nouvelle de la mort de M. Serret, un confrère de l'Académie française s'est écrié : « Faut-il que d'aussi lumineuses intelligences disparaissent ! » M. Desains a été « ingénieusement nommé par M. Fizeau : « un vendangeurs de faits ». M. Bouquet était resté le « type le plus aimable du pur géomètre ». On rappelle que M. Tresca occupait le fauteuil du général Bonaparte, lequel, nous l'avons dit, avait occupé celui de Carnot qu'il avait proscrit et dont il permit plus tard la réintégration ; car l'Académie a rempli et vidé ses fauteuils à la commande de l'autorité. On répète sur M. Charles Robin qu'il a franchi « les limites où Bichat s'était arrêté » ; mais fait-on autre chose depuis qu'on marche que d'ajouter étape à étape, et n'est-ce pas précisément ce qui s'appelle marcher ?

Arrivé au défunt président, c'est alors que l'orateur use d'une flatterie véritablement « ingénieuse » ; il se fait tout petit, petit, petit, et se montre venant chaque lundi pendant six mois s'asseoir auprès de M. Bouley pour apprendre de lui, n'ayant encore présidé que des escadres, comment on commande à l'Académie.

C'est ainsi que depuis l'effondrement de l'Empire l'Académie entend être louée en public; depuis que l'épée de Damoclès des réformes républicaines est suspendue sur toutes les administrations publiques. Et si les invités de l'Académie ne sortent pas de ces séances annuelles avec la conviction que tout est pour le mieux dans la meilleure des Académies possibles, ce ne n'est pas de sa faute.

Au président succède le secrétaire perpétuel, M. J. Bertrand, qui lit coup sur coup les *Eloges* de M. de la Gournerie, académicien libre, et de M. Charles Combes, membre de la section de mécanique. Si c'est le cas d'appliquer le fameux *non bis in idem* ou le non moins fameux *bis repetita placent*, nous n'aurions ni l'impolitesse ni la présomption d'en décider. Mais nous nous permettrons de rappeler au panégyriste académique qu'on tombe du côté où l'on penche. Si visible est sa recherche de la rigueur en fait de style qu'il doit être au regret de ne pouvoir écrire ses éloges en langue algébrique. Qu'il prenne garde qu'en effet, ils ne deviennent de l'algèbre pour les lecteurs. Nous avons été obligé de relire jusqu'au milieu de la troisième page son travail sur M. de la Gournerie. L'orateur mène d'abord le père de l'académicien jusqu'à ce qu'il soit marié et père de cinq enfants, puis sans transition, comme il vient de dire du père qu'il « se *maria* et se *consacra* », etc., il raconte que « la mère *osa* s'emparer, à dix-neuf ans, du rôle de chef de famille ». Comment, à dix-neuf ans, Mme de la Gournerie avait déjà cinq enfants? Vous vous refusez à le croire, et vous avez raison. L'auteur, sans crier gare, vient de vous transporter subitement bien en deçà de l'époque dont à l'instant même il parlait. Passons. Voici ce que fit alors la future mère de l'académicien, elle obtint que son frère à elle, un enfant de seize ans, traduit devant un conseil de guerre, fût provisoirement rendu à la famille. Continuons. « On consulta la Convention, raconte M. Bertrand, deux gendarmes vinrent lui signifier sa réponse (au prisonnier sur parole) en le portant malade au champ des martyrs. » Je crus d'abord à un acte de clémence ; qu'on avait feint de tenir ce jeune homme pour malade, afin de se dispenser de sévir ; mais qu'était-ce que le champ des martyrs ? Je n'en savais rien. La suite montre que le sens de cette phrase est celui-ci : Louis de Talhouct fut fusillé.

Je me figure l'honorable secrétaire perpétuel faisant subir à ses mots, à sa phrase un travail de condensation analogue à celui qui récemment transforma les derniers corps aériformes en choses opaques, et lourdes. Pour parodier un mot mis à la mode par la politique, il fait de la littérature de condensation.

L'éloge de Charles Combes se termine par cet éloge mérité :

« Peu de savants plus laborieux ont appliqué plus utilement une science plus assurée et plus haute. Aucun n'a fait paraître, avec plus de droiture dans l'esprit, plus de sagesse dans les affaires. Aucun n'a caché un mérite plus solide sous une modestie plus insouciante et plus candide. Aucun n'a laissé le souvenir d'un cœur plus dévoué, d'une bienveillance plus sincère. Aucun n'a réuni à un plus haut degré ces dons d'une aimable et belle nature, plus rares peut-être que le génie, plus précieux certainement que la gloire. »

Cette fin cependant m'eût plus plu si les *plus* y eussent moins plu.

CHAPITRE VIII

LA REVISION..... DE L'ACADÉMIE

A l'issue de sa dernière séance, l'Académie s'est formée en comité secret pour chercher remède au four mémorable de sa récente distribution de prix, qui lui mériterait le prix du four si quelque philanthrope eût offert aux nations savantes cet objet d'émulation.

Il s'agit de ce grand prix des sciences mathématiques, libéralement doublé sur le rapport de la section de géométrie pour en récompenser simultanément deux œuvres également dignes de cet excès d'honneur : « Œuvres considérables — dit le Rapport — où se trouvent exposés d'une manière magistrale plusieurs des points fondamentaux de la théorie des formes quadratiques. » Or l'un des deux lauréats, un Allemand, n'avait fait que copier un mémoire de l'autre, un Anglais ; il lui avait proprement fait sa pendule. C'est cette pendule faite à l'allemande que l'innocente Académie des sciences de l'Institut de France a récompensée d'un de ses grands prix (*prix du Budget*) doublé tout exprès pour la circonstance.

« La première Académie du monde, » comme l'appelait, parlant à elle-même, un de ses présidents[1], la pre-

[1] Feu M. Delaunay.

mière pour le four, s'est donc réunie en comité secret. Il paraît que le lauréat allemand copiait avec plus de conscience que de discernement, à la manière du tailleur japonais qui, ayant à faire un pantalon sur modèle, reproduisit jusqu'aux jeux de physionomie du fond qui riait. Herman Minkowski a compris dans son emprunt forcé au géomètre anglais une faute de calcul de celui-ci. Cette faute copiée, c'est la main prise dans le sac. Mon Dieu ! il n'y a pas là de quoi jeter la pierre au mathématicien de Kœnigsberg. Pour être Allemand, on n'en est pas moins homme. Considérez que ce n'est encore qu'un étudiant. Tous les jours de pareilles inadvertances amènent devant les tribunaux des praticiens d'une habileté consommée. Tout le monde se trompe ; et l'Académicien en est bien la preuve, qui a cru à la virilité de cet impuissant caché sous la peau d'un mâle.

On comprend que la vérité tirée au clair, elle ait dit à l'imposteur : Tu n'auras pas ma rose. Elle l'a dit dans le secret de son dernier comité. La rose de l'Académie ; cela s'entend. Pauvre chère dame ! C'est le prix convenu qu'elle retient, et bien justement, le jeune Herman ne lui ayant fait qu'une charge.

L'Anglais, M. J.-S. Smith, reste seul lauréat, et quoique celui-ci soit à la hauteur de la récompense, c'est une fière tache au soleil de clinquant de l'Académie, ce prix décerné par elle !

Que l'Académie ait failli être victime d'un vol; à qui ne peut-il arriver pire ? Ce n'est pas le volé que le vol déshonore. Mais qu'elle ait absolument ignoré, — ce n'est encore rien, — que sa section compétente — je dis compétente — ait ignoré l'existence de travaux « considérables », ceux de M. Smith, où sont exposés depuis dix ans « d'une manière magistrale, plusieurs des points fondamentaux de la théorie des formes quadratiques » ; d'une manière si magistrale que « les formules relatives à la décomposition en cinq carrés n'y figurent que comme conséquences très particulières des principes généraux» ; — la théorie de la décomposition des nombres entiers en une somme de cinq carrés est l'objet même du prix ; — qu'elle l'ait ignoré au point de mettre au concours ce qui se trouvait depuis si longtemps déjà résolu dans une pareille œuvre : en vérité, voilà qui est bien difficile à concilier avec la situation, le rôle, les prétentions, l'autorité de l'Académie des sciences.

Comment cette ignorance chez ceux qui sont réputés tout savoir, qui sont tenus de tout savoir, puisqu'ils ont la haute main sur tout, puisqu'ils sont dans l'atelier scientifique comme des pions en classe : donnant de leur autorité propre, les devoirs (sujets de prix), jugeant sans appel les compositions, classant, à leur gré, les concurrents ; comment ne nous ferait-elle pas penser à une non moins haute ignorance, tout aussi inattendue, pour le commun des martyrs, sur d'autres sujets, chez d'autres personnages, qui nous fut si funeste il y a tout à l'heure treize années[1] ? Le flagrant délit du Minkowski est de bien peu d'importance auprès de celui où nous prenons l'Académie. Il faut bénir le premier qui nous donne occasion de constater le second.

Est-ce que les maréchaux de la science française mèneraient nos affaires scientifiques, comme les académiciens à graines d'épinard menèrent sous l'Empire nos affaires militaires ? La science aurait-elle ses Lebœuf, ses de Failly, etc., etc. ? Quand ces jours-ci se révéla à cette majestueuse section de géométrie l'existence des

[1] Écrit en 1883.

travaux, anciens de plus de dix ans, qui donnaient au sujet de prix choisi par elle juste la valeur d'une récompense proposée pour enfoncer une porte ouverte, peut-on se la représenter, les sourcils relevés et la bouche béante, et s'écriant : « Connaissais pas ça ! » sans penser aux généraux télégraphiant : « Sais pas où sont mes régiments ? » Peut-on voir la figure que fait ici notre Académie, sans vous souvenir de l'empereur des Français, demandant, par télégramme, à je ne sais quel maire, si par hasard il n'avait pas vu passer l'armée de la France ? Est-ce que les présidents et secrétaire perpétuels de l'Académie, faisant à plein fauteuil (pour parler comme M. Jamin) l'éloge de leur compagnie, mériteraient tout juste la confiance qu'il eût fallu accorder, hélas ! au personnage non moins compétent en d'autres matières qui nous déclarait prêts jusqu'au dernier bouton de guêtre ?

Est-ce bien la peine que l'Académie se recrute elle-même pour que les choses de la science soient conduites comme en cette circonstance qui ne serait rien si elle n'était symptomatique et ne révélait une situation générale ? Le résultat est-il de nature à justifier ce mode de recrutement ? Croit-on qu'une Académie, composée des représentants élus de toute la science française, pourrait en insuffisance, en suffisance, en insouciance, dépasser ce que nous avons ?

Croit-on que cette Académie, démocratique — comme engendrée du peuple de la science — présenterait moins de garanties de compétence dans les matières techniques, de justice dans les causes de droit, de bienveillance dans les rapports humains, que cette Académie, qui s'engendre elle-même et seule, quand le Sénat, n'est que pour un tiers son propre auteur ? Comment ce qui, réduit, est mauvais en politique, pour un Sénat serait-il, aggravé, excellent en science pour une Académie?

L'Institut républicain pourrait-il être moins que l'autre respectueux de la dignité de ses justiciables, moins porté à l'activité, moins sujet à l'erreur, plus exposé aux démentis d'événements insoucieux de son véto, plus fréquemment contraint, — pour ne point encourir à ces humiliations, — à ne prendre parti dans les causes nouvelles qu'après les arrêts de la fortune; sa grandeur de convention qui a besoin de ménagements, son insouciance égoïste et sénile lui interdisant de courir les risques d'une compromission trop fréquente? L'Institut républicain ferait-il, par hasard, moins de rapports que l'autre? Commettrait-il plus de dénis de justice? Ferait-il plus de victimes, plus de Laurents, plus de Gratiolets? Serait-il plus esclave de l'esprit de corps, plus entaché de camaraderie, plus souillé de favoritisme, plus rongé de népotisme, plus taré de simonie? Un serviteur de la recherche serait-il plus exposé avec cet Institut qu'avec l'autre, à être étouffé, étranglé entre deux portes au profit de quelque habile homme qui, pendant que celui-là ne songe qu'à mériter les faveurs de la nature, lesquelles sont les découvertes qu'elle accorde à ses véritables amants, ne s'occuperait, lui, qu'à s'assurer, à force d'adulations, de complaisances, de servilisme, les bonnes grâces de personnages puissants dans les choses de l'intrigue?

Croit-on que les élus du suffrage externe, démocratique, universel, seraient moins capables de patriotisme que les élus du suffrage en chambre? Je ne parle pas de patriotisme bavard, mais agissant; non du patriotisme qui se vante soi-même à tout propos, mais de celui qui se reconnait à la générosité et à l'impersonnalité des actes ; non de ce patriotisme qui vise, par la flatterie, à la bienveillance de la nation, mais de celui qui fait entendre la vérité agréable ou non, et qui donne, même sans en être requis, les avertissements et les conseils utiles à la chose publique.

Lorsque les citoyens français sont capables, en politique, d'exercer le droit de suffrage, comment en France les citoyens savants seraient-ils réputés incapables d'exercer utilement le même droit dans leur sphère professionnelle ?

Comment cette incapacité, dont les peintres, les sculpteurs et les graveurs sont aujourd'hui relevés en ce qui concerne l'organisation de leur jury annuel d'admission et de récompenses, serait-elle inhérente au caractère et à la qualité du savant plutôt qu'à ceux de l'artiste ? Or, le Salon annuel n'est-il pas l'équivalent des concours académiques?

Pourquoi maintenir les savants dans un état de tutelle qui, pour ne voir qu'un de ses résultats, à la vérité bien grave, a pour effet de déprimer si déplorablement les caractères ?

La fonction scientifique est-elle de si peu de conséquence, qu'il soit insignifiant que les principes de notre droit public aient ou n'aient pas d'action sur son accomplissement ?

Par quel anachronisme, quand la France suit librement le cours de l'ère nouvelle de droit commun ouverte par elle, la science française pourrait-elle, par son organisation, continuer d'appartenir à l'ère ancienne du privilège ?

Par quelle opposition de nature entre la France et la

Science, quand celle-là ne saurait plus vivre qu'en démocratie, celle-ci devrait-elle être une aristocratie.

Si on déclare ces questions absurdes à force d'évidence, c'est notre propre manière de voir qu'on exprime ; mais alors on prononce que le maintien de la constitution scientifique est impossible, et que la revision de l'Académie s'impose [1].

La revision de l'Académie, si la formule était prise à la lettre, ne constituerait qu'une réforme bien insuffisante, c'est de la refonte de toute notre organisation savante qu'il s'agit.

Mettre la science française qui est une oligarchie centralisée en république démocratique et fédérative ; en d'autres termes : l'organiser sous l'œil et l'égide de l'Etat, en groupes régionaux indépendants, égaux entre eux, autonomes, et dont la solidarité et l'unité auront pour organe la Réunion de leurs délégués annuellement convoqués à Paris : telle est la solution vraie, la solution à poursuivre, la solution qui rendra toutes les énergies de la virilité à ce grand corps épuisé.

[1] Avril 1883.

CHAPITRE IX

DE L'AUTORITÉ ACADÉMIQUE

§ I

UN ACADÉMICIEN A LA MER

C'est un pontife de la médecine, M. Bouillaud, pontife pontifiant. Le phonographe, le téléphone et le microphone forment le triple écueil sur lequel sa barque, par affolement de boussole, est venue se mettre la quille en l'air. Proportionnons l'expression à la chose : M. Bouillaud *ne coupe pas* dans ces merveilles.

Vous vous souvenez de cette séance du 11 mars 1877 dans laquelle le phonographe fut présenté à l'Académie des sciences, au nom de M. Edison, par un Américain dont M. du Moncel s'était fait l'introducteur. L'étonnante machine ayant répété les paroles prononcées séance tenante, par le représentant de l'inventeur, ce fut par toute la salle un murmure d'admiration, bientôt suivi d'applaudissements enthousiastes. M. Bouillaud était présent. Bien plus, le prodige fut répété tout exprès pour lui dans le cabinet de M. du Moncel par celui-ci, assisté d'un préparateur. Le préparateur, le maître et M. Bouillaud lui-même, parlèrent à la machine et leurs paroles furent répétées *tellement quellement*, pour employer les termes de l'académicien précité ; et tous les entendirent. M. Bouillaud en convient, mais : « On ne me la fait pas à moi ! » s'écrie-t-il en y mettant plus de pompe.

Les paroles dites furent répétées. Voilà le fait brut, Mais comment? Etait-ce phonographie, ou n'était-ce pas ventriloquie tout bêtement ? Dans le premier cas, le phonographe ne serait-il pas purement et simplement un écho qui, au lieu de rendre tout de suite les sons de la parole comme font les échos, s'en emparerait, les bâillonnerait, en ferait des conserves (un écho-Appert) pour les rendre pleins de fraicheur après un temps quelconque, sur ordre (un écho apprivoisé) et aussi souvent qu'on pourrait le vouloir (un écho d'une inépuisable complaisance), et qui, sans égaler en savoir faire l'écho irlandais, lequel va jusqu'à répondre : « Pas mal, et vous ? » à Paddy qui lui demande : « Comment vous portez-vous? » n'en serait pas moins un écho *sui generis*. M. Bouillaud ne peut se le dissimuler; mais telle est son aversion pour « la foi phonographie » de M. du Moncel que, par un effet de contraste sans doute, les suppositions bizarres dont nous venons d'égréner le chapelet l'obsédaient de leur vraisemblance. Vainement, d'ailleurs, chercherait-on dans la note de M. Bouillaud, insérée au dernier numéro des *Comptes rendus*, les motifs de cette prédilection, à moins qu'ils ne consistent en ceci, que si le phonographe « n'était qu'un écho *sui generis* », ce phonographe « n'aurait pas, par conséquent, constitué une véritable invention, puisque l'expérience à laquelle il servait n'était qu'une confirmation de celle déjà faite, dans cette partie de l'acoustique qui concerne les divers modes de transmission et de *répercussion* ou de *réflexion* des sons ». Peut-être demandera-t-on quel intérêt il peut y avoir à ce que le phonographe ne constitue pas une véritable invention. Mais en toute matière n'est-il pas un point où les questions doivent s'arrêter ? Admettons que nous sommes ici arrivés à ce point-là.

Quand à « l'imitation artistique » dont M. Bouillaud a fait la seconde branche de son argument cornu, l'argumentateur prévoit bien que « quelques-uns s'étonneront de cette seconde hypothèse ». « Ce n'est pas, cependant, sans une ombre de raison, ajoute-t-il, qu'il m'est arrivé de la concevoir. » Il a relégué dans une note cette ombre de raison. La voici : « Dans deux cas où j'ai été témoin de la répétition de paroles prononcées dans l'ouverture du phonographe, je m'aperçus de faibles mouvements des lèvres des personnes par lesquelles ces paroles avaient été prononcées. » M. Bouillaud, qui était, on s'en souvient, une des trois personnes qui parlèrent dans le phonographe, fut-il l'une des deux prises par lui en flagrant délit de mouvements labiaux, pendant que leurs paroles étaient répétées ? Je ne sais. Voilà l'ombre de raison que M. Bouillaud croit avoir de mettre l'hypothèse de la ventriloquie en regard de celle-ci : que son confrère, M. du Moncel, n'est ni la dupe, ni le compère de M. Edison qui, loin d'être un physicien du roi, serait bien plutôt le roi des physiciens, et que le phonographe est ce qu'on dit.

Pas plus que ce pauvre prodige, cet autre, le téléphone, qui est le télégraphe parlant, connu, manié, éprouvé, expérimenté, multiplié, modifié, perfectionné et déjà appliqué dans tout l'univers civilisé, ne trouve grâce devant M. Bouillaud : « Il y a pour moi dans cette expérience — ainsi parle-t-il — je ne sais quelle *illusion d'acoustique.* »

Au paroxyme de la scintillation, une *étoile de chant* verse son onde sonore dans l'entonnoir d'un téléphone. Plus simplement, on chante devant ce récepteur. La scène se passe, si vous le voulez bien, chez le chanteur lui-même qui, pour un motif quelconque, ou sans motif aucun, ce qui dans l'espèce est un motif suffisant, a voulu garder la chambre. Mais, en silence, le fil télégraphique emporte la musique bien loin de là, jusque dans une salle de concert, par exemple, où se trouve un petit appareil composé de feuilles de papier et de feuilles métalliques dans lequel elle se décharge et qui, s'animant aussitôt redit cette musique aux personnes présentes : c'est le *condensateur chantant.* On en a fait l'expérience tout exprès pour M. Bouillaud, qui en parle comme d'un « très amusant et joli spectacle ». S'il ne la qualifie pas de tour bien réussi, c'est pour n'être pas en reste de courtoisie avec son collègue. Celui-ci ayant fait observer que la phrase prononcée par M. Bouillaud dans les expériences à trois mentionnées plus haut, est précisément celle que le phonographe a dite le mieux : « Et ce qui m'a beaucoup flatté, ajoute l'incrédule académicien, il a eu la politesse de donner pour raison de cela que je l'avais très bien prononcée. »

Mais ces préciosités de langage et ces mièvreries d'idées n'empêchent pas le savant médecin d'être intraitable sur le chapitre de « la saine méthode scientifique » ; et le *condensateur chantant* a beau chanter devant lui, c'est comme s'il ne chantait pas. Jamais, s'écrie M. Bouillaud, jamais je n'admettrai qu'un vil métal puisse remplacer ce noble appareil phonateur dont nous faisons usage ! » (Si le *Compte rendu* n'a pas reproduit ces paroles, la *Nature* les a enregistrées). Vainement M. Milne-Edwards, au nom de la physiologie expérimentale, atteste-t-il la possibilité de produire sans larynx, sans lèvres, sans appareil vocal pareil au nôtre, des sons articulés, analogues à ceux de la parole humaine, et cite-t-il les expériences faites à ce sujet par Kempelen, par Willis, par Wheastone. Tout aussi vainement, sans doute, on eût rappelé ce cas de prothèse chirurgicale que nous racontions il y a quelques mois, dans lequel une anche libre remplit avec aisance la fonction du larynx entièrement extirpé.

« Jamais je n'admettrai qu'un vil métal ! ... » Mais le vil métal se passera plus facilement de M. Bouillaud que M. Bouillaud ne se passera du vil métal [1].

§ II

M. BABINET ET LA TÉLÉGRAPHIE TRANSATLANTIQUE

C'est en 1857 que les premières tentatives pour la pose d'un câble transatlantique furent faites ; il se brisa à 380 milles de Valentia (Irlande), fut relevé et ressoudé et le 5 août 1858 la communication était établie entre l'Irlande et Terre-Neuve, entre les deux mondes par conséquent. La joie fut immense. Tout alla bien jusqu'au 1er septembre. A cette date, le courant cessa tout à coup. Découragement profond. Les capitalistes se refusèrent à de nouveaux essais. Pour se redonner du courage on tenta la chance sur des théâtres plus restreints où le succès, à cause de cela, semblait moins difficile à décrocher. Mais la Méditerranée se montra aussi peu propice que l'Océan. Les câbles de Malte à

[1] Octobre 1878.

Alexandrie, de Port-Vendres à Alger par Mahon et à Oran par Carthagène, de Cagliari à Bône, de Malte à Corfou, également ceux de la mer Rouge et du golfe Persique n'eurent qu'une existence éphémère.

Cependant, une compagnie héroïque se constituait en Angleterre pour recommencer entre l'Irlande et Terre-Neuve ce qui avait si déplorablement échoué. Le nouveau câble, beaucoup plus gros que l'ancien, avait plus de quatre mille kilomètres et pesait plus de vingt-quatre mille tonnes. Il fut logé dans les vastes flancs du *Great-Eastern*, et, le 23 juillet 1865, le géant des mers s'éloignait lentement du rivage d'Erin en déroulant le câble derrière lui.

L'émouvant voyage! A quelles épreuves couraient les artisans de cette œuvre! J'en passe et des meilleures pour arriver à la journée du 2 août. Les deux tiers du trajet étaient faits. On avait posé 1,212 milles. Subitement le câble se rompit à dix mètres du navire. Un véritable désespoir s'empara de l'équipage. Cependant, le commandant (capitaine Anderson), dont le sang-froid et la fermeté furent au-dessus de tout éloge, entreprit de retrouver le bout libre englouti à 2,000 brasses. Quatre fois en neuf jours (du 3 au 12) on réussit à l'en ramener; quatre fois l'amarre se rompit; le 12 on renonça, les cordes et les chaînes faisant défaut. Le *Great-Eastern* regagna l'Angleterre.

La compagnie qualifiée ci-dessus d'héroïque réunit de nouveaux fonds, construisit un nouveau câble, et, le 13 juillet 1866, le *Great-Eastern*, chargé de ce précieux fardeau, reprenait la route de Terre-Neuve. Quelle anxiété quand l'immense navire et son escorte, approchant de Terre-Neuve, le brouillard devint si épais que les vaisseaux se perdirent de vue et que toute observation fut impossible !

Justement, le câble filait alors entre deux bancs à une profondeur plus grande que toutes celles qui avaient été rencontrées depuis le départ de l'expédition. Par bonheur, l'air et la mer étaient calmes. D'ailleurs tout avait été prévu : dans l'impossibilité de communiquer autrement, les navires correspondaient entre eux au moyen du canon, qui par conséquent a du bon.

En tête marchait le *Terrible* tirant à chaque heure, puis le *Medway*, qui tirait dix minutes après, puis l'*Albany*, puis le *Great-Eastern*. Ainsi chacun connaissait la position relative des autres. Tous les commandants savaient d'ailleurs par quelles latitudes précises le câble devait couper les degrés de longitude qui restaient à parcourir, et ces points d'intersection devenaient au besoin des points de ralliement. On avait prévu le cas où le navire porteur du câble, arrivant seul par le brouillard, à proximité de Terre-Neuve, serait dans l'intérêt de sa sûreté obligé de regagner la haute mer. Pour éviter un mal plus grand, le câble eût été coupé, amarré à des bouées.

Enfin, portée par la foudre, la triomphante nouvelle éclata ici : « Il n'y a plus d'Océan ! » Et nous nous souvenons encore de l'émotion de tous à la vue de ce premier message en date de *New-York* 1er *août*, PARVENU A PARIS LE JOUR MÊME, après avoir passé par Londres et Calais et tardivement arrivé à cause de ce petit détail qu'après la réunion de Terre-Neuve à l'Irlande il restait un bout de fil à jeter entre Terre-Neuve et le continent d'Amérique !

Cette dépêche nous apprenait l'arrivée à New-York du navire *Palmyra* entré la veille, 31 juillet, dans le port de cette ville. Qu'on se figure l'effet de cette nouvelle sans précédents sur la mère qui avait un fils à bord de ce navire, sur le négociant qui y avait sa pacotille.

Cette grande victoire remportée, on se mit en devoir d'en remporter une seconde où le *Great-Eastern* eut également sa part. En même temps qu'au mois de septembre précédent la résolution avait été prise de fabriquer un nouveau câble, il avait été décidé qu'on emploierait tous les moyens possibles pour compléter et conduire jusqu'en Amérique le câble brisé, dont 1,200 milles gisaient depuis 1865 au fond de l'Océan. En exécution de ce programme, aussitôt ravitaillés, les navires qui venaient d'assister le *Great-Eastern* reprirent la mer. Arrivés dans les parages où se trouvait le câble, coupant à angles droits la ligne le long de laquelle il avait été placé, ils explorèrent le fond à l'aide de grappins. Relevée par l'un d'eux, l'extrémité du conducteur électrique fut attachée à une immense bouée, en attendant le *Great-Eastern*, à bord duquel, dès que cette extrémité eut été transportée, on essaya de communiquer avec Valentia (Irlande), ce qui réussit à souhait.

L'heure de Greenwich demandée fut reçue et l'on constata que les quatre chronomètres du *Great-Eastern* n'avaient varié que de six dixièmes de seconde depuis le départ d'Angleterre. Cela fait, on se mit en rapport avec Terre-Neuve, tant pour annoncer la bonne nouvelle du câble retrouvé que pour prescrire les dispositions à prendre en vue de la prochaine arrivée du navire géant; message qui, transmis en Irlande par le fil de 1865 fut expédié d'Irlande en Amérique par le fil de 1866.

L'accusé de réception fit en sens inverse le même chemin. Demande et réponse, pour franchir ensemble une distance de 5,500 kilomètres, avaient demandé dix minutes.

Il était onze heures trente minutes du matin quand l'extrémité de l'ancien câble avait été portée à bord du *Great-Eastern*. A une heure trente minutes, le raccordement, opéré par d'habiles ouvriers, était fait. A trois heures, le *Great-Eastern* se remettait en marche et le câble commençait à glisser sur la poulie placée à l'arrière du bâtiment ; l'opération fut menée à bonne fin sans encombre. La pose et le relèvement de ces deux câbles constituèrent le grand événement scientifique de l'année 1866.

Grâce à M. Babinet, l'Académie des sciences n'y resta pas étrangère. Par malheur le spirituel académicien ne s'en mêla que pour en médire. Il ne croyait pas au succès, si même il ne comptait sur un revers. « Il attend son triomphe — disait un journal scientifique [1], — de l'action sourde, lente, mais sûre, de l'eau de mer sur le fer qui forme l'armature du câble. » Le *triomphe* de M. Babinet eût été la destruction du télégraphe transatlantique.

Il invitait donc les Anglais à déterminer en toute hâte et pendant qu'il en était temps encore la différence de longitude entre Valentia et Terre-Neuve, cette opération scientifique étant le seul grand service qu'on put tirer du câble anglo-américain, comme l'honneur qu'elle rapporterait à ceux qui auraient fourni les moyens de la faire serait le seul dividende sur lequel les actionnaires pussent compter.

A l'appui de ses fâcheuses prédictions, l'honorable académicien exhibait un fragment d'un des câbles de la

[1] Le *Cosmos*, alors sous la direction de M. Schnaiter.

Manche, ayant fonctionné pendant cinq années. Le fil de fer qui l'enveloppait était rongé sur une épaisseur de 5 millimètres environ, la détérioration avait donc été de 1 millimètre par an ; or, le fil enveloppant le nouveau câble n'avait que deux tiers de millimètre de diamètre. Concluez !

« Hélas ! — s'écriait le journal précité — pourquoi faut-il que la voix de M. Babinet s'élève discordante au milieu de l'hymne de triomphe ? C'est que cette voix est celle du bon sens et que seule on finira par l'entendre au milieu du silence des autres. L'entreprise est immense, l'orgueil de ceux qui la tentent ne lui est pas inférieur ; la mer aura justice de tout. »

Est-il besoin de rappeler que la conductibilité du câble de 1865 se trouva supérieure à celle du câble de 1866, ce qui venait de ce que le premier avait été plus longtemps submergé. Quelqu'un ignore-t-il que ni l'un ni l'autre n'a cessé de fonctionner et que cette commune réussite leur a valu des concurrences dont le succès n'est pas moindre que le leur ? Ainsi ont été justifiées les prévisions de Babinet.

Nous autorisant de rapports d'ingénieurs qui attestaient le parfait fonctionnement des deux câbles : il y a lieu de croire, écrivions-nous, qu'il en sera de la condamnation portée par M. Babinet contre le télégraphe transtlantique comme il en a été des condamnations portées :

Par un autre membre de l'Académie, M. Pouillet, contre la télégraphie en général ;

Par une commission officielle de savants russes contre l'emploi des fils télégraphiques aériens proposés par M. Jacobi ;

Par M. Stephenson contre le projet à lui soumis par

Walter Breit, du premier câble sous-marin qui ait existé (celui de Calais à Douvres, posé en 1851), projet qui, selon le célèbre ingénieur, ne devait jamais aboutir;

Par des physiciens du commencement de ce siècle contre la locomotive à vapeur ;

Par les physiciens un peu moins anciens contre la navigation transtlantique à vapeur ;

Par la Société royale de Londres contre le paratonnerre;

Par la même société contre la vaccine;

Par l'ancienne Académie des sciences contre la vulcanicité de l'Auvergne ;

Par les hygiénistes du temps de Parmentier contre la pomme de terre ;

Par les zoologistes d'hier contre la génération alternante;

Par ceux d'avant-hier contre la génération des marsupiaux ;

Par les mêmes contre l'animalité des coraux;

Par l'illustre Swammerdam contre les découvertes de Graaf mort à trente-deux ans de chagrin de se voir méconnu;

Par le grand Lavoisier contre les aérolithes ;

Par un tas de géographes en chambre contre le voyageur en Abyssinie Jacques Bruce ;

Par l'école de Cuvier contre l'antiquité géologique de l'homme ;

Par M. Milne-Edwards contre les découvertes microphiques d'Ehrenberg ;

Par le même contre les travaux de Thompson sur les métamorphoses du crabe commun;

Par M. Valenciennes contre toute tentative d'acclimatation et de domestication ;

Par le tribunal du Saint-Office contre le mouvement de la terre ;

Et par la précieuse académie de Salamanque contre la sphéricité du globe :

C'est-à-dire que cette malheureuse prophétie fournira un argument de plus à qui voudra prouver qu'en matière scientifique le mot « autorité » est un mot vide de sens.

Revenant, après tant d'années, sur ce sujet, nous pouvons constater qu'il en a été, en effet, de l'opposition de M. Babinet contre la télégraphie transatlantique, comme il en fut dans le même temps des oppositions :

De sir Roderick Murchison contre Stanley, qui, selon lui, n'avait pas « retrouvé Livingstone » ;

De la Société géographique de Londres contre du Chaillu, qui, selon elle, n'avait seulement pas mis les pieds en Afrique ;

De Stephenson, déjà nommé, contre le canal de Suez, qui s'ensablerait infailliblement, qui était pratiquement impossible, etc. ;

De Velpeau contre la chimère, contre l'aberration des opérations chirurgicales, sans douleur ;

De toutes les académies du monde et spécialement de la nôtre contre le magnétisme animal, aujourd'hui triomphant et débordant sous des noms nouveaux ;

De Cuvier contre Lamarck ;

De l'école de Cuvier contre cette haute inspiration de Geoffroy Saint-Hilaire, que certaines espèces d'animaux vivants ont pu avoir pour ancêtres des espèces d'animaux fossiles ;

De Flourens et de Chevreul contre la doctrine entière du grand naturaliste qu'on vient de nommer ;

De Bouillaud contre le phonographe ;

Des meilleurs physiciens contre l'emploi de l'électricité dynamique comme force motrice ;

Des mêmes contre le téléphone de M. Graham Bell, pur *humbug* (*blague* en bon français) selon eux ;

Des mêmes contre la lampe électrique d'Edison, autre *humbug* selon les mêmes ;

De l'un d'eux, Jamin, contre le phonographe qui n'était, à l'entendre, susceptible d'aucun perfectionnement, qui resterait éternellement à l'état de curiosité et ne servirait jamais à rien.

De Charles Robin contre la métallothérapie faite de jonglerie chez son auteur et de superstition chez ses adhérents ;

D'Elie de Beaumont contre l'homme fossile qui eut la douleur de n'être pas reconnu par lui ;

De M. Blanchard contre la possibilité de la vie dans les abîmes océaniques où elle fourmille et revêt des formes, manifeste des pouvoirs si extraordinaires ;

Du même M. Blanchard et du même Elie de Beaumont contre Charles Darwin, simple amateur selon le premier et qui, d'après le second, n'a fait que de la science mousseuse ;

De toute la zoologie officielle contre la variabilité de l'espèce, qu'elle niait unanimement il n'y a pas un quart de siècle, etc.

Et cœtera, *et cœtera*, car le sujet est inépuisable.

Mais c'en est assez pour montrer combien il importe à notre République démocratique de respecter l'organisation autoritaire de la science française constituée par la monarchie en une sorte de régiment dont l'état-major résidant à Paris constitue l'Académie des sciences[1].

Et puisque c'est Babinet qui nous a mis sur ce sujet, voici pour finir une anecdote qui le concerne.

Nous habitions pendant le siège, sous le même toit; lui au rez-de-chaussée, un petit logement avec jardinet. Un jour, comme je sortais, je fus abordé par notre concierge qui, disait-elle, croyait devoir m'informer de la situation terrible que les circonstances faisaient à mon savant voisin, ne doutant pas que l'Académie des sciences, si je prenais sur moi de lui faire connaître cette situation, n'y mît fin aussitôt. Il y a des gens qui ne sont malins qu'à la réflexion : cette pertinence de pensées et de langage en matières académiques ne nous étonna pas plus que cela dans la bouche de notre interlocutrice, et nous ne doutâmes pas sur le moment de la spontanéité de sa démarche. Du reste, eussions-nous cru la bonne femme à nous dépêchée par le plus intéressé dans l'affaire, notre conduite n'eût pas différé de ce qu'elle fut : touché de la confidence, nous promîmes d'agir, et, aussitôt rentré, nous écrivîmes la lettre suivante au secrétaire perpétuel, M. Dumas :

[1] Ce Bulletin des défaites de l'autorité scientifique, inséré dans le *Rappel*, nous a valu cette courageuse lettre du savant Dr Moura, secrétaire de la Société française d'otologie et de laryngologie :

« A Monsieur Victor Meunier,

« Mes compliments les plus sincères pour son article du 5 octobre 1888 sur le *Magister dixit*, l'autorité en fait de science. C'est d'un bon et haut exemple. »

« Paris, 13 décembre 1870.

« Monsieur,

« Habitant la même maison que M. Babinet, j'apprends que ce savant, privé par l'investissement de ses ressources ordinaires, est réduit à une véritable détresse. Faute de combustible, il aurait gardé le lit tous ces jours-ci et c'est à l'humanité de sa concierge qu'il devrait ne pas mourir de faim. N'ayant pas l'honneur d'être en relations avec M. Babinet, je n'ai connaissance de ces faits qu'indirectement, mais les considérant comme exacts, je remplis un devoir en faisant en sorte qu'ils ne restent pas ignorés de l'Académie des sciences. Je prends donc la liberté de vous en écrire, monsieur, comme à l'homme que sa situation désigne pour recevoir cette communication dont la délicatesse de vos sentiments vous permettra de faire aisément l'usage le plus convenable.

« Veuillez agréer, etc. »

La réponse de M. Dumas fut immédiate, — j'ai le regret de ne pas retrouver sa lettre — et son intervention le fut également. Radieuse, la portière me confirma le changement à vue opéré dans la situation de ce pauvre M. Babinet. Quelques jours après, prenant prétexte de l'éclipse de soleil qui allait avoir lieu le 22 décembre — éclipse totale en partie visible à Paris — et s'excusant sur son infirmité de ne point monter mes quatre étages, il me fit prier de venir le voir. Nous ne fîmes aucune allusion à ce que vous savez. Il mit toute sa science à mon service pour l'observation de l'éclipse et j'en profitai bien un peu... dans le Luxembourg désert et par un froid!... Mais l'esprit n'était pas aux phénomènes célestes.

§ III

LES DEUX RIRES

On a beaucoup ri à l'Académie que « le monde entier nous envie ». Les *Comptes rendus*, qui de mémoire d'homme ne se sont jamais déridés, ne gardent pas trace du phénomène. Mais ceux de mes confrères qui y furent, qui pourront dire : « J'étais à cette grande séance qui s'est livrée à cet accès d'hilarité ! » ont pris soin de lui assurer l'immortalité de vingt-quatre heures que les journaux dispensent. Et de quoi a-t-on ri ? D'une lettre portant qu'une dame, la femme même du correspondant, est douée d'une puissance magnétique éprouvée ; qu'elle a magnétisé un garçon de onze ans qui se trouve être d'une grande lucidité, que cet enfant s'est prescrit contre une dartre un traitement qui l'en a débarrassé, qu'il a prédit de plus des choses comme celle-ci, savoir : qu'il aurait le lendemain à telle heure une syncope et l'a eue...

Le secrétaire perpétuel, M. Bertrand, en était là de sa lecture quand ce rire de dieux (Homère) ou de mouches (Rabelais) s'est emparé de la compagnie. Mais, « M. Bertrand, qui ne se laisse pas intimider pour si peu — c'est maintenant un des confrères ci-dessus qui parle[1], — propose à M. Charcot de prendre connaissance de ce désopilant document qui n'est peut-être qu'une mystification. Le célèbre médecin de la Salpêtrière se récuse en disant que la chose ne lui paraît pas suffisamment scientifique. M. le baron Larrey s'indigne et fait remar-

[1] Le docteur Decaisne.

quer qu'il vaudrait mieux écarter de la correspondance de semblables pièces : M. Bertrand, en en donnant lecture, fait perdre son temps à l'Académie et peut procurer à certaines gens une publicité regrettable. L'Académie applaudit et l'incident est clos. Je me trompe, en sortant de la salle des séances, on était unanime pour blâmer le sans-façon avec lequel M. Bertrand dépouille la correspondance... »

Un effarouchement de pudeurs !

Couvrez ce document,

......que je ne saurais voir,
Par de pareils objets les âmes sont blessées,
Et cela fait venir de coupables pensées.

Il s'en est fallu de peu qu'ils ne courussent le dire au secrétaire perpétuel. D'autres ont dû le lui dire, car la lettre n'est pas même mentionnée au compte rendu.

Ce que nous trouvons de plus notable en cette affaire, c'est, après que l'Académie eut applaudi aux paroles de M. Larrey, que personne n'ait élevé la voix pour dire : *Je demande la parole*, et l'ayant obtenue ne se soit exprimé à peu près ainsi :

Je regrette, Messieurs, de ne point partager le sentiment qui paraît être celui de l'Académie. Mais j'avoue ne voir aucun motif de ne pas appliquer en cette circonstance la règle ordinaire qui est de renvoyer à des commissions les choses qui peuvent avoir besoin et être dignes d'être contrôlées. Ce que M. Larrey nous propose c'est tout simplement de retourner de quarante-quatre années en arrière pour rééditer la décision de l'Académie de médecine qui ne la prendrait plus si c'était à refaire, puisqu'elle n'a pas attendu à aujourd'hui pour y manquer.

A cette époque, l'Académie de médecine, assimilant le magnétisme au mouvement perpétuel et à la quadrature du cercle, comme on voudrait que nous le fissions à notre tour, déclara par avance nulles et non avenues toutes les communications qu'elle pourrait recevoir sur ce sujet; ce qui ne l'empêcha pas, vingt-deux années plus tard, en 1862, d'accorder une mention honorable au mémoire de M. le docteur Charpignon (d'Orléans), intitulé : *De la part de la médecine morale dans le traitement des maladies nerveuses*, et sous le couvert duquel l'hypnotisme reçut la sanction de la savante compagnie. Mais il y avait alors deux à trois ans que ce prête-nom du magnétisme, l'hypnotisme, avait été introduit en France par le docteur Azam, apporté ici même, après contrôle, par MM. Broca et Follin et pratiqué à leur suite par nombre de médecins et chirurgiens non moins distingués de Paris et des départements. Et c'est vingt-cinq années après que, sous un nom nouveau. une, partie considérable de ce qu'on avait appelé magnétisme animal, sa partie physique, s'est trouvée justifiée, que nous commettrions l'anachronisme auquel se réduit, — que M. Larrey me permette de le lui dire, — la proposition de notre confrère.

J'entends dire derrière moi — (*Nous supposons que l'orateur a derrière lui la tribune des journalistes*) — que cette lettre n'est peut-être qu'une mystification. Eh! sans doute, comme tout document signé d'un nom inconnu. La mystification manquerait d'esprit, puisque la lettre ne renferme absolument rien, au moins dans ce que nous en connaissons, sur quoi on ne soit blasé, et que n'admettent comme possible et démontré un grand nombre d'excellents observateurs. Mais enfin, les mystificateurs ne sont tenus d'avoir ni originalité ni esprit.

C'est donc peut-être une mystification. Mais peut-être aussi n'en est-ce pas une. Comment le savoir autrement qu'en examinant le fait ? Un de nos confrères se récuse en déclarant que la chose ne lui paraît pas suffisamment scientifique. Une chose est toujours assez scientique pour mériter de nous occuper quand elle contient une part de vérité et de nouveauté, et c'est précisément à nous de dégager cette part de l'alliage où elle peut se trouver engagée. Quoique son auteur paraisse manquer de notoriété, la lettre qui nous occupe n'est assurément pas moins scientifique dans son origine que la déclaration « des particuliers qui travaillaient à la récolte » (suivant les termes d'un rapport célèbre) quand la pierre météorique de Lucé tomba du ciel à leurs pieds. Pourquoi n'aurions-nous pas pour le premier document la considération, sous réserve d'examen, qui fut jadis si fâcheusement refusée à l'autre?

On le qualifie de « désopilant ». Mais pourquoi? Examinons. Est-ce parce que l'auteur attribue à un fluide assurément hypothétique la source du pouvoir magnétique de sa femme? Laissons le mot, laissons l'hypothèse : sont-ils faits pour nous cacher une réalité et la discréditer à nos yeux? et voyons la chose. La chose affirmée, c'est d'abord qu'une certaine personne peut agir sur certaines autres, de façon à les faire entrer dans un état nerveux auquel différents noms, qui peut-être en désignent les modes, ont été donnés ; auquel M. Charcot, par exemple, a appliqué le nom d'*état spécial*, qui eut l'avantage de ne rien préjuger et d'impliquer la répudiation de solidarités compromettantes. Est-ce cet état qu'on nie? Je ne sache pas d'académie au monde où une pareille négation pourrait maintenant se produire sans avoir sur quelques-uns des membres de la compagnie l'effet d'une provocation ; et je n'exclus pas les académies de médecine, au contraire : ne sait-on pas que ce sont en général des médecins qui maintenant, sous l'un ou l'autre de ses états, cultivent le magnétisme si longtemps traité en mauvaise herbe par la médecine ?

Ici, outre M. Charcot, se lèverait certainement M. Paul Bert qui, comme président de la Société de biologie, où les communications de ce genre abondent, est si bien placé pour savoir à quoi s'en tenir sur la réalité du somnambulisme et de l'hypnotisme et d'ailleurs s'en est porté garant en les enseignant dans ses *Leçons de zoologie.* Se lèverait, non moins certainement, notre secrétaire perpétuel dont le sérieux contrastant avec l'accueil qui vient d'être fait à cette malheureuse lettre, doit signifier, à mon sens, que comme fils du docteur Alexandre Bertrand, auteur de ces deux ouvrages si estimés : *Du magnétisme animal en France* et *Traité du somnambulisme*, M. Joseph Bertrand a depuis longtemps son opinion faite sur le magnétisme et une opinion opposée à celle qui vient de se manifester.

La chose affirmée par l'auteur du document, c'est encore, qu'un sujet entré dans le sommeil nerveux, est capable de se prescrire à lui-même, s'il est atteint d'affection morbide, un traitement qui l'en guérisse. Est-ce là ce qui doit rendre la communication suspecte ? Mais l'instinct des remèdes n'existe-t-il pas chez les animaux ? Les exemples connus en sont, on peut le dire, innombrables, authentiques, incessamment vérifiables, incontestés. Comment, dès lors, nierait-on, *a priori*, qu'il puisse se rencontrer chez l'homme dans de certaines conditions ? Ne serait-ce pas d'un pareil instinct, qu'à l'origine, chez l'ancêtre sauvage, seraient nés les primitifs rudiments de la médecine traditionnelle ? Mais ne faisons pas d'hypothèse. Cabanis, en son grand ouvrage, rapporte avoir vu des malades choisir, avec une sagacité qu'on n'observe d'ordinaire que chez les animaux, les aliments même et les remèdes qui leur convenaient. Combien de médecins ont observé le même fait !

On trouve dans le *Dictionnaire de médecine* en 10 volumes l'observation due au docteur Bourdois, de l'Académie de médecine, d'un homme d'âge moyen qui atteint, depuis plus de trente-six heures, d'un choléra-morbus très intense, proférait dans son délire le mot *pêche*. M. Bourdois en fit apporter une que l'agonisant mangea avec avidité, puis à la demande de celui-ci une seconde qui eût le même sort. Et le malade en demandait encore ! Les vomissements, jusqu'alors opiniâtres, s'étaient arrêtés. Le médecin enhardi ne résista pas. Trente pêches furent dévorées dans la nuit. Le lendemain, la guérison était parfaite. Cela posé, de quel droit, quand les magnétiseurs assurent qu'une faculté pareille apparaît chez leurs sujets, nous inscrivons-nous *a priori* contre leur assertion ?

Enfin, la chose « désopilante » est-elle dans ce don de prévision spéciale dont les mêmes sujets seraient doués, et qui aurait permis au jeune garçon de onze ans dont on nous entretient, d'annoncer un jour d'avance une syncope qu'il eut, en effet, à l'heure marquée ? Ce doit être cela, car il n'y a rien de plus dans la lettre, du moins dans ce que vous avez permis qu'on en lût. Mais il faudrait répéter, à propos de ce don de prévision, tout ce que je viens de dire de l'instinct des remèdes. Comme celui-ci, l'autre existe, est éclatant chez d'innombrables animaux, a constitué de tout temps un inépuisable sujet d'admiration. Il se manifeste également chez les malades : « On en voit, dit Cabanis, qui sont en état d'apercevoir, dans le temps de leurs paroxysmes, de certaines crises qui se préparent, et dont la terminaison prouve bientôt après la justesse de leurs sensations, ou d'autres modifications attestées par celles du pouls, ou des signes plus certains encore. »

Sauvage, en sa *Nosologie*, rapporte nombre de faits analogues. La question que je faisais tout à l'heure se pose donc de nouveau dans toute sa force : Quand les magnétiseurs se disent en possession de faits recueillis dans leur domaine propre, pouvons-nous logiquement et avec justice nous refuser à l'étude des faits ? Le docteur Alexandre Bertrand, qui était un homme de grande instruction, puisqu'il cumulait avec le savoir médical celui d'un ancien élève de l'Ecole polytechnique ; qui était le noble esprit dont témoigne sa complicité dans l'œuvre d'une grande école socialiste dont on doit, selon moi, répudier l'esprit autoritaire, mais à laquelle on ne saurait refuser d'avoir eu l'inspiration généreuse ; qui était un chercheur indépendant et consciencieux autant qu'opiniâtre, comme on en a la preuve par la courageuse évolution de ses idées au cours de ses recherches; et qui enfin fut le parfait honnête homme dont Pierre Leroux a raconté la vie exemplaire dans l'*Encyclopédie nouvelle :* le docteur Alexandre Bertrand déclare, en son *Traité de somnambulisme*, avoir été témoin de plus de soixante accès convulsifs de la nature la plus grave, absolument impossibles à simuler, et qui tous avaient été prédits à la minute tant pour leur commencement que pour leur terminaison. Dans le nombre, une somnambule annonça quinze jours d'avance un délire de quarante-trois heures. Bertrand n'est ici qu'un exemple ! Eh bien, notre devoir permet-il, je le demande, d'accueillir avec dédain un fait nouveau conforme à cette légion de faits qui se présentent entourés de tant d'analogies probables et d'attestations respectables?

Cependant, Messieurs, j'ai achevé de parcourir cette pauvre lettre inhospitalièrement accueillie. Notez bien que je ne me porte nullement garant de son contenu. J'en ignore de l'auteur jusqu'au nom. Si ce qu'elle raconte est vrai, je n'en sais rien. Mais si ce qu'elle dit est possible, je n'en doute pas. Et je suis sûr que MM. Charcot, Paul Bert, Bertrand et Richet n'en doutent pas plus que moi. Dès lors, je ne vois aucun motif de ne pas procéder, à son égard, suivant nos usages constants. J'ajoute que la conduite contraire impliquerait le désaveu des confrères que je citais tout à l'heure, qui acceptent comme réels les faits que nous déclarions indignes d'examen. Je conclus donc en demandant l'insertion ou la mention de la lettre aux *Comptes rendus* et son renvoi à une commission, s'il est désiré par l'auteur.

Personne ne s'est levé pour dire rien de pareil. L'Académie est restée sur son rire qu'on ne confondera pas avec celui de Voltaire ; c'est ce que notre titre a voulu signifier. Quand on dira : Rire comme une Académie, on saura ce que cela voudra dire.

L'Académie qui n'a guère plus de fautes à commettre aura commis celle-ci, quand une moitié du magnétisme est justifiée et admise, d'exclure avec mépris de son recueil une communication qui, autant que nous en pouvons juger, n'avait que le défaut de rééditer des faits familiers à un très grand nombre d'observateurs ; à moins cependant que l'auteur ne mît son sujet à la disposition de l'Académie, ce qui compléterait l'affaire. *Quos vult perdere Jupiter dementat !*

Cependant le confrère cité trouve qu'au contraire l'Académie n'en a pas fait assez, puisqu'il trouve que son secrétaire en a fait trop en mentionnant cette lettre que sans doute M. Bertrand eût dû supprimer de son autorité privée. Il part de là, ce qui ne paraît pas très logique, pour se plaindre du despotisme des secrétaires, que je suis loin de nier, et demander la suppression, non de leur fonction, mais de sa perpétuité. Les secrétaires rendus annuels, il paraît croire que nous aurions une Académie parfaite. S'imagine-t-il donc qu'un Cuvier, un Arago, ou même M. Dumas n'eussent pas été indéfiniment réélus ? Et quel ami est-il de l'Académie s'il eût voulu s'opposer à la réélection d'un Arago ? Son remède est donc non seulement insignifiant, mais inapplicable ; de plus, car rien ne lui manque, il viendrait trop tard. Ce n'est pas après quatorze années de République qu'il faut aller chercher la régénération de l'Institut ailleurs que dans le renouvellement de son principe. Il n'y a rien à faire, sinon à tout changer par la base ; à constituer l'*Institut républicain de France*, en d'autres termes, à mettre la science en république démocratique et fédérative[1].

[1] Avril 1888.

QUATRIÈME PARTIE

OÙ L'EXEMPLE DE L'ACADÉMIE PORTE SES FRUITS

CHAPITRE UNIQUE

LE CAS DE M. ÉDOUARD ROBIN

§ I

M. Edouard Robin nous adresse de la Grande-Bellaillerie, près Saint-Calais (Sarthe), une lettre dont nous extrayons ce qui suit :

« Les adoptions de mes principales doctrines, dans les sciences médicales et naturelles comme en chimie minérale, permettent, ce me semble, de me ranger au nombre des inventeurs scientifiques les plus remarquables de notre époque.

« La chimie minérale me doit ses principales théories nouvelles. La matière médicale, la thérapeutique, la toxicologie, reçoivent de mes travaux l'une de leurs plus grandes réformes. Sur tout cela ma priorité est certaine ; mais comme il doit arriver sous le régime du monopole, à l'égard de tout réformateur étranger aux coteries des hauts fonctionnaires, presque tout m'est audacieusement volé sous une forme ou sous une autre, à mesure qu'on peut trouver le biais propre à sauver un peu les apparences. Je me vois ainsi bien moins connu aujourd'hui que je ne l'étais autrefois dans ma carrière de professeur. En Espagne, cependant, les résultats ont été un peu plus heureux : on a traduit mes lois sur les propriétés physiques, et à la suite de cette traduction j'ai été nommé commandeur de l'ordre royal de Charles III...

« Dans un tel état de choses, une association puissante est nécessaire. Elle doit procurer à chacun des contractants une rémunération suffisante pour qu'il ait intérêt à donner son concours...

« Des préjudices énormes et de toute nature m'ayant été causés, les réparations sous une forme ou sous une autre, susceptibles d'être obtenus par une association vigoureuse et tenace, ne pourraient-elles pas offrir une importance considérable ? Personne n'a fait plus que moi, pourquoi d'autres auraient-ils plus ?

« Si les choses vous paraissent ainsi, je m'engagerais volontiers à m'associer six journalistes et à donner à chacun le douzième des avantages qui pourraient être obtenus. Ils auraient ensemble une part égale à la mienne.

« Avec un homme habile et posé comme vous, avec quelques autres, la plupart choisis par vous, jamais réclamations scientifiques n'auraient eu plus de retentissement, car jamais vols plus nombreux, plus évidents, d'une plus grande impudence, n'ont été commis avec une telle persévérance.

« Je fournirai à chacun des associés tous les documents dont il pourrait avoir besoin.

« Dès à présent, je puis compter sur le rédacteur en

chef d'un journal de médecine, qui regarde mes travaux comme devant amener d'immenses réformes...

« Agréez, etc.

« ÉDOUARD ROBIN. »

Approuvé !

La Fortune, dit-on, n'a qu'un cheveu ; peut-être cette lettre est-elle ce cheveu. Puisse-t-elle aussi être de roc pour l'édifice d'espérances que déjà je bâtis sur elle !

Les occasions de s'enrichir à la défense des bonnes causes s'offrent trop rarement à l'écrivain scientifique pour que je laisse échapper celle-ci, la première qui se présente. Je la saisis au vol.

Accepté !

Appel est fait par le présent article à ceux de mes confrères qui voudraient entrer dans la *Société des galions de Robin*, appelée à plus de succès, je l'espère, que celle des galions de Vigo.

Prévenons une objection, ou plutôt une question :

Comment s'évaluera et se réglera la part des sauveteurs dans les avantages honorifiques que M. Edouard Robin pourra leur devoir, comme, par exemple, s'ils lui font monter le rouge à la boutonnière ?

Je l'ignore.

Mais tout cela s'éclaircira.

Confiance et Grande-Bellaillerie !

(*Rappel* du 5 juillet 1874.)

§ II

Pour ceux qui l'auraient oublié, M. Édouard Robin est un des « inventeurs scientifiques les plus remarquables de notre époque, » c'est lui-même qui le dit. Mais des geais impudents s'étant approprié les plumes de ce paon, qui, par suite, n'est ni apprécié ni récompensé selon ses mérites, il voudrait qu'une demi-douzaine de journalistes s'associassent ensemble pour lui conquérir à la pointe de leurs plumes toutes les satisfactions auxquelles il a droit. L'association aura la moitié de tous les bénéfices qu'elle procurera à M. Édouard Robin, soit un douzième pour chacun de ses membres. Enfin, le soussigné est invité à prendre la direction de l'entreprise. C'est ce que j'ai appelé la *Société des galions de Robin*.

Accueillant la proposition avec l'enthousiasme convenable, j'invitai ceux de mes confrères qui voudraient entrer dans cette opération de sauvetage à se faire connaître; puis, prévoyant une objection, je demandai comment les sociétaires seraient indemnisés des avantages honorifiques que M. Ed. Robin pourrait leur devoir. J'aurais pu aussi demander : si l'intérêt qu'ils vont répandre sur M. Robin allait lui faire faire un mariage, non d'argent, — cela irait de soi, — mais d'amour, en quoi consisteraient leurs douzièmes ?

Cet article m'a valu plusieurs lettres de M. Edouard Robin, toutes datées de sa « Terre de la Grande-Bellaillerie ».

Quand il écrivait la première de ces lettres (6 juillet), il n'avait pas encore lu mon article :

« ..... J'apprends que vous avez fait aux journalistes français un appel public dans le but de me faire restituer celles de mes doctrines qui m'ont été volées par les privilégiés du monopole. Veuillez compter sur ma reconnaissance particulière et vous regarder comme le directeur de ce mouvement des hommes de bien, d'indépendance et de progrès en faveur du réformateur injustement dépouillé. »

Il me fait part ensuite de son projet d'abandonner à l'Association la moitié des bénéfices que pourra donner une nouvelle édition, revue et corrigée, de son ouvrage : *Travaux de réforme dans les sciences médicales et naturelles*.

La lettre suivante est du 9 juillet :

« Je viens de recevoir le numéro du *Rappel* contenant un extrait de la première lettre que j'ai eu l'honneur de vous adresser. Elle n'était pas destinée à la publicité ; mais, vous regardant comme bien plus capable que moi de savoir ce qu'on peut oser devant le public, j'accepte volontiers la position qui m'est faite, et je vous offre mes plus sincères compliments pour votre charmante et très encourageante adhésion.

« ..... Qu'on me fasse restituer quelques-unes de mes théories principales, n'aurais-je pas des chances pour arriver à la députation dans la Sarthe, qui, parmi ses représentants, ne compte pas un seul homme de science ? Ce serait alors pour mes associés six mille francs chaque année, je crois, pendant le cours de mes fonctions, et un moyen d'être utile à quelques-uns par mon influence.

« Dans le camp bonapartiste, je connais MM. Conneau et Corvisart. Regardant comme acceptée ma qualité de réformateur en plusieurs sciences.. pourquoi n'arriverais-je pas au Sénat aussi bien que Berthelot ou Claude Bernard ? Ce serait pour mes associés une rente annuelle de 15,000 francs, je crois, pendant la durée de ma vie.

« Pourquoi le créateur de l'enseignement rationnel de la chimie minérale ne serait-il pas nommé professeur officiel ? Ce serait encore un supplément.

« Faisons des châteaux, cher Monsieur, ils nous soutiennent dans nos luttes incessantes. »

La troisième lettre toute scientifique est relative à la théorie... de la putréfaction.

Dernière lettre :

M. Robin commence par dire qu'il a en portefeuille un ouvrage sur... la putréfaction et la conservation des substances organisées ; si l'Association fait un succès à cet ouvrage, l'auteur en partagera volontiers le profit avec elle.

Il énonce ensuite sa manière de voir sur la loi de la double décomposition, et conclut : « Cette loi ainsi transformée me paraît être une des plus importantes conquêtes modernes de la chimie minérale : son établissement ne mérite-t-il pas un prix de 5 à 6,000 francs ? Il serait à partager. »

Puis il formule son opinion sur le principe des affinités et conclut : « Tout cela me paraît constituer une des plus grandes transformations que la science ait subies. Ne mérite-t-elle pas un prix d'une dizaine de mille francs ? Il serait à partager. »

Continuant : « La découverte de la cause la plus générale des pouvoirs purgatif, vomitif, diurétique, est un fait du plus grand intérêt pour les sciences médicales ; serait-elle trop récompensée par un prix de 5 à 6,000 francs ?

« J'indiquerai plus tard d'autres sujets de prix, de manière à former un bon chargement pour les galions. »

Enfin : « Votre journal *le Rappel* me paraît habilement rédigé. S'il voulait devenir plus scientifique et me publier des mémoires dans son feuilleton (*sic*), il pourrait lui-même faire partie de l'association. » Ceci peut tenir lieu de mot de la fin.

A ces lettres l'auteur a bien voulu joindre les trois premiers fascicules, les seuls jusqu'ici parus de l'ouvrage déjà mentionné : *Travaux de réforme dans les sciences médicales et naturelles dus à M. Edouard Robin*, ancien professeur de chimie et d'histoire naturelle ; ensemble : 350 pages.

Retiré depuis une dizaine d'années dans sa « terre de la Grande-Bellaillerie », M. Edouard Robin avait jusque-là vécu à Paris. Il y préparait aux examens de baccalauréat, de licence ès science et de médecine. Il a tenu le premier rang dans cette spécialité. Ses méthodes d'enseignement étaient réputées excellentes. Sa *Philosophie chimique* et son *Précis élémentaire de Chimie*, qui sont ses plus importants travaux didactiques, portent en sous-titre : « Première méthode par laquelle les faits se déduisent de lois générales, au lieu d'être exposés comme des faits sans liaison qu'il faut apprendre de mémoire », et ce sous-titre est exact.

MM. Alvaro Reynoso et Berthelot sont de ses élèves. Emile Chevé le tenait pour un professeur hors ligne. Mais M. Edouard Robin ne s'est pas contenté de tenir, devant la jeunesse, le flambeau de la science, il a voulu aussi le porter plus loin qu'on n'avait encore fait ; il a voulu surtout en épurer la lumière, car ses travaux de recherches sont, en général, ce qu'il nomme des *travaux de réforme*. Ses principales publications en ce genre sont relatives à la respiration des végétaux, à la statique de l'oxygène atmosphérique, au mode d'action des anesthésiques, à l'albuminurie, aux causes de la vieillesse et de la mort sénile. C'est un homme instruit, un esprit hardi et méthodique, un écrivain distingué (parmi les savants), ce dont on s'assurera en lisant ses *Travaux de réforme*, ouvrage rempli de vues philosophiques, de faits curieux, d'âpres réclamations de priorité, de violentes accusations de plagiat et d'assurances sincères de considération distinguée données par l'auteur à l'auteur.

Cette première phrase de la première lettre du savant de la Grande-Bellaillerie : « Les adoptions de mes principales doctrines... permettent de me ranger au nombre des inventeurs scientifiques les plus remarquables de notre époque », dispense de reproduire les témoignages d'admiration qu'il se décerne à lui-même tout le long de ses ouvrages, et suffit à justifier cette conclusion modérée : M. Edouard Robin n'est pas modeste. Mais, qui est-ce qui l'est aujourd'hui, parmi ceux qui sont quelque chose, grande manière actuelle d'être quelqu'un ? Je ne parle que des savants, et c'est bien assez. Flourens qui, s'entendant dire par M. Brown-Séquard : « Vous êtes le soleil de la physiologie », lui répondait avec effusion : « Oh ! que vous me comprenez bien ! » et qui est mort d'un ramollissement cérébral, n'est pas une exception, mais un type. A beaucoup d'égards, on pourrait croire que M. Robin l'a pris pour modèle.

Il donne à ses *Travaux de réforme* cette épigraphe : « Un écrivain célèbre a dit : « Cinq ou six hommes « ont pensé et créé des idées, et le reste du monde a « travaillé sur ces idées ; » et il est évident que dans la pensée de M. Robin, ce n'est plus *depuis lui* « cinq ou six hommes » qu'il faudrait écrire, c'est : six ou sept ; mais M. Flourens y allait bien plus carrément : « Je m'adresse aux physiologistes et aux philosophes, écrivait-il ; j'apporte aux uns et aux autres ce qui leur manque : aux physiologistes des vues, aux philosophes des faits ! » — « Tel était encore à beaucoup d'égards *avant moi*, écrit M. Robin, l'état de la chimie minérale, de la matière médicale, de la thérapeutique et de la toxicologie; » c'est du Flourens tout pur : « Cela ne pouvait être fait par aucune méthode avant moi », écrivait celui-ci ; et cent autres formules aussi magistrales.

Et loin que l'etat mental, dont elles témoignent, constitue un cas rare dans l'olympe scientifique, je veux dire à l'Académie, celle-ci est si bien dans son ensemble logée à la même enseigne que son défunt secrétaire perpétuel, qu'on l'a vue se décerner publiquement à elle-même, par l'organe d'un de ses derniers présidents, M. Delaunay, — il ne faut pas se lasser de le redire, — le titre de « premier corps savant du monde », et que, ces jours passés, on l'a entendue par l'organe de son président actuel, M. Bertrand, qualifier ainsi les conseils qu'elle donne : « des conseils partis de si haut » ! On comprend qu'il me plaise mieux de constater des symptômes de manie orgueilleuse chez un être collectif, tel que l'Académie, que de chercher dans les sections de celle-ci des exemples individuels de la même affection.

C'en est assez pour montrer que, si M. Ed. Robin en était atteint à un degré quelconque, elle pourrait bien n'avoir chez lui rien de spontané. M. Destremx, député de l'Ardèche, s'étant permis au mois de janvier 1874 de critiquer les travaux séricoles de M. Pasteur : « Que M. Destremx eût été mieux inspiré, répondit M. Pasteur, s'il eût tenu aux populations le même langage que M. Tisserand ! » Or, voici contresigné par M. Pasteur le langage tenu par M. Tisserand : « Je demandai la parole, avait écrit celui-ci, — et c'est à M. Pasteur lui-même que le fait était narré ; — en peu de mots je fis connaître vos éminents services, les découvertes considérables que vous avez faites, l'efficacité de vos procédés pour faire disparaître la pebrine. Je n'eus pas besoin de m'étendre, car vos travaux sont connus du monde entier... Maintes fois, j'ai entendu moi-même en Italie, en Autriche et en Hongrie, bénir votre nom comme celui du bienfaiteur de la séricieulture, du sauveur de cette industrie. » Sur quoi, dans la simplicité de son âme : « Oh ! que voilà donc un homme bien inspiré ! » s'écrie M. Pasteur, ce qui fait le pendant au mot de M. Flourens. Contentons-nous d'avoir montré l'Académie entre ces deux académiciens si semblables à leur mère ; — aussi avait-elle remis à l'aîné la direction des affaires de la famille, et l'autre est-il son Benjamin, — et convenons que M. Robin a beau n'être pas mécontent de lui-même, M. Pasteur lui dame encore le pion.

Il n'y a pas à se dissimuler non plus que l'auteur des lettres datées de la Grande-Bellaillerie aurait le goût des bonnes places, des gros traitements, des encouragements pécuniaires; mais c'est un goût si répandu chez les savants de la haute classe sur laquelle le menu populaire scientifique ne peut faire mieux assurément que d'élever ses regards pour y prendre des modèles de conduite ! On a vu comme M. Robin a l'art de ramener toutes les questions de science à des questions d'argent ; mais à quoi donc se ramènent, s'il vous plaît, le cumul, le sinécurisme, le népotisme et le favoritisme qui sont comme les quatre roulettes du fauteuil académique, lequel n'est même tant apprécié qu'à cause de la perfection de ces roulettes ?

Je n'insisterai pas davantage sur ce sujet délicat. Pour qui, d'ailleurs, a-t-il rien de caché ? « Personne n'a fait plus que moi, écrit M. Robin ; pourquoi d'autres auraient-ils davantage ? » C'est assez déclarer qu'il s'inspire des meilleurs exemples, et cet auteur de tant de réclamations de priorité est bien obligé de convenir qu'il n'est ici que l'élève de ceux qu'il jalouse.

Enfin, et c'est le dernier des caractères essentiels que M. Robin nous donne à considérer, sa seule opinion politique paraît être d'obtenir une position digne de son mérite. Pourvu que ce *desideratum* soit rempli, le principe et la forme du gouvernement n'ont à ses yeux qu'une influence tout à fait négligeable sur la prospérité publique. Indifférence absolue à cet égard! Celle du sourd pour les sons et de certains autres infirmes pour les idées morales! Prêt à servir tout gouvernement qui saura le pourvoir (prêt à s'en servir plutôt) tant le point essentiel pour le pays est que M. Edouard Robin soit pourvu!

Il fait le plus simplement du monde l'hypothèse d'une restauration bonapartiste dans laquelle il ne voit que la possibilité d'obtenir un siège au Sénat... Mais, malgré tous les traits de ressemblance que nous avons déjà trouvés entre le châtelain de la Grande-Bellaillerie et les membres les plus éminents de l'aristocratie scientifique, c'est encore ici qu'il leur ressemble le plus.....

Quant aux moyens à l'aide desquels M. Robin compte arriver à son tour au point où sont parvenus ceux dont la prospérité excite sa convoitise, il est tout simple qu'ils diffèrent des moyens mis en œuvre par ces derniers : c'est l'effet nécessaire de la diversité des situations. N'étant pas en mesure de demander son succès à l'intrigue, il voudrait le devoir à l'opinion publique, seule force capable, en effet, d'égaler et de surpasser la puissance de l'intrigue.

Et comme au fond de celle-ci il y a toujours un marché (les complaisances simoniaques de collègue à collègue impliquant la condition d'une réciprocité éventuelle), il a fait reposer son espoir de réussite sur le marché qu'il offre à la presse. Ce marché est à peu près la seule chose à reprendre en son affaire, et il n'est répréhensible que parce qu'il ressemble trop dans le fond, sinon dans la forme, à ce qui se fait tous les jours dans les régions sereines où la destinée des savants réunit son conseil des ministres, composé de membres de l'Institut.

Le cas de M. Edouard Robin, si extraordinaire au premier abord, est donc, à l'analyse, de la dernière simplicité. Sous une forme neuve, à la vérité, il n'a rien que de très ordinaire, mais grâce à cette nouveauté de la forme, des choses vulgaires et sur lesquelles nous étions entièrement blasés prennent un relief qu'une longue habitude paraisait leur avoir fait perdre. C'est ce qui donne de l'intérêt au cas dont il s'agit.

Par les fruits que porte l'exemple des hommes qui sont à la tête de la science française, par le genre d'émulation qu'il fait naître, la nature des sentiments qu'il inspire et l'espèce des expédients qu'il suggère, on voit ce que la centralisation fait de ses élus et pour quelle part elle a pu contribuer à nous conduire où nous sommes.

POST-FACE

LA SCIENCE EN RÉPUBLIQUE

Je m'étais assis sur un banc pour humer à loisir le parfum des parterres. Deux personnes qui vinrent à passer, causant ensemble, s'arrêtèrent court, séduites par la tranquillité et la fraîcheur de l'endroit, et, — l'une d'elles m'ayant salué d'une honnête inclination de tête — prirent place au bout de mon banc.

Quelles étaient-elles ? Comment faites et comment mises ? Leur âge apparent ? Leur condition probable ? Etaient-elles de sexes différents, ou du même, et duquel ? Offraient-elles aucun signe particulier ?...

Qu'on me permette de laisser ces questions sans réponse. Une de ces personnes, au moins devait être de la maison. Quelle maison ? Le Muséum. Nous sommes dans ce pauvre Jardin des Plantes, si tristement diminué de tout ce qu'a voulu en prendre la FORTERESSE DES EMPAILLÉS, sous la masse de laquelle a disparu la cour d'honneur.

Comment des naturalistes ont-ils pu consentir à cette réduction d'air et de lumière, prêter la main à l'envahissement des plates-bandes par le moellon, et se résigner à la physionomie d'usine qu'au rassemblement des nouveaux bâtiments, des grandes serres et des anciennes galeries, le temple d'Isis va prendre ? Mutiler le jardin qui était une des gloires de la ville et l'une des premières amours des citoyens ! Un jardin que tout vrai Parisien eût voulu pouvoir agrandir ! Est-ce le quartier, voué à l'industrie de la peau, dont la préoccupation gagnant les professeurs-tanneurs leur fait trouver si simple le sacrifice aux bêtes mortes, des plantes vivantes, qu'ils le consomment sans nécessité ?

Il paraissait, en effet, si bien indiqué d'élever en bordure de l'interminable rue Cuvier, sur l'emplacement des cassines professorales rasées comme elles méritent de l'être, un musée zoologique immense, unique, tout de plein pied, où fût entrée sans brisure, d'un seul tenant, l'échelle entière des animaux qui, couchée dans ce plan horizontal, eût pu être embrassée d'un seul regard synthétique et sublime ; un musée qui, de ce côté, eût servi de cadre au jardin décoré non rapetissé et attristé comme il va l'être par la bastille taxidermique de la rue Geoffroy Saint-Hilaire.

Mais il eût fallu déplacer MM. les professeurs-administrateurs. Périsse plutôt la chose administrée, le jardin !

Et je craindrais — je reviens ici à mes voisins de banc — en les désignant de manière à les faire reconnaître, de vouer à la rancune des margraves des simples, des landgraves des bêtes, ou des burgraves des cailloux, celle de ces deux personnes qui tient la parole.

— Non vrai ! disait-elle en s'asseyant ; je serais plus fière que ça. Vous me direz que dans notre position c'est bien de l'orgueil. Si vous voulez ! Mais c'est comme ça. Jamais nous ne nous permettrions ce que la haute situation de ces gens-là ne les empêche pas de faire. Moi, d'abord, je croirais m'abaisser. On parle de mendiants chez qui, après leur mort, on trouve des bas pleins de pièces d'or ; mais l'existence de ces messieurs, tout riches qu'ils soient pour la plupart, n'est qu'une mendicité perpétuelle. Seulement ce n'est pas dans la rue, aux passants, qu'ils tendent la main. La main serait bien trop petite. Tenez, par exemple, voilà M. X...

— Le fils du père X...? demanda celui qui n'avait encore rien dit.

— Naturellement, reprit l'autre en riant.

Le premier rit plus fort encore : — On est toujours fils de quelqu'un, comme dit *Figaro,* ajouta-t-il.

— Et cela suffit bien souvent ; ici plus qu'ailleurs.

— Enfin le fils X...?

— Il vient d'obtenir un bien grand succès.

— En électricité ?

— Non.

— En optique, alors ?

— Pas davantage ; quoiqu'il puisse y avoir bien de la couleur dans son histoire. La maison dont son père a eu la jouissance reste définitivement à la veuve sa vie durant. Je ne crois pas qu'aucune des découvertes qu'il a pu faire lui ait causé plus de plaisir. Mais n'en est-ce pas une aussi ? Songez donc, une habitation gratis, quelle trouvaille ! Le pauvre petit locataire obéré à qui un propriétaire dans le genre de Piorry, que vous avez dû connaître, fait remise des termes arriérés, ne peut pas être plus content. Il eût illuminé si on eût donné les lampions avec la maison.

— Mauvaise langue ! Qui vous dit que cette pauvre dame, veuve d'un modeste savant...

— D'où sortez-vous ! Je n'ai pas compté avec eux ; mais ce sont des gens notoirement riches, très riches, qui, pendant l'été, habitent un domaine magnifique. . et il faut qu'à Paris nous leur donnions deux maisons gratis!

— Comment, deux maisons ! Où prenez-vous ces deux maisons ?

— Eh bien ! celle de la mère et celle du fils. Un et un ne font-ils plus deux ? Qu'est-ce qui vous fait rire ?

— Une idée et un souvenir. Je me souviens d'une leçon de M. X..., alors suppléant de son père. C'était dans le grand amphithéâtre. Au moment de commencer, il n'y avait qu'un auditeur. « Je ne sais si je dois commencer, lui dit M. X... — Commencez toujours ; cela fera peut-être venir du monde. » Alors M. X. prend son parti : « Messieurs. » Cela me flatta, raconta l'auditeur, mais je n'y retournai plus. » Je me dis donc que ce ne sont toujours pas les auditeurs de M. X... qui doivent encombrer sa maison, au point qu'il n'y puisse payer à la vieillesse de sa mère la dette d'hospitalité contractée par sa jeunesse à lui.

— Ah ! ah ! vous y venez donc ?

— Certainement. D'un autre côté, il faut considérer que X... le père a pu dépenser beaucoup en expériences. La vie d'un savant n'est bien souvent qu'un long sacrifice. Peut-être la maison que nous marchandons si durement à sa veuve n'est-elle qu'une indemnité bien infér...

— Ta, ta, ta, ta ! Je me suis laissé dire que X... le père a reçu, rien que de l'Académie seule, pour lui venir en aide dans ses recherches, plus de 80,000 francs prélevés sur les reliquats des prix Montyon et autres. Qu'a-t-il pu recevoir des ministères, du Muséum, etc... ? Ah ! si jamais un ministre de l'instruction publique fait dresser la liste complète de toutes les sommes perçues à des titres quelconques par les savants de l'Institut, comme il en faudra rabattre des sacrifices et de la pénurie des savants, officiels, bien entendu !

— Peut-être aussi, l'appartement dont l'attribution à une famille pourvue a tout l'air de constituer une superfétation, était-il sans emploi, alors...

— Alors ! c'est que vous ignorez qu'il y a au Muséum moins de maisons à distribuer que de professeurs à loger ; vous ignorez que des indemnités de logements sont payées aux professeurs qui demeurent en ville. Il en résulte que l'habitation laissée à une riche veuve lui est payée non seulement en ce sens que cette habitation ne lui coûte rien, mais encore en celui-ci que le prix de location est réellement pris dans les caisses publiques pour être donné de la main à la main.

— Comme on a raison de dire que l'eau va toujours à la rivière.

— C'est aussi vrai aujourd'hui, sous la République, qu'autrefois sous l'Empire. Plus on est riche...

— Plus on demande ; j'achève votre phrase,

— Et plus on obtient ; je complète votre idée.

— On demande plus parce que l'appétit vient en mangeant.

— Et on obtient davantage parce que ce sont les riches qui donnent et que les loups ne se mangent pas.

— Hi ! hi ! hi !

— Ah ! ah ! ah !

— On est bien fort dans une situation telle que le train-train ordinaire de la vie doive vous amener demain comme solliciteur celui qu'on sollicite aujourd'hui ; quand on peut lui dire : « A charge de revanche, vous savez ; comptez sur moi à l'occasion, c'est un prêté pour un rendu ! » En abandonnant l'usufruit de la maison dont il s'agit à une personne que sa fortune met tellement au-dessus d'une pareille libéralité, qu'est-ce que les professeurs-administrateurs ont fait ? Ils ont par avance assuré une faveur analogue à leurs mères et à leurs veuves.

— Tandis que le pauvre, manquant d'articles d'échange puisqu'il est pauvre...,

— N'ayant à offrir que l'assignat de son éternelle reconnaissance...

— Et n'étant recommandé que par son mérite, doit ordinairement échouer. Combien est-il d'hommes de talent que l'équivalent de cette indemnité de logement, qui ne va servir qu'à enfler le bas d'épargne d'une famille opulente, aiderait à vivre utilement, à travailler, à glorifier la France !... Mais à quoi rêvez-vous ?

— Je me demande si cela durera toujours.

— Non. Il ne s'agit que de mettre la science en, république démocratique. C'est ce que demande le rédacteur scientifique du *Rappel*. Le suffrage universel et la publicité partout. Plus de comités secrets où les meilleures causes courent les même risques que les honnêtes gens dans le secret des bois. Discussions à ciel ouvert de tous les titres. Et l'œil du public sur tout, principalement sur les dépenses. Qu'on apprenne une fois ce que l'Académie fait des reliquats qu'elle fait. Qu'on ouvre son armoire en fer. Que le compte de chaque savant avec l'Etat soit dressé. Qu'on sache ce qu'ont coûté MM. : A. B. C. D. (umas), E. F......Z ! Vous devriez envoyer votre histoire au *Rappel*...

— C'est inutile, dis-je en me levant pour m'en aller et en saluant, le *Rappel* a tout entendu.

Le teint de la dame s'illumina d'une pourpre d'aurore. Bon ! son sexe m'a échappé. Mais si j'ajoute qu'elle est charmante, la voilà pareille à tant de Françaises qu'il devient impossible de la reconnaître. Je la rassurai : j'avais l'honneur d'être de son opinion sur tout ;

d'ailleurs; elle ne m'avait rien appris que l'histoire de la maison; je ne promettais pas de n'en pas faire mon profit, mais on ne me le demandait point; après tout, le professeur en cause n'avait-il pas Bec... pour se défendre !...

Il riaient encore de ce mauvais calembour, malheureusement intraduisible — il faut être de la partie — que je m'éloignais, continuant ma consciencieuse inspection des plates-bandes, l'œil cligné et le nez grand ouvert.

Non loin de là je rencontrai un mien ami, médecin, homme de science, depuis longtemps acquis à la réforme des institutions scientifiques, dont il sera un actif artisan et qui bras dessus, bras dessous, se promenait avec un jeune et distingué membre de la Société de biologie. Ce dernier ne tarda pas à mettre la conversation sur la réforme susdite.

— Vous avez écrit, me dit-il, qu'il fallait faire voir à la science son Quatre-vingt-neuf; un Quatre-vingt-treize ne serait pas de trop.

— Coupons le différend, répondis-je, j'ajouterai trois années, vous en rabattrez une et nous serons dans le vrai.

— C'est bien cela, reprit-il, c'est la République qu'il faut faire, seulement il se commet tant d'abus, qu'on éprouve un certain plaisir âcre à donner à l'expression de sa pensée quelque chose de féroce; d'autant que, dans l'espèce, c'est absolument sans danger.

Ceux qui bénéficient des abus, qui les créent, les administrent, qui sont l'abus même, l'abus vivant, bien portant, gaillard, satisfait, insolent; ceux-là, considérant l'absolue dépendance dans laquelle, par l'autorité de leur situation dirigeante, ils tiennent le peuple des savants auxquels profiterait la réforme, et qui n'osent pas la demander, peuvent ne pas se croire menacés par elle.

Ils ne font pas attention que la hiérarchie scientifique dont ils sont la plus haute expression et le principal ornement, est bien loin d'enfermer dans ses cadres toutes les personnes compétentes en des sujets de science et capables de s'intéresser aux conditions d'existence de la recherche en France;

Et qu'il y a un nombre considérable, tous les jours croissant, d'hommes instruits, de médecins, d'ingénieurs, de publicistes, de députés aussi compétents que personne en matière d'organisation scientifique;... qu'aucun motif personnel ne peut les empêcher de souscrire aux réformes nécessaires;... que toutes sortes de considérations élevées doivent au contraire les amener à le faire;... et qu'ils ne se rallieraient pas à ces réformes sans déterminer en leur faveur un puissant mouvement d'opinion, un mouvement de force à entraîner jusqu'aux travailleurs qu'une situation surbordonnée aurait empêchés de prendre les devants...

TABLE DES MATIÈRES

TROISIÈME PARTIE

L'ACADÉMIE ET LES ACADÉMICIENS

QUATRIÈME PARTIE

OÙ L'EXEMPLE DE L'ACADÉMIE PORTE SES FRUITS

POST-FACE

ÉVREUX, IMPRIMERIE DE CHARLES HÉRISSEY

A LA MÊME LIBRAIRIE

Dictionnaire des Sciences anthropologiques. *Anatomie, Craniologie, Archéologie préhistorique, Ethnographie (Mœurs, Lois, Arts, Industrie), Démographie, Langues, Religions.* Publié sous la direction de MM. A. BERTILLON, COUDEREAU, A. HOVELACQUE, ISSAURAT, André LEFÈVRE, Ch. LETOURNEAU, DE MORTILLET, TULIE et E. VÉRON. 1 beau vol. petit in-4 de 1,120 pages, imprimé à deux colonnes avec figures dans le texte. Broché . . . 30 fr.
Avec reliure spéciale, tranches peignes . . . . 36 fr.

BINET (A.). — **Études de psychologie expérimentale,** le fétichisme dans l'amour, la vie psychique des micro-organismes, l'intensité des images mentales, le problème hypnotique, note sur l'écriture hystérique. 1 vol. in-12 de 310 pages, avec figures dans le texte . . . . 3 fr. 50

CORRE (A.). — **Les Criminels,** caractères physiques et psychologiques. 1 vol. in-12 de 412 pages, avec 43 figures dans le texte . . . . 5 fr.

HOVELACQUE (Abel). — **Les débuts de l'humanité. L'homme primitif contemporain.** In-18 de 336 pages, avec 40 figures dans le texte . . . . 3 fr. 50

LANESSAN (J.-L. de). — **Le Transformisme. Évolution de la matière et des êtres vivants.** 1 fort vol. in-18 de 600 pages avec figures dans le texte . . . . 6 fr.

TELLIER (Louis). — **L'instinct sexuel chez l'homme et chez les animaux.** Avec une préface de J.-L. DE LANESSAN. 1 vol. in-18 de 300 pages . . . . 3 fr. 50

VÉRON (Eugène). — **Histoire naturelle des Religions.** Animisme. — Religions mères. — Religions secondaires. — Christianisme. — 2 vol. in-18, formant 700 pages. . . . . . 7 fr.

PICHON (Dr G.), chef de clinique à la Faculté de médecine de Paris, médecin de l'Asile Sainte-Anne. — **Les maladies de l'esprit.** Délire des persécutions, délire des grandeurs, délires alcooliques et toxiques; morphinomanie, éthérisme, absinthisme, chloralisme. Études cliniques et médico-légales. 1 vol. in-8 carré de 400 pages . . . . 7 fr.

LEGRAIN (M.), ancien interne des asiles de la Seine, lauréat de la Faculté de médecine de Paris, médecin de l'Asile de Vaucluse, etc. — **Hérédité et Alcoolisme.** Étude psychologique et clinique sur les dégénérés buveurs et les familles d'ivrognes. Ouvrage couronné par la Société médico-psychologique (1888), avec une préface de M. le Dr MAGNAN, médecin en chef de l'Asile Sainte-Anne. 1 vol. in-8 de 425 pages. . . . . 7 fr.

MONIN (E.). — **L'Alcoolisme.** Étude médico-sociale. Ouvrage couronné par la Société de Tempérance, et précédé d'une préface de M. DUJARDIN-BEAUMETZ. 1 vol. in-12 de 308 p. . 3 fr. 50

MONIN (E.), secrétaire de la Société d'hygiène. — **L'Hygiène de la Beauté. Formulaire cosmétique,** 4e mille. 1 vol. in-18, cartonné diamant, de 250 pages . . . . 3 fr. 50

www.ingramcontent.com/pod-product-compliance
Ingram Content Group UK Ltd.
Pitfield, Milton Keynes, MK11 3LW, UK
UKHW020059200726
13856UKWH00002B/286